国家现代肉羊产业技术体系系列丛书·之十一

肉羊高效养殖配套技术

侯广田 主编

中国农业科学技术出版社

图书在版编目（CIP）数据

肉羊高效养殖配套技术／侯广田主编．—北京：中国农业科学技术出版社，2012.12

ISBN 978 - 7 - 5116 - 1127 - 7

Ⅰ．①肉⋯　Ⅱ．①侯⋯　Ⅲ．①肉用羊 - 饲养管理　Ⅳ．①S826.9

中国版本图书馆 CIP 数据核字（2012）第 270568 号

责任编辑	贺可香
责任校对	贾晓红　范　潇

出 版 者	中国农业科学技术出版社
	北京市中关村南大街 12 号　邮编：100081
电　　话	(010)82106626(编辑室)　(010)82109702(发行部)
	(010)82109709(读者服务部)
传　　真	(010)82109707
网　　址	http://www.castp.cn
经 销 者	各地新华书店
印 刷 者	北京科信印刷有限公司
开　　本	880mm ×1 230mm　1/32
印　　张	11.125
彩　　插	8
字　　数	300 千字
版　　次	2013 年 1 月第 1 版　2014 年 3 月第 2 次印刷
定　　价	36.00 元

总　序

　　随着人们生活水平的提高和饮食观念的更新，日常肉食已向高蛋白、低脂肪的动物食品方向转变。羊肉瘦肉多、脂肪少、肉质鲜嫩、易消化、膻味小，胆固醇含量低，是颇受消费者欢迎的"绿色"产品，而且肉羊产业具有出栏早、周转快、投入较少的突出特点。

　　目前，肉羊业发展最具有国际竞争力的国家为新西兰、澳大利亚和英国等发达国家，他们已建立了完善的肉羊繁育体系、产业化经营体系，并拥有自己的专用肉羊品种。这些国家的肉羊良种化程度和产业化技术水平都很高，占据着整个国际高档羊肉的主要市场。

　　我国肉羊产业发展飞快，短短五十年，已由一个存栏量只有4 000多万只的国家发展成为世界第一养羊大国。目前，我国绵羊、山羊品种资源丰富，存栏量近3亿只，全国各省、自治区、直辖市均有肉羊产业分布。养羊业不仅是边疆和少数民族地区农牧民赖以生存和这些地区经济发展的支柱产业，而且在农区发展势头更为迅猛。近年来，我国已先后引进许多国外优良肉用羊品种，为我国肉羊业发展起到了积极的推动作用，养羊业已成为转变农业发展方式、调整产业结构、促进农民增收的主要产业之一，在畜牧业乃至农业中占有重要地位。

　　但是，我国肉羊的规模化生产还处于刚刚起步阶段。从国内养羊的总体情况来看，良种化程度低，尚未形成专门化的肉羊品种；养殖方式粗放，大多采用低投入、低产出、分散的落后生产经营方式；在饲养管理、屠宰加工、销售服务等环节还存在许多质量安全隐患；羊肉及其产品的深加工研究和开发力度不够，缺乏有影响、知名度高的名牌羊肉产品；公益性的社会化服务体系供给严重不足。

2009 年 2 月国家肉羊产业技术体系建设正式启动，并制定出一系列的重大技术方案，旨在解决我国肉羊产业发展中的制约因素，提升我国养羊业的科技创新能力和产业化生产水平。

国家现代肉羊产业技术体系凝聚了国内肉羊育种与繁殖、饲料与营养、疫病防控、屠宰加工和产业经济最为优秀的专家和技术推广人员，我相信由他们编写的"国家现代肉羊产业技术体系系列丛书"的陆续出版，对我国肉羊养殖新技术的推广应用以及肉羊产业可持续发展，一定会起到积极的推动作用。

国家现代肉羊产业
技术体系首席科学家
中国工程院院士

2010 年 4 月 12 日

目　　录

第一章　新疆肉羊业发展概况、存在问题及解决对策

第一节　新疆肉羊业发展概况

新疆维吾尔自治区（以下称新疆）地处欧亚大陆中心，土地面积 166.49 万 km^2，占我国陆地总面积的 1/6。地貌特点为"三山夹两盆"——北有阿尔泰山、南有昆仑山、天山山脉东西横贯，之间夹着塔里木盆地和准格尔盆地两大盆地，也将新疆分割为自然条件差异较大的南疆和北疆两大部分，荒漠和戈壁占总土地面积的 70% 以上。新疆属典型的温带大陆性气候，四季气候变化较大，降水量少，气候干旱，冬季寒冷，夏季炎热。年平均气温 10.9℃，年均天然降水量 165.6mm。区内山脉融雪形成众多河流和盆地边缘冲积扇及其特殊的绿洲灌溉农业。适合农耕的绿洲面积 402.55 万 hm^2，占总面积的 5%。主要种植小麦、玉米、水稻等农作物和棉花、油料、甜菜、酱用番茄等经济作物，年可产秸秆饲料约 1 200 万 t；全疆有天然草场约 5 725.88 万 hm^2，可利用面积 4 800.69万 hm^2，为新疆畜牧业的发展奠定了坚实的物质基础。

新疆是我国畜牧业大省，也是我国家畜品种遗传资源最为丰富的地区。新疆各族人民在长期的生产实践过程中培育出了许多具有地方特色的绵羊品种。目前通过国家和自治区认证的新疆地

方绵羊品种、育成品种和引进品种近 30 个，其中多胎羊 3 个。以阿勒泰羊、哈萨克羊、多浪羊为代表的新疆地方良种肉羊，在新疆特定生态环境下，形成了具有耐高寒、耐干热，耐粗饲、抗病抗逆性强、适应性强等优良特点，是新疆目前肉羊产业的主体品种。闻名世界的新疆毛肉兼用细毛羊是我国培育出的第一个细毛羊品种，为我国细毛羊育种作出了不可磨灭的贡献。随后在此基础上，又培育出了中国美利奴羊（新疆型/军垦型）、新吉细毛羊和卡拉库尔羔皮羊等优良品种。1989 年，新疆率先引进了著名的国外肉羊良种萨福克、无角道赛特等，与本地肉羊进行杂交改良取得了长足的进展。近年来，以引进的小尾寒羊、湖羊等多胎羊与本地肉羊及国外良种肉羊进行多元杂交利用和新品种培育，必将大大加速新疆农区舍饲肉羊业的发展，提升我区肉羊产业化生产水平。

肉羊产业是新疆畜牧业的支柱产业之一。随着农业产业化结构的深入调整和羊肉市场消费的持续增长，加之新疆穆斯林人口居多，羊肉价格稳定关乎民生大事，养羊业在新疆畜牧业中地位日益显得突出。但目前新疆养羊业总体水平仍然较低，整个产业还未能摆脱传统的生产方式，存在着生产周期长，周转慢，出栏率、商品率相对较低，羊肉品质、经济效益较差等不适应现代生活和产业发展的问题。因此，只有充分利用新疆优良的草场资源，饲草、饲料资源、畜种资源优势进行规模化肉羊生产，加大肉羊高效养殖技术推广力度，才能使新疆的肉羊产业迈上一个新台阶，真正成为农村经济的支柱产业和农牧民增收的主要途径，才能够使其在建设新疆小康社会中发挥越来越重要的作用，为国家肉羊战略的顺利实现作出应有的贡献。

第二节　新疆肉羊产业发展面临的问题

一、良种化程度低，生产方式落后，生产效率低

在影响新疆养羊业生产效率的诸多因素中，品种的遗传品质起着主导作用。新疆是我国肉用绵羊主产区之一，绵羊遗传资源得天独厚。虽然地方肉羊品种具有肉质口感好、风味独特，抗逆性和适应性强的特点。但繁殖率低、体脂含量过高、脂肉分离则是其普遍存在的严重缺陷。如具有代表性的阿勒泰羊、哈萨克羊，繁殖率为 100%～110%，尾脂占到胴体重均在 15% 以上，且皮下脂肪偏厚、肌间脂肪含量低、脂肉分离。体脂过高不仅影响了羊肉的品质和人体健康，而且还大量消耗了饲草料，降低了饲养回报，加重了日益紧张的饲草料负担，严重影响着农牧民养羊业的经济效益。

目前在新疆大部分地区，羊肉生产主要以地方品种（俗称土种羊）或杂交羊为主，大部分地区仍以天然草场放牧为主。饲养周期长，羔羊生长发育缓慢，生产效率较低。在以养殖杂交羊为主的农区，各地品种繁多，乱交乱配，没有形成适宜本地区的适宜杂交模式和优势杂交组合，及相对统一的肉羊生产方式，有的仅仅是从牧区收购来进行短期育肥而已。大部分农区实行千家万户分散饲养，尚未形成规模，小生产的粗放与大市场的标准化形成了尖锐的矛盾。这种生产方式既给重大疾病预防和畜产品质量安全带来了巨大隐患，也严重影响了肉羊良种、动物营养等先进肉羊生产技术的普及推广。

这种以地方肉羊品种为主体的肉羊生产，"一年一产一羔"，生产周期长，商品率低，饲养成本高，必然导致养羊效率低。调查和推算的结果表明，在放牧条件下，地方品种肉用母羊的年产值仅能收回饲养成本，维持简单再生产。

二、品种退化严重，改良效果不佳

多年来，由于忽视了地方品种的选育提高，致使新疆现有的地方品种肉羊良种出现了不同程度的退化。引进品种也因"重繁轻育"饲养管理跟不上，造成产羔率、羔羊成活率下降，体格变小（种母羊体重较原品种下降5%～10%），常年发情、多胎多羔的特性无法表达或消失。

只有优良的终端杂交亲本才能生产出优良的杂交后代——优质肥羔。因此，必须在重视杂交母本（地方品种）选育提高的同时，加强杂交父本（引进品种）的饲养管理，恢复其优良特性，通过杂交获得较大的杂交优势，生产出更多的优质羊肉，取得更好的经济效益。

三、无饲养标准，饲料配合不科学

到目前为止，我国还没有自己肉用绵羊饲养标准；1984年颁布的《绵羊饲料营养成分表》缺少肉用绵羊的资料。这显然也不适用于今天的规模化养羊业的实际。致使肉羊养殖无标可依、无案可稽，只有借用国外的标准或凭借经验行事。

从饲养管理和养殖环境上看，新疆肉羊养殖业整体上仍未摆脱传统养羊的方式和习惯。绝大部分羊场和养殖户没有相对稳定的饲养管理程序、系统日粮配方，"有啥喂啥"的粗放管理普遍存在。牧区草原超载过牧，冬春季节饲草料匮乏问题突出，抵御自然灾害的能力差；育肥羊大多使用的是经验配方，饲料配比不当，营养失衡与资源浪费。特别是未脱毒棉籽壳的大量使用，羊肉产品的安全性值得质疑，与现代畜牧业追求绿色、安全、高效的畜产品的要求相悖。

四、草场退化严重，饲草料短缺

天然草场一直以来是新疆养羊业和广大牧民赖以生存和发展物质基础。然而，近些年来，由于人口增加，畜群数量增加，草场载畜量过重、放牧过度，加之滥垦、乱挖、乱伐严重，致使80%天然草场出现退化，30%的严重退化，产草量下降30%～50%，严重制约了养羊业的健康发展。

实施封山育草、禁牧还草的生态建设势在必行。但要保证"禁牧不减产，退牧不减收"、实现"新增千万只肉羊生产能力"的目标，就必须发展农区肉羊产业，必须解决约800万t饲料来源问题。对此，在广大的新疆农区推广玉米青贮、秸秆黄贮等农副产品加工利用技术，棉籽壳、番茄皮渣、果蔬残渣等非常规饲料资源的开发利用技术十分必要。

五、畜牧科技队伍素质有待提高，科技普及力度有待加强

总体而言，新疆各级畜牧组织机构比较完整，三级兽医防疫网络形式基本健全。基层畜牧兽医人员的文化水平有了明显提高，几乎都达到了大专以上的水平。但是，个人基本专业素养、基本操作技能底子太差，吃苦耐劳的精神和独立解决问题的能力大不如前辈，难以胜任技术推广之重任。有的甚至连采血、打针都不会；研究和生产资料的收集与统计分析茫然无知，似乎连自己的母语都听不懂了；很少有人能够准确地进行体尺测量、生产性能测定，育种资料的分析处理更无从谈起。自己都没有理解掌握的东西怎么指导农牧民推广应用呢？加上政府长期对牧业投入过少，基层的基础设施建设不配套，也使得肉羊新品种培育进展缓慢，杂交利用技术、快速繁育技术、高效饲喂技术及规模化饲养技术等肉羊产业化实用关键技术的推广明显滞后于产业发展需求。当务之急，是对畜牧兽医科技研究与推广人员进行系统的基

本技能培训，由此提高其培训技能，从而突破"最后一公里"禁区，把高效养殖技术送到农牧民手中，产生相应的社会效益与经济效益。

第三节　加快肉羊产业发展的对策及建议

一、加强肉羊良种繁育体系建设，保证种羊质量和数量

加强良繁体系建设，一是要扩大国外优良肉羊专用品种的引进，建立健全相应的良种培育、扩繁、生产三级肉羊良种繁育体系，充分利用现代繁殖技术和手段，加快引进优良品种的推广和科学利用；二是利用新疆现有的丰富绵羊品种资源优势，加强地方肉羊良种的提纯复壮及多胎型新品系选育；三是建立健全疫病防治与监控体系和动物安全保障系统；四是积极培育适合新疆生态环境的肉羊新品种。

政策方面要坚持种羊补贴政策，扩大补贴范围。近年来，国家和政府实行良种补贴政策，在很大程度上加快了良种肉羊的推广进程。但目前这种补贴政策仅限于种公畜，尚未对母畜进行补贴。建议比照奶牛和生猪的做法，对种母羊进行适当补贴，以提高良种率和良种覆盖面，保证杂交亲本都是优良品种，以生产出具有优良性能的优良后代，有利于提高新疆肉羊产品质量，进一步增强新疆肉羊业的市场竞争力。

二、加大科研投入，提高肉羊标准化饲养管理水平

饲养标准和饲料营养成分表是制定日粮配方的两个基本依据。国家现代肉羊产业技术体系自 2008 年起，启动了我国肉用绵羊育肥期饲养标准的研制工作，2010 年启动的国家农业公益性行业专项《饲料营养价值与畜禽饲养标准的研究与应用》与之捆绑并行。其分析样品之多、工作量之大、耗费物力之巨前所

未有，仅靠国家财政的支持还不够，尚需地方财政给予一定的财力支持。新疆维吾尔自治区可参照内地一些省区的做法，成立与国家体系相衔接的相应的体系组织，给予一定的财力支持，使其早日完成，发挥其应有的作用。

标准化饲养是肉羊产业发展的必由之路。今后着重推行品种标准化（某一肉羊品种或杂交种），圈舍标准化建造［参见新疆维吾尔自治区编著的《畜禽养殖场（小区）标准化建设图集》］，饲养管理标准化（根据国家法律法规、行业标准与实际需要制定生产管理程序与制度），日粮配方全价化系列化（依据饲养标准制定不同生理阶段日粮配方），饲喂技术标准化（TMR 全混合日粮技术）等。

三、开展非常规饲料的研发，扩充饲料资源

饲料资源匮乏是一个世界性的问题。相对而言，新疆地大物博饲料资源还是比较丰富的，特别是庞大的农作物副产品、果蔬加工副产品及棉花加工副产品在全国首屈一指，利用前景非常广阔。

据报道，新疆每年产农作物秸秆约 2 500 万 t，目前的饲料利用率不到 40%。

新疆每年棉花种植面积在 2 500 万亩左右，可产副产品棉籽壳约 100 万 t，目前在牛羊育肥中作为主要粗饲料普遍使用，但未经脱毒（棉酚）直接使用，潜在食品安全风险。简单易行的棉酚脱毒技术一直未得到根本解决，现有的技术费工费时、不易为群众接受，研究探讨棉酚脱毒新技术、新工艺已成为必须研究的课题。此外，有相当一部分棉籽壳用于蘑菇生产，年可产生废弃坯料（菌糠，棉籽壳占 80% 以上）约 10 000t（已脱毒），经加工处理后也可作为牛羊辅助饲料，又可减轻其对环境的污染。

"红色产业"是新疆独特的优势产业。全疆番茄年种植面积

约 100 万亩，年产番茄 300 多万吨。番茄酱生产能力占全国产量 80%、出口量占全国 90% 以上、出口量占全国 90% 以上，跃居亚洲第一，世界第二。番茄酱加工副产品——番茄渣富含蛋白质和维生素，是动物的上好饲料，目前对其营养价值和科学合理利用研究甚少，亟待研究开发。

此外，甜菜制糖副产品——糖蜜和糖渣（450 万 t/年）、果品加工残渣（40 万 t/年）与果树枯叶（100 万 t/年）、葡萄树修剪的废弃幼嫩枝条及葡萄干加工残渣（大于 200 万 t/年）等非常规饲料资源均有待开发利用。研究开发这些饲料资源对于补充区域性牛羊饲料资源缺乏、促进农林果蔬业与畜牧养殖业的有机结合、完善农业循环经济系统和增加农牧民收入具有重要的战略意义。

四、加强技术培训力度，提高成果转化效率

技术培训应采取分级逐层的方式来进行。即科研人员—地州技术员—县市技术员—乡级技术员 + 农牧民养殖户。

首先是科研院所科技研究人员自身能力的培训提高。由长期从事专业研究与技术示范的老专家对中青年专业技术人员进行专业基础知识、基本操作技能、总结概括能力、结合实际解决问题的能力及语言表述能力与技巧等方面的培训。其次是科研院所技术研究人员对地州专业科技人员的培训，把研究成果与技术要点交到他们手中。第三是地州科技人员对县市级技术推广人员的培训，把科技人员交给他们的研究成果与技术要点经二次熟化后，转交到县乡级技术推广人员手中。最后，由县市级科技推广站的技术推广员结合当地实际制定技术实施方案，培训乡级技术员和养殖户，检查督促落实情况；乡级技术员负责养殖户现场技术指导和解疑，解决实施过程中出现的问题。

如此这般，才能突破"最后一公里"禁区，真正实现科技入户，使肉羊养殖者掌握科学技术，产生相应的经济效益和社会效益，体现出"第一生产力"对经济和社会发展的推动作用。

第二章　肉羊品种

第一节　新疆地方肉羊良种

新疆绵羊遗传资源十分丰富，得天独厚。据不完全统计，被国家和自治区认证和正在申请认证的地方品种多达 30 余个。在此，仅选择已被国家和自治区认证通过、群体数量大、分布较广、具有代表性的新疆地方良种肉羊简介如下，供杂交改良选种选配时参考。

一、阿勒泰羊

阿勒泰羊是阿勒泰当地群众由哈萨克羊经长期选育形成的一个地方优良品种（参见彩图）。阿勒泰羊属脂臀型肉脂兼用的粗毛羊，被毛以全身棕红色为主，尾臀硕大。成年公、母羊平均体重分别为 100kg、65kg，最高个体体重为 174kg、97kg；1.5 岁种公、母羊平均体重分别为 93kg、60kg；当年后备公、母羔平均体重为 45kg、40kg。经产母羊产羔率为 103% ~ 110%。阿勒泰羊体质坚实，耐寒热耐粗饲、善跋涉、放牧性抗逆性强，并以其体格高大健壮、肉脂生产性能高、羔羊早熟生长速度快、长膘能力强，肉质鲜嫩味美、无膻味而著称。缺点是，尾脂过大、皮下脂肪过厚、肌间脂肪含量低、脂肉易分离。与引进肉羊杂交的后代皮下脂肪和脂臀比重显著降低、羊肉品质明显得到改善，是生产商品肥羔的优秀终端杂交母本。2008 年阿勒泰羊通过了国家有机产品认证，并被指定为 2008 年奥运会专用羊肉。原产地阿勒泰地区，全疆各地均有饲养，年饲养量 250 万只以上。是我区羊肉生产的主导品种之一，也是生产优质肥羔肉的优秀终端杂交母本之一，还可作为培育肉羊新品种的母系亲本。

二、哈萨克羊

哈萨克羊是新疆原始羊系之一，由蒙古羊经长期自然选择和人工选育而成，属肉脂兼用型粗毛羊（参见彩图）。尾宽大呈方圆形或半球形，毛色以全身棕红色为主，头肢杂色个体占相当数量，纯白或全黑的很少，放牧性和适应性极强。成年公、母羊体重分别为 60kg 和 40kg，4～6 月龄性成熟，初配年龄 1.5 岁，妊娠期 150 天左右，母羊平均产羔率 101%～102%。哈萨克羊主产区在伊犁河谷，北疆各地均有分布，现存栏量约 500 万只。其与黑头萨福克杂交效果很好，是生产商品肥羔的优良终端杂交母本之一。

三、巴什拜羊

巴什拜羊是 1919 年由著名爱国人士巴什拜·乔拉克以前苏联引进的良种羊与当地羊和野生盘羊杂交，经近百年选育而成的肉脂兼用型地方良种肉羊和野生盘羊。被毛以全身红色为主，具有耐粗饲、耐严寒、体质结实、抗病力强、羔羊成活率高、羔羊生长发育快等优良特性。

在自然放牧条件下，巴什拜羊产年羔率为 100%～105%，羔羊成活率95%以上，4～5 月龄羔羊胴体重、屠宰率、净肉率分别可达 19kg、56%、80%。羔羊肉营养丰富、美味可口。已获得《中华人民共和国出口卫生注册证书》和国家绿色食品认证中心的绿色食品认证，并被纳入全球环境基金 GEF 项目。主产于塔额盆地，全疆均有饲养，目前饲养量约 150 万只，已建立起较为完整的繁育体系，种羊出口周边邻国。

巴什拜羊是我区羊肉生产的主导品种之一，也是生产优质肥羔肉的优秀终端杂交母本之一。

四、多浪羊

多浪羊是新疆当地维吾尔族人民以阿富汗瓦哈吉脂臀羊与当地土种羊进行杂交，通过长期自然选择与人工选育形成的一个优良肉脂兼用型地方肉羊良种（参见彩图）。因其广泛分布在多浪河流域而得名。又因中心产区在喀什的麦盖提县，故又称麦盖提羊。1985 年编入《新疆家畜家禽品种志》，1989 年制定品种标准并正式命名为"多浪羊"。

多浪羊体大结实、结构匀称，成年公羊体重 98kg 左右，母羊 68.3kg 左右。前后躯较丰满，肌肉发育良好。头中等大小，鼻梁隆起、耳宽长是多浪羊的突出特征。公羊绝大多数无角，母羊一般无角，尾形有 w 状和 U（砍土曼）状。体躯被毛为灰白色或浅褐色、含绒毛多，头和四肢被毛为浅褐色或褐色。绝大多数的羊毛为半粗毛，匀度较好，没有干死毛。

多浪羊有较高的繁殖能力。性成熟早，一般公羔在 6～7 月龄性成熟；母羔在 6～8 月龄初配，一岁母羊大多数已产羔。母羊的发情周期一般为 15～18 天，妊娠期 150 天。一般两年产三胎，膘情好的可一年产两胎，双羔率可达 33%，并有一胎产三羔、四羔的，一只母羊一生可产羔 15 只左右，繁殖成活率在 150% 左右。

多浪羊适宜舍饲、粗放饲养管理，产肉性能好。当年羔羊生长快、早熟，断奶后增重快。当年公羔和母羔胴体重、屠宰率分别可达 25kg 和 20kg、53% 和 54%，骨肉比 1：4.3 和 1：3.3，肉质鲜美可口。

多浪羊是新疆南疆分布最广、饲养量最大的地方肉羊良种，是该地区羊肉生产的主导品种。其与黑头萨福克杂交，后代脂尾明显变小、肉质得到进一步改善、价格提升，深受商家和当地穆斯林群众的欢迎。

五、巴音布鲁克羊

巴音布鲁克羊是蒙古系绵羊品种（参见彩图），具有早熟、耐粗饲、抗寒抗病、适应高海拔地区等优点，是新疆肉脂兼用地方良种绵羊之一。主要分布于巴音郭楞蒙古自治州和静县巴音布鲁克区。体格中等大小，成年公羊平均体重 69kg，成年母羊 43kg。头较窄长，耳大下垂，公羊多有螺旋形角，母羊有的有角、有的仅有角痕。前躯发育一般，后躯较发达，肢长而结实，蹄质坚硬。脂尾以 w 形为主，U 形次之，倒梨形尾尖细长卷曲甚少。毛色以头、颈黑色居多，体躯白色为主，全白色、花斑、全褐色、灰色、黑色总和不到15%。性成熟一般在 5~6 月龄，初配年龄为一岁半，妊娠期约 150 天，大群繁殖率为91.5% ~ 96.4%，双羔率仅为2% ~3%。成年公羊平均剪毛量为 1.55kg，成年母羊平均为 0.93kg。

巴音布鲁克羊缺点是被毛品质差，作为肉用品种，体重偏小。选用特克赛尔羊与之杂交，杂一代羔羊体型和产肉性能均可得到改善。

六、策勒黑羊

策勒黑羊（参见彩图）是以生产羔皮为主的多胎优良地方良种，是 19 世纪末由经商、朝圣的本地人带回库车的黑羔皮羊及其他黑色羔皮羊与当地母羊杂交，经过长期选育而成，与当地群众偏爱黑色服妆饰品习俗密切相关。

本品种原产地策勒县位于塔克拉玛干大沙漠南缘昆仑山北

麓，地势平坦，属温热干旱气候区。故使该品种具有极强的耐干旱、耐瘠薄、耐粗放管理的特点。

策勒黑羊体格较小，成年公羊平均剪毛后体重约40kg、母羊35kg。全年两次剪毛量成年公羊平均为1.7kg、母羊1.5kg。随着羊只年龄的增长，毛卷逐渐变直，形成波浪状毛穗。成年后波浪消失，成为一般毛辫。

全年发情和繁殖率高是策勒黑羊突出的品种特征，为新疆各绵羊品种所少见。性成熟约6月龄。正常配种年龄为1.5～2岁，妊娠期148～149天。一生中产羔胎次可达8次，有密集产羔特性。母羊体膘好，产后20～30天即可发情。三四岁母羊产两三羔的甚多，最多出现一胎七羔，平均产羔率为215%。七岁以上老龄母羊产羔率下降到150%以下。

策勒黑羊是一个地方优良羔皮羊品种，是我区宝贵的多胎绵羊品种资源，开发利用潜力很大。可考虑在非品种保护区，用黑头萨福克羊与其杂交生产商品肥羔；也可利用其高繁殖率特性，杂交培育适宜和田地区特定生态环境的多胎肉羊良种。

第二节　引进国外品种

据不完全统计，全世界目前有人工培育的肉羊品种40余个。现仅将我区近年来引进的、在新疆适应性好、杂交改良本地羊效果好、推广应用覆盖面较大的几个国外引进肉羊品种推介如下，供杂交改良选种选配时参考。

一、黑头萨福克羊（Suffok）

萨福克羊（参见彩图）原产于英国东南部的萨福克、诺福克、剑桥和艾塞克斯等地。该品种羊是以南丘羊为父本，与旧型黑头有角的诺福克绵羊杂交选育，于1859年培育而成。美国、英国、澳大利亚等国家都将该品种作为生产肉羔的终端父本品种。萨福克羊体质结实、早熟耐粗料适应性能强，广泛被用来进行经济杂交，生产肥羔肉。

萨福克羊体格较大、骨骼结实，头短而宽，公、母羊均无角，胸宽、背腰和殿部长宽而平，肌肉丰满，后躯发育良好，头、耳和四肢为黑色且无长毛覆盖。

萨福克羊属大型优质肉羊品种，具有羔羊早期生长发育快、屠宰率高、瘦肉率高、尾脂少等特点，是生产大胴体优质羔羊肉的理想品种。成年公羊体重 80～130kg，母羊 60～80kg；成年公羊胴体重 61kg，母羊 31kg；成年公羊剪毛量 4～5kg、母羊 3～4kg，毛长 7～8cm，细度 56～58 支，净毛率 60％ 左右；躯干部被毛白色，毛丛中有少量的有色纤维；产羔率 130％～165％。

我区 1986 年从澳大利亚引进的纯繁萨福克羊，能够很好地适应新疆当地的气候，母羊四季发情、产羔率 140％～158％，是公认的改良本地肉羊的首选品种和主推品种，也是全疆引进量最大、繁育量最大、杂交改良面最广、最受群众欢迎的引进量种。其与本地肉羊（粗毛羊）的杂交一代羔羊胴体重较纯种本地肉羊同龄羔羊高 3～5kg。棕红色被毛、黑色头蹄符合伊斯兰教习惯要求，深受穆斯林民族的青睐。

二、无角道赛特（Polled Dorset）

无角道赛特羊原产地澳大利亚，属大型肉用羊品种，具有全年发情和耐干热气候等特点。公、母羊均无角，体躯呈圆筒形，四肢粗短，后躯发育良好。成年公羊体重 100～125kg，母羊 75～90kg。全身被毛白色，毛长 7.5～10cm，细度 50～56 支，剪毛量 2.5～3.5kg。母羊可四季配种、产羔，产羔羊率 130％～145％。羔羊生长发育快、早熟，胴体品质和产肉性能好，4 月龄羔羊胴体 20～24kg，屠宰率 50％ 以上。在新疆适应性较好，6

月龄杂交后代的胴体重、屠宰率分别为24.2kg、54.49%。我区引进的无角道赛特羊主要分布在伊犁和乌昌等细毛羊产区，用于改良低等级细毛羊，生产肥羔肉。

三、杜泊羊（Dorper）

杜泊羊是由有角道赛特羊和波斯黑头羊杂交选育而成，原产地南非，适应性极强，在干旱或半热带地区生长健壮。杜泊羊公母均无角，体躯长、胸宽深、四肢粗短、后躯非常丰满，呈独特的长筒形；被毛纯白短而稀，春季可自动脱落。成年公羊和母羊的体重分别在120kg和85kg左右；母羊可常年繁殖，产羔率在150%以上，母性好、产奶量多，能很好地哺乳多胎后代。杜泊羊具有早期放牧能力，生长速度快，3.5~4月龄羔羊活重约达36kg、胴体重16kg左右，肉中脂肪分布均匀，为高品质胴体。

杜泊羊采食范围广，适应性极强，能够很好地利用低品质牧草，在热带或亚热带等广大地区生长健壮，抗病力强。能够抵抗一些地方传染病和寄生虫。板皮厚而面积大、质地均匀、弹性好，是上等皮革原料。

杜泊羊除了有黑头和白头两个品系之外，尚有多绒和少绒两个类型，抗寒和耐热性差异较大，应当引起引种者的注意。前者对北方气候适应性较好，后者宜于南方引进推广。我区引进杜泊羊对本地品种进行杂交改良可以迅速提高其产肉性能，增加经济效益和社会效益。目前主要分布在石河子、吐鲁番等地区。

四、特克赛尔（Texel）羊

特克赛尔羊主要繁殖在荷兰。在19世纪中叶，由当地沿海低湿地区的一种晚熟但毛质好的母羊同林肯羊和来斯特公羊杂交培育而成。

特克赛尔羊头大小适中，颈中等、长而粗，体格大，胸圆，背腰平直、宽、肌肉丰满，后躯发育良好，鼻镜、眼圈部皮肤、蹄质为黑色。成公羊体重 110~130kg，母羊 70~90kg。剪毛量 5~6kg，毛长 10~15cm，毛细 50~60 支。特克赛尔羊早熟，羔羊生长快，4~5 个月龄体重可达 40~50kg。屠宰率 55%~60%。产羔率 150%~160%。全年发情。对干旱、寒冷气候有良好的适应性。特克赛尔羊已被引入到德国、法国、比利时、美国、捷克、印尼和秘鲁等国，作为推荐饲养的优良品种和用做经济杂交生产肉羔的父本。英国将该品种作为生产肥羔的终端品种。

我区于 20 世纪 90 年代末引入特克赛尔羊，目前存栏量很少。特克赛尔羊含有双臀基因，可用来与低等级细毛羊杂交以提高其产肉性能，也可作为肉羊杂交育种亲本之一。

五、德国肉用美利奴羊

德国肉用美利奴羊原产于德国，是世界上著名的肉毛兼用品种。德国肉用美利奴是用法国的泊列考斯和英国的长毛莱斯特品种公羊与原有的美利奴母羊杂交培育而成的。

德国肉用美利奴羊体格大，成熟早，繁殖率高，产毛量好。胸宽而深，背腰平直，肌肉丰满，后躯发育良好。公、母羊无角，被毛白色、密而长、弯曲明显。成年公羊体重 100~140kg，成年母羊 70~90kg。4~6 周龄羔羊平均日增重 350~400g，4 月龄羔羊体重 38~45kg、胴体重 18~22kg，屠宰率 48%~50%，公母羊剪毛量分别为 7~10kg 和 4~5kg，毛长 8~10cm，毛细 64~68 支。性早熟，母羔 12 月龄可配种繁殖，常年发情，两年三产，产羔率 150%~250%。

20 世纪 50 年代末、60 年代初由德国引入中国，主要饲养在东北、华北和西北地区。该羊对寒冷干燥的气候表现出良好的适应性，适于舍饲半舍饲和围栏放牧等各种饲养方式，与当地羊杂交显著提高产肉、产毛性能，明显提高母羊繁殖率，成为我国北方养羊专家最为推崇的肉毛兼用羊品种，适宜用作新疆高寒地区杂交父本。

六、南非肉用细毛羊

南非肉用细毛羊原产地南非，是当前优良肉用细毛羊品种。该品种公、母羊无角或有小角，具有良好的被毛毛丛结构，12个月毛长 8.0~11.0cm，被毛纤维直径 16.0~23.0μm，成年公、母羊剪毛后体重为 90.0~140.0kg、55.0~80.0kg，剪毛量为 6.0~10.0kg、4.5~6.5kg，净毛率60%以上，屠宰率为52%~57%，产羔率为150%~180%。肉用性能也突出，体型硕长，整个背线肌肉发育丰满，躯体宽深、后躯粗壮、肌肉向股下延伸、发育良好。是用来提高新疆本地细毛羊、细杂羊产肉性能的优良品种之一。

第三节　国内多胎品种

一、小尾寒羊

小尾寒羊（参见彩图）产于河北南部，河南东部和东北部，山东南部及皖北、苏北一带。具有生长发育快、繁殖力高等特点，适宜于分散饲养，是以舍饲为主的优良绵羊品种之一。

小尾寒羊体大、肢高，前后躯发育均称，侧视呈方形。体质结实，鼻梁隆起，耳大下垂。公羊头大颈粗、有较大的螺旋形角，母羊头小颈细、有小角、角蕾（角根）或极少数无角。脂尾略呈圆扇形，下端有尾尖上翘，尾长不过飞节（俗称"钩搭"）。体躯被毛白色，少数个体头部有杂色斑点或眼圈杂色毛等，全身为异质粗毛或半粗毛，含少量干死毛，按被毛品质分为裘皮型、细毛型和粗毛型三种。成年公羊体重113kg，最高可达

160~170kg；母羊为65kg。母羊5~6月龄即可出现发情，公羊7~8月龄可用于配种。母羊四季发情，常年配种，大多母羊产3~4个羔，多者5~7个羔，平均产羔率为251%。其中初产母羊产羔率229%，经产母羊267%。是进行肉羊杂交利用佼好的素材和杂交培育多胎肉羊新品种的绝好亲本之一。

小尾寒羊是我国著名的一个多胎型地方优良品种，但尚存在品种间、体型外貌和生产力的地区间差异，体躯窄，肋骨开张不够，胸宽深欠佳，肉用体型差，肉品质低等问题。用国外肉用品种与小尾寒羊杂交，将大大改善小尾寒羊的肉用性能，增加羊肉产量。

新疆曾于20世纪90年代大批量引入小尾寒羊，因对所适宜的气候环境、饲养方式了解不足，利用不当，造成大量死亡。但近年来，随着新疆农区肉羊产业化发展需求和科技水平的提高，小尾寒羊必将对改良提高新疆本地肉羊的繁殖性能、培育多胎肉羊新品种，推动我区肉羊产业的快速发展作出不可估量的贡献。

二、湖羊

湖羊（参见彩图）是我国著名的羔皮羊品种之一。原产于太湖流域，主要分布在浙江省的湖州、长兴等部分县区。外貌特征：头狭长，鼻梁隆起，眼大突出，耳大下垂（部分地区湖羊耳小，甚至无突出的耳），公、母羊均无角，颈细长，胸狭窄，背平直，四肢纤细，短脂尾，尾大呈扁圆形，尾尖上翘，全身白色，少数个体的眼圈及四肢有黑、褐色斑点。公羊体重40~50kg，母羊体重31~47kg。

湖羊繁殖力强，母性好，泌乳性能高，性成熟早。母羊4~5月龄性成熟，公羊一般在8月龄。母羊6月龄可配种，四季发情，可年产两胎或两年三胎，每胎2~3羔，平均产羔率256%，高繁群320%。

20 世纪 70 年代，我区曾引入湖羊用来改良本地羔皮羊。近年来，新疆生产建设兵团大量引进该品种羊与杜泊羊杂交生产多胎肉羊。杜湖杂交一代母羊的产羔率 200% 以上，目前主要分布在石河子垦区。

三、中国卡拉库尔羊

中国卡拉库尔羊（参见彩图）是我国 20 世纪 70~80 年代由前苏联引进纯种卡拉库尔羊与新疆、内蒙古的库车羊、蒙古羊、哈萨克羊级进高代杂交培育而成的羔皮羊品种。该品种羊适应性强、耐粗饲，荒漠和半荒漠草场及低地草甸草场适应性极强。

该品种羊头稍长，鼻梁隆起，耳大下垂。公羊多数有角，呈螺旋形向两侧伸展，母羊多数无角。胸深体宽，尻斜，四肢结实，尾肥厚。毛色主要为黑色、灰色和金色。被毛的颜色随年龄的增长而变化：羊羔断奶后，被毛逐渐由黑变褐，成年时被毛多变成灰白色、灰色和白色。

中国卡拉库尔羊的主要产品是羔皮，即生后 2 天以内屠宰取皮。羔皮具有独特而美丽的轴形和卧蚕卷曲，花案美观漂亮。中国卡拉库尔羊产毛量较高，是制毡、精呢和编织地毯的上等原料，成年公羊产毛量为 3.0kg，母羊为 2.0kg。中国卡拉库尔羊肉味鲜美，屠宰率高。成年公羊体重为 77.3kg，母羊为 46.3kg，屠宰率为 51.0%。产羔率为 150%~180%。

新疆阿克苏地区库车种羊场是目前全国唯一一个保留中国卡拉库尔羊的种羊场。新疆生产建设兵团农一师存栏皮肉兼用型卡拉库尔羊及其杂交羊约 20 万只。近年来，由于出口渠道不畅、羊肉不断价格攀升，当地群众用黑头萨福克与之进行杂交，收到了不错的经济效益。

第三章　杂交模式与优势杂交组合

　　杂交是指具有不同遗传基础和结构的羊个体间的交配，其后代称为杂种。我们通常所说的杂交则是指不同品种个体或群体间的交配。通过杂交可以将不同品种羊的优良特性结合在一起，创造出此品种或彼品种原来所不具备的特性，进而培育出一个新品种。杂交后代所表现出的独特的生产特性称之为杂交优势。人们也可以利用杂种优势生产更多、更经济的优质羊产品。

　　不同肉羊品种间的杂交，已成为当前提高肉羊生产性能和改善肉品质最为直接有效的方法。当前，世界养羊业发达国家都建立了适合本国的杂交利用体系，进行商品肉羊生产。我国于20世纪80年代开始，相继引入国外专门化肉羊品种，开展了小范围的区域杂交试验，直到20世纪90年代，利用杂交优势生产商品肉羊进入快速发展阶段，使得我国肉羊业得到了迅猛发展。

第一节　杂交亲本、杂交模式与杂交组合

一、杂交亲本

　　用来进行交配的公羊和母羊叫做亲本。亲本中的公羊叫做父本，亲本中的母羊叫做母本。例如：1号公羊与2号母羊交配，1号公羊叫父本，2号母羊则叫做母本。

　　推而广之，两个用来进行杂交的品种也叫做杂交亲本。杂交

亲本中的父系品种叫做父本，母系品种则叫做母本。例如：萨福克公羊与哈萨克母羊杂交，前者谓之父本，后者叫做母本。

二、杂交模式

杂交时，不同品种（种群）间的搭配叫做杂交模式。杂交模式是依据某一地区品种资源状况制定的一个框架式的品种搭配方式，一个母本品种可以配备一个或几个与之相匹配的父本品种。如在新疆细毛羊产区，可用与细毛羊被毛颜色一致的德国肉用美利奴、白头萨福克、道赛特和特克赛尔等肉用品种对低产细毛羊进行杂交改良，在保持其不降低毛产量的同时，以提高其产肉性能。

选择正确的杂交模式是杂种优势发挥的重要技术保证。目前，生产中常用的杂交方式主要有二元杂交、三元杂交和级进杂交等。

1. 二元杂交

即两个品种或品系间的杂交，杂交后代全部用于商品生产，其母本种群始终保持纯种状态。这种杂交简单易行，适合于生产技术水平相对较低，羊群饲养管理较粗放的广大地区。

2. 三元杂交

即三个品种间杂交。先用两个品种杂交，选择杂交一代母羊做母本，再用第三个品种做父本与之杂交，其后代为三元杂种。三元杂交比二元杂交复杂，但杂交效果优于二元杂交，也是目前国内外广泛采用的杂交方式。

3. 级进杂交

是培育新品种的一种方法。即两个品种杂交后，从一代杂种开始和以后各代所产生杂种母羊继续与同品种公羊交配到 3～5代，使杂种后代的性能和特点基本与父系品种相似，经过横交固定和漫长的选育过程，最终形成一个新品种。

试验研究结果表明，对于经济杂交而言，级进杂交的代数以二代为限。超过二代，则其杂交优势就会下降。

三、杂交组合

在杂交模式下，两两品种间的杂交搭配称之杂交组合。不同品种间的搭配表现出不同的杂交优势，有的相近，有的则相差较大甚或与预期目标相去甚远。适宜品种间的搭配，可以表现出优于其他品种搭配的杂交优势，这种杂交模式谓之优势杂交组合。优势杂交组合不是凭空想象的，而是通过试验筛选出来的。

当然，优势杂交组合不具有普遍适用性。在此地被认为的一种优势杂交组合并不适用于彼地。这与当地的品种资源、环境和饲养条件以及民风民俗密切相关。例如，引进肉羊专用品种黑头萨福克与新疆地方肉羊品种阿勒泰羊、哈萨克羊、多浪羊等进行杂交，已被公认为是优势杂交组合，但在内地其他省份则不然。因为，黑头萨福克与多为杂色被毛新疆地方肉羊品种杂交，其杂交后代除了与其他杂交组合也具备的耐干旱、耐粗放、放牧性好、早期生长快、羊肉品质好以外，其被毛依然为有色毛，适合穆斯林民族的习俗。

第二节 杂种优势评价与预测

杂种优势是指杂交后代在一项或多项生产性能指标上所表现出的优于其杂交亲本（主要是母本）的特性。利用引进专用肉羊品种与本地肉羊（粗毛羊）杂交，其杂交后代在产羔率、生长速度、产肉率和羊肉品质等方面都优于本地肉羊的杂种优势。

但不同杂交模式和杂交组合所表现出相同的杂种优势有明显的差异。这种组合间杂交效果的差异可用配合力来检验和区分。衡量杂交组合间配合力的大小一般用杂种优势率测定来进行评价，也可采用微卫星标记法对杂交优势进行预测。

一、杂种优势评价指标

利用肉羊的杂种优势，首先要通过杂交组合筛选和配合力测定，从而确定最佳组合——优势杂交组合。杂种优势一般用"杂种优势率"来表示，其计算公式为：

$$杂种优势率（\%）= \frac{杂交后代平均值 - 双亲品种平均数}{双亲品种的平均数} \times 100$$

在生产实际中，为了检验改良效果与改良进展，杂种优势率可变相为：

$$杂种优势率（\%）= \frac{杂交后代平均值 - 母本品种后代平均值}{母本品种平均值} \times 100$$

理论上，二元杂交的杂种优势率为 16.2%，三元杂交的杂种优势率为 32.4%。

二、杂种优势评价方法

现代杂种优势理论认为：杂种优势的大小在一定程度上取决于亲本间遗传差异的大小，即遗传距离。遗传距离越大，杂种优势越明显。随着分子生物学技术的突破性进展，人们利用微卫星多态性标记预测杂种优势已成为可能，通过微卫星标记检测品种和品系间遗传距离，进行杂种优势预测前景十分广阔。

以4个微卫星座标记预测萨福克、道赛特、特克赛尔、宁夏滩羊、小尾寒羊的杂种优势，其中，萨福克与小尾寒羊的遗传距离最大，为0.249 1；特克赛尔、道赛特与小尾寒羊的遗传距离中等，分别为0.199 2和0.197 9；宁夏滩羊与小尾寒羊之间的遗传距离较小，为0.124 7，并选择相应的杂交组合进行了育肥试验，试验结果与预测结果基本吻合（顾亚玲等）。

以引进纯种萨福克、道赛特、德国美利奴为父本，与小尾寒羊杂交，结果表明：从杂交繁殖性能和杂交一代羔羊的早期生长发育来看，萨寒组合是本次试验的理想组合。赵希智以特克赛尔、无角道赛特肉羊为终端父本、滩寒杂种羊为母本进行三元杂交，其产羔率、羔羊的初生重、断奶重、6月龄活重等均显著优于滩羊（闫晚姝等）。

第三节　适宜新疆不同地区的优化杂交模式

依据新疆羊群结构和现有引进肉羊品种，根据我区科技工作者多年的试验研究，总结出适宜新疆不同肉羊产区优化杂交模式有以下4种。

一、粗毛羊主产区

1. 二元杂交模式

即以本地粗毛羊与引进专用肉羊进行杂交，杂种一代用于商品肉羊生产，无论公母一律直接育肥出栏、屠宰上市。其特点是杂交后代杂交优势明显，前期生长速度快、产肉性能高，适应性强，对饲养管理条件要求不很高，适宜于南北疆广大农区、农牧交错带放牧、半放牧条件下进行商品肉羊生产（图3－1）。

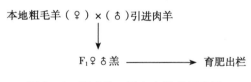

图 3 － 1　粗毛羊二元杂交模式示意图

2. 三元杂交模式

第一步以多胎绵羊为父本，以本地羊为母本进行交配，以提高杂交一代母羊的产羔率；第二步再用引进肉羊为父本与杂交一代母羊交配，以提高其产肉性能和肉品质量。该模式的特点是能够在短期内较大幅度提高后代繁殖性能和产肉性能，使遗传资源利用和养羊效益最大化。研究结果表明，引进肉羊×小尾寒羊×本地羊三元杂交模式后代的产羔率可达150%左右；道赛特×小尾寒羊×滩羊、特克赛尔×小尾寒羊×滩羊2个三元杂交组合产羔率达到了154%和147%，分别比滩羊提高52%、45%，6月龄羔羊活重分别提高了43.26%和50.45%（赵希智等）。

该模式适宜在饲草料生产条件好、养殖水平相对较高的农区舍饲或工厂化条件下进行商品肉羊生产（图3-2），也是今后农区肉羊产业发展的趋势和方向。

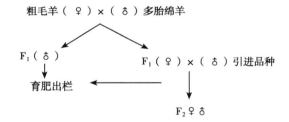

图3-2　粗毛羊三元杂交示意图

二、细毛羊产区

细毛羊杂交模式：对于低等级细毛羊（羊毛细度在64支以下、非品种保护区），选用白色被毛的引进品种（德国肉用美利奴、道赛特）做父本与其杂交，在基本上不改变羊毛性状的前提下，提高后代产肉性能，达到"肉毛"双赢的目的（图3-3）。新疆畜牧科学院畜牧所肉羊组对道细杂F_1、F_2代生产性能、产肉性能及肉品质进行测定分析，其综合品质均明显优于细毛羊。罗惠娣等对道赛特与细毛羊杂交后代羊毛品质进行分析结果也表明，道细杂交后代的羊毛细度均在26μm左右，差异不显著。

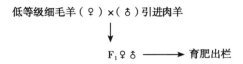

图 3 - 3　细毛羊二元杂交模式示意图

三、多胎羊产区

多胎羊杂交模式：此模式是根据我区现有多胎羊（多浪羊、策勒黑羊）和近年来大批量引进小尾寒羊和湖羊等多胎肉羊的实际而研制出的一种肉羊高效生产模式。特点是短时期内就能置换出适合舍饲条件下饲养的多胎群体，且后代表现出较高的繁殖性能和产肉性能（图 3 - 4）。

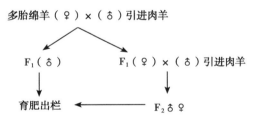

图 3 - 4　多胎羊杂交模式示意图

第四节　适宜新疆不同地区的优势杂交组合

一、黑头萨福克×粗毛羊组合

黑头萨福克×粗毛羊组合是目前被新疆人民广泛接受、公认为最好的经济杂交组合。黑头萨福克与阿勒泰羊、哈萨克羊、巴什拜羊地方品种肉羊杂交最突出的特点是：后代尾巴明显变小，尾脂在胴体中所占的比重明显下降（彩图），皮下脂肪厚度变小（≤0.8mm），可达到优质肥羔的标准。棕红色被毛、黑色头蹄符合伊斯兰教习惯要求，深受穆斯林民族的欢迎。

对黑头萨福克与阿勒泰羊杂交效果的研究表明，其杂交羔羊前期生长速度快，二月龄断奶活重、4~5月龄育肥出栏活重和胴体重较同龄纯种粗毛羊分别增加5~8kg、6~10kg和3~5kg；胴体脂肪含量降低，人体所需的必需氨基酸含量高、种类齐全；屠宰率、肉骨比也有较明显的提高（表3-1至表3-6）。

表3-1　不同杂交组合生产性能测定

品种与组合	母羊产羔率（％）	年龄（月）	活重（kg）	日均增重（g）	胴体重（kg）	屠宰率（％）	尾　脂	
							重（kg）	占胴体（％）
道阿 F_1	137	4~5	40.65	255	18.13	48.56	0.50	2.82
萨阿 F_1	132	4~5	41.17	269	17.88	47.30	0.50	2.81
道阿 F_2	138	4~5	39.70	241	18.38	47.61	0.18	1.09
萨阿 F_2	147	4~5	40.18	255	17.68	46.43	0.30	1.67
道细 F_1	141	4~5	40.39	254	17.33	46.98	0.10	0.60
细毛羊	105~110	4~5	34.29	206	14.50	48.47	0.08	0.54
阿勒泰羊	100~105	4~5	35.82	222	16.25	50.16	2.52	15.35

表3-2　胴体中常规营养成分测定

品种与组合	干物质（％）	蛋白质（％）	脂肪（％）	肌内脂肪（％）	灰分（％）
道大 F_1	40.9	15.1	22.9	2.65	0.97
萨大 F_1	35.9	17.3	17.6	1.50	1.06
道大 F_2	37.5	17.8	21.1	3.00	1.12
萨大 F_2	42.5	17.1	27.3	3.05	1.02

（续表）

品种与组合	干物质（%）	蛋白质（%）	脂肪（%）	肌内脂肪（%）	灰分（%）
阿勒泰羊	45.7	14.8	26.6	2.35	0.89
道细 F_1	34.8	17.5	17.3	2.25	1.06
道细 F_2	32.6	16.4	17.1	2.60	1.07
细毛羊	34.1	17.2	15.8	1.90	1.08

表 3-3　胴体中微量元素及膻味物测定

品种	硒	铜	锌	钙	磷	膻味物
道大 F_1	0.018	0.150	18.15	64.30	0.100	0.155
萨大 F_1	0.004	0.300	19.35	78.15	0.125	0.120
道大 F_2	0.004	0.200	21.00	66.70	0.115	0.120
萨大 F_2	0.003	0.100	14.75	50.35	0.095	0.165
阿勒泰羊	0.008	0.300	20.00	84.10	0.115	0.150
道细 F_1	0.008	0.150	19.25	75.55	0.130	0.140
道细 F_2	0.023	0.250	21.20	74.45	0.130	0.115
细毛羊	0.003	0.300	17.25	76.95	0.125	0.175

表 3-4　胴体中维生素含量测定

品种	V_A	V_{B1}	V_{B2}	V_C	V_E	肌酸	肌酸酐	肌苷酸	鸟苷酸
道大 F_1	0.024	0.015	0.310	0.890	0.021	372.50	5.46	1.065	0.155
萨大 F_1	0.024	0.019	0.380	2.065	0.030	459.00	5.46	0.760	0.210
道大 F_2	0.048	0.020	0.690	4.445	0.030	436.50	6.98	0.875	0.180
萨大 F_2	0.029	0.015	0.455	2.490	0.021	402.00	9.67	0.970	0.205
阿勒泰羊	0.028	0.020	0.225	1.510	0.016	406.00	4.83	0.735	0.175
道细 F_1	0.037	0.025	0.245	2.680	0.023	476.50	9.78	1.295	0.255

（续表）

品种	V_A	V_{B1}	V_{B2}	V_C	V_E	肌酸	肌酸酐	肌苷酸	鸟苷酸
道细 F_2	0.021	0.030	0.165	1.025	0.030	451.50	5.35	2.040	0.180
细毛羊	0.023	0.020	0.340	1.295	0.031	411.00	10.74	1.155	0.160

表 3-5 胴体中必需氨基酸含量

品种	精AA	组AA	赖AA	苯丙AA	蛋AA	苏AA	异亮AA	亮AA	缬AA
道阿 F_1	1.390	0.790	1.450	0.740	0.495	0.535	0.755	1.480	0.770
萨阿 F_1	1.480	0.900	1.925	0.795	0.510	0.700	0.820	1.625	0.855
道阿 F_2	1.675	1.055	4.330	1.035	0.910	0.920	1.265	2.460	1.335
萨阿 F_2	1.485	0.985	2.730	0.710	0.425	1.015	0.965	1.025	1.020
阿勒泰羊	1.150	0.745	1.570	0.780	0.375	0.520	0.695	1.330	0.795
道细 F_1	1.675	1.000	2.430	0.940	0.590	0.825	0.985	1.930	1.025
道细 F_2	1.615	0.905	2.160	0.885	0.560	0.800	0.925	1.805	0.960
细毛羊	1.410	0.985	2.040	0.900	0.575	0.635	0.940	1.785	0.970

表 3-6 胴体中非必需氨基酸含量

品种	天门冬AA	酪AA	脯AA	胱AA	色AA	丝AA	谷AA	甘AA	丙AA
道大 F_1	1.650	0.615	0.770	0.070	0.140	0.790	3.005	0.825	1.140
萨大 F_1	1.940	0.690	0.865	0.060	0.135	0.835	3.250	0.915	1.210
道大 F_2	2.690	1.035	1.250	0.225	0.150	1.025	4.290	1.025	1.745
萨大 F_2	2.925	0.405	0.910	0.205	0.145	0.950	4.235	0.960	0.680
阿勒泰羊	1.485	0.590	0.695	0.100	0.145	0.625	2.515	0.780	1.010
道细 F_1	2.090	0.845	0.975	0.065	0.150	0.925	3.710	0.990	1.400
道细 F_2	2.115	0.775	0.945	0.075	0.140	0.905	3.590	0.940	1.300
细毛羊	2.035	0.755	0.964	0.090	0.155	0.910	3.530	0.970	1.315

新疆养殖粗毛羊的广大农区、半农半牧区集约化、规模化养殖场及分散养殖户的商品肉羊生产均可采用黑头萨福克×粗毛羊组合。

二、萨福克×多浪羊

多浪羊是我区唯一一个具有多胎性、常年发情的地方肉羊品种，多胎率约占群体的30%，第一胎不表现多胎性状，2～4胎为稳定高峰期，第五胎有所下降，第六胎及以后多胎性能消失。

用黑头萨福克与多浪羊进行杂交，其后代具有一定的多胎性、耐粗放管理，幼年期被毛为棕红色，尾巴明显变小、生长速度加快、产肉率高，深受当地群众和客商的青睐，"活羊出手快，价格每千克比纯种多卖1～2元钱。"

多浪河流域及多浪羊养殖的地区和农户均可采用这种杂交组合，进行商品肉羊生产。

三、萨福克×小尾寒羊组合

黑头萨福克与小尾寒羊杂交，产羔率在200%以上。杂一代羔羊被毛为白底黑斑的"黑白花"，黑斑主要集中分布在头和腿部；尾巴呈圆柱形垂于两后退之间；后躯发育有明显改善。

此组合在小尾寒羊引进区不失为一种增加羊肉产量、提高经济收入的好方式。但大群饲养管理不善，死亡率较高，在20%左右。因此，应增加母羊妊娠后期和泌乳期的精饲料和青贮饲料的供给量，以提高羔羊成活率。在饲养条件较好的规模化羊场及专业养殖大户，宜采用代乳料人工育羔技术。

四、道赛特（德国肉用美利奴）×细毛羊组合

道赛特与细毛羊杂交，可在保证羊毛产量和质量无明显变化的前提下，提高细毛羊的繁殖和产肉性能。如表2－1所示：道

细 F_1 母羊产羔率可达到 141%，2~2.5 月龄断奶育肥 60 天日均增重 254g，4~5 月龄育肥出栏公羔活重在 40kg 以上，胴体重可达 17.33kg，较纯种细毛羊分别增长 50g、7.10kg、2.8kg。据不完全统计，羊毛产量和质量亦不低于细毛羊平均水平。

德细杂交组合有着与道细杂交组合异曲同工之妙，但其杂交后代羊毛质量和产量均较后者为优。

道细、德细杂交组合可在新疆伊犁、博乐、叶城、石河子等细毛羊产区非品种保护场及个体养殖户全面推广。

五、杜泊×湖羊（小尾寒羊）组合

新疆西部牧业股份有限公司以杜泊羊为父本与我国著名多胎绵羊品种湖羊进行杂交，辅以绵羊 FecB 多胎位点标记基因早期诊断技术，筛选出的优良杂交组合。杜湖杂交母羊繁殖率在 200% 以上；公羔 4 月龄活重 40~50kg，屠宰率高达 55%；肌肉大理石样明显，肉质细腻鲜嫩。公司采用"基地＋合作社＋农户"的产业化生产模式在石河子产区推广，收到了良好的效果。

杜泊×小尾寒羊组合有着与杜湖组合相似的效果，在吐鲁番地区深受老百姓欢迎。这两个杂交组合在母羊产羔率方面十分接近，但前者杂交后代体型相对紧凑结实、后躯丰满、产肉率高、耐酷热；后者杂交后代体型稍显单薄。

此两个杂交组合的共同缺点是：母羊泌乳能力有限，羔羊成活率较低。因此，群体不宜过大，在增加母羊妊娠后期和泌乳期的精饲料和多汁青绿饲料（青贮饲料）供给量的同时，辅以羔羊代乳料人工育羔技术，以提高羔羊成活率。

杜泊×湖羊（小尾寒羊）组合适宜于气候温暖干燥的吐鲁番、哈密、喀什等广大南疆地区和北疆农区舍饲、半舍饲饲养方式。

六、萨福克×小尾寒羊×粗毛羊

此组合，第一步先用小尾寒羊×粗毛羊杂交，以给本地肉羊导入多胎基因，提高后代的繁殖率；第二步再用黑头萨福克与粗寒 F_1 母羊杂交，以提高后代的产肉性能和羊肉品质。此三元杂交组合，既保留了本地羊对高寒条件的适应性，又获得了适宜的高产羔率和产肉性能。此外，小尾寒羊×粗毛羊的 F_1 代被毛为"黑白花"，再与黑头萨福克杂交后被毛为黑头黑蹄棕红色，依然符合伊斯兰教的要求，可创"清真品牌"。

此杂交组合适宜于南疆农区广大穆斯林聚居区舍饲、半舍饲商品肉羊产业化生产。

第五节 杂交改良选择与注意事项

一、处理好地方品种保护与利用的关系

地方品种对当地气候、饲草料资源、自然环境等条件具有独特的适应性，肉品质独特，加之某些特殊的性状目前还未被认识和发现。因此，杂交改良工作应在划定的品种保护区外开展，以确保地方品种遗传资源的多样性。

二、制定科学合理的杂交改良方案

在制定杂交改良方案时，各地应根据生产者预期目标，结合当地羊群结构、饲养方式、自然经济及社会需求等进行综合考虑，并辅以先进的技术手段，加快改良进展。如在选择多胎性状时，可采用分子标记辅助技术挑选出带有多胎基因种公羊作为杂交父本，增加杂交改良方案的科学性和针对性。

三、加强杂交亲本的选择与优化提纯

杂交是提高本地肉羊生产性能的一个最为直接有效的手段。杂交亲本的选择是保证杂交效果的基础。杂交亲本的选择应根据当地品种特性、自然气候条件、预期目标、饲草料资源、生态环境和人文环境等因素进行综合考虑。

1. 杂交亲本的引进

引进杂交亲本（品种）时，首先要目的明确，即干什么、达到什么样的目标。其次，应充分考虑引进品种原产地的自然气候条件、饲养方式，以及对当地气候条件适应性。否则，引进效果会实得其反。例如，小尾寒羊具有高繁殖力的优良性状，适宜于用它来提高新疆本地羊的繁殖性能。但其为舍饲饲养方式、放牧性能较差，对高寒气候的适应能力弱。我们在引进时，只能将其作为一个杂交亲本来利用，少量引入不可大量引进、连年饲养下去；引进的种羊也应做好冬季舍饲保暖等基础建设与饲养管理。过去的教训应深刻汲取！

2. 杂交亲本的选择与优化提纯

杂交后代是否能产生杂种优势，其表现程度如何，很大程度上取决于杂交亲本的质量。在生产中往往出现杂种后代的杂种优势不明显，甚至杂种后代的生长发育还比不上本地品种，其主要原因是杂交亲本的品质问题。因此，在生产中应加强杂交亲本的选优提纯工作，确保杂交亲本的纯度和遗传稳定性。

父本选择："公羊好，好一拨；母羊好，好一窝。"杂交改良中，父本的选择尤其重要。一般应选择体格大、肉用性能突出、生长速度快、肉品质好、遗传性稳定的品种作父本。常用的杂交父本有：特克赛尔、萨福克、道赛特、杜泊、德国肉用美利奴等，这些品种都是国外引进的优良肉用品种，与我国大多数地方品种杂交后，其后代的肉用性能都得到显著提高。

良种良养才能保持和发挥良种的应有效能。但从近几年的情况来看，由于风土驯化和饲养管理水平等缘故，这些引进品种表现出体格变小、雄性机能下降等趋势。加强对引进种羊的饲养管理、选优培育，恢复其原种的特性，对获得理想的杂交改良效果具有直接的重要意义。

母本选择：在肉羊杂交生产中，多数情况下是利用本地品种作为杂交母本，这样可以解决适应性问题，并且减少引种费用。我区目前所用的杂交母本均为地方品种，取得了一定的改良进展。但事实上，地方品种原本在体型外貌、遗传稳定性上均具有一定的缺陷，种群比较混杂；加之，近十多年来"重开发，轻保护"急功近利，忽视了对地方品种的保护和选育，致使优秀种羊大量流失，种群质量严重退化，并未充分发挥出其应有的效能。

"母壮儿肥。"重视地方肉羊种质资源的保护，在加强本品种选育和提纯复壮上狠下工夫，培育优秀的杂交母本，必定将获得更为理想的杂交改良效果。

四、把握适宜代数，防止近亲繁育

1. 利用杂交优势，把握适宜杂交代数

研究结果表明，二元级进杂交随着杂交代数的增加，杂种后代在体型外貌特征方面越来越趋向父本，杂种优势随着杂交世代的增加而降低，羊肉中必需氨基酸含量等质量指标也有随之下降的趋势。比较表3-1至表3-7中同一杂交组合不同世代的相关经济和质量指标不难发现：杂交一代均优于杂交二代；杂交二代的各项性能指标均有下降趋势。但与杂交一代差异不显著。故此，采用二元经济杂交进行商品羔羊肉生产，以杂交一代为优，不超过杂交二代。

2. 及时更新换代，防止近亲繁育

"远亲杂交优势，近亲交配退化"是生物界的基本规律之一。肉羊杂交改良亦不例外。在当前的生产实践中，广大养殖户在欣然杂交改良技术的同时，却忽略了对杂交利用限度的控制。他们将优秀的杂交后代选留下来作为种用，甚或连续数年用下去。结果发现，杂交改良效果逐年下降。其原因有二：一是延续使用了同一个种公羊，父女间或祖孙间交配，造成近交退化；二是选留的杂交母羊杂交代数过多，杂交优势下降。

因此，二元杂交商品肉羊养殖场（户）杂交一代羔羊无论公母全部育肥出栏，不留后备种羊；采用三元杂交的，二元杂交母羊到达老龄期要及时淘汰更新，每胎所产羔羊，无论公母全部出栏上市，不留后备种羊。如确因种源缺乏须留杂交母羊补充羊群时，所选留的杂交母羊也只能再使用一代，不可继续选留！一个母羊群不可连续数年只用同一个种公羊进行配种，要每隔 1 ~ 2 年引进新的种公羊或其他肉用品种的种公羊；养殖户间也可通过互换种公羊的办法，解决种源不足、防止近亲繁殖。

五、加强饲养管理，培育杂交商品羊

杂种后代生长发育快慢与饲养管理条件密切相关。良种良法良养，才能使杂交优势得以充分发挥。只有既重视品种，又重视其饲养管理条件和饲喂模式，才能获得好的杂交效果和生产效益。否则，只重视品种，不注重饲养管理，就会出现"小时像它爸，大时像它妈"的现象，功亏一篑、事与愿违。

六、建立健全杂交改良生产记录

生产记录包括配种记录、产羔记录和生产性能测定记录等。系统、完整、准确的记录对杂交改良效果分析和评判十分重要，并对下一步杂交改良方案的制订具有重要的指导意义。

第四章 肉羊繁殖技术

　　繁殖即繁衍后代、增加种群数量。它是动物保持其物种或群体不灭、不断壮大的自然属性。现代繁殖技术就是因势利导，在动物自然属性的基础上加入人为因素，使其向着人们所需要的方向发展，把动物的繁殖过程变成了增加社会财富和提高人类生活水平的过程。为此，人们必须了解和掌握肉羊繁殖自然规律，利用自然属性、控制自然属性、突破自然属性，研究和使用人工繁殖技术，为自己创造出更多的羊产品和经济利益。

第一节　绵羊繁殖特性

一、季节性与非季节性

　　绵羊的繁殖力因品种、饲养管理和生态条件不同而有很大差异。

　　目前从国外引进的人工培育的肉羊专用品种，均无季节性，常年发情，产率140%～160%。

　　一般生长在气候温暖的南方、以农区舍饲为主的地方品种绵羊大都常年发情、一年二产或两年三产、一产多胎。如浙江的湖羊、山东的小尾寒羊以及新疆南疆的多浪羊、策勒黑羊等。

　　而生长在我国气候寒冷的北方、以放牧为主的绵羊则多具有明显的季节性，即有繁殖（发情）季节和非繁殖（乏情）季节之分，只有在繁殖季节才能配种怀孕，也就使得生产中有了配种季节与非配种季节之别。这种特性尤以高寒地区的最为明显，如新疆细毛羊、中国美利奴羊、阿勒泰羊等。

新疆北疆地区饲养的地方肉羊品种（阿勒泰羊、巴什拜羊、哈萨克羊等）均具有明显的季节性发情的繁殖特性，发情季节一般集中在每年的 9 ~ 11 份，而且一年一产、产羔率低（100% ~ 110%）。这一点已成为限制新疆肉羊规模化、工厂化养殖和产业化发展的第一瓶颈问题。因此，抓住配种季节有限的时间，推行鲜精人工授精技术，尽最大可能做到可繁殖母羊复配、不漏配，提高情期受胎率，是充分利用地方绵羊遗传资源、增加养羊效益首要的、最基本的、最直接有效的措施；而导入多胎基因和产肉性状建立杂交配套系，提高本地羊的繁殖性能和产肉性能、增加产肉量，则是缓解目前市场羊肉供不应求局面，解决全年生产、加工、供给不均衡，保护农牧民养羊积极性、增加经济收入的应急性措施；加强多胎肉羊体系建设，培育适合新疆地域特点的肉用绵羊新品种是发展肉羊产业的必然趋势，是一项战略性措施。

二、周期性

1. 发情周期

绵羊，无论是季节性发情还是非季节性发情品种，其发情都具有周期性。这种周期性称之为发情周期，简称情期。即一次发情开始（结束）到下一次发情开始（结束）所间隔的天数。

2. 繁殖周期

绵羊一年之内有多少个发情周期（发情次数）与生理状态、品种和饲养水平有关。一般而言，妊娠（怀孕）后不会再发情。非季节性发情羊产后可继续发情，季节性发情羊产后一般不发情，只有在繁殖季节才发情。发情的次数理论上每年只有 5 ~ 6

次。因此，抓住配种季节有限的发情配种次数，尽最大可能使每一只可繁母羊配种受孕是肉羊高产稳产高效的基本保证。否则，将造成资源浪费，无功而返得不偿失。

饲养水平尤其是营养水平对母羊的发情有着直接的影响。这一点，通常用"膘情"来进行初步判断。

三、发情持续期

发情的持续时间叫做发情持续期，也就是母羊排卵的时间范围。只有在发情持续期内配种，母羊才能受胎怀孕。

卵子和精子结合的部位在母畜输卵管下 1/3 处。如果提前配种（24 小时以前），卵子尚未成熟排出，精子无法与卵子结合，最后能量耗尽而亡；相反，如果推后配种（36 小时以后），卵子未遇精子结合形成授精卵已进入子宫，或已死亡也不能受胎怀孕。因此，了解绵羊的发情持续期，把握好配种（输精）时间对于人工授精的受胎率高低至关重要。

绵羊和山羊的发情持续期如表 4 - 1。

表 4 - 1　羊发情持续期

畜种	发情周期（d）	平均范围（d）	发情持续期（h）
绵羊	14 ~ 19	17	24 ~ 36
山羊	18 ~ 22	21	26 ~ 42

第二节　肉羊的配种方法

目前有三种配种方法即自然交配、人工辅助交配和人工授精。

一、自然交配

也称本交。即在配种季节，将公羊放入母羊群，混群饲养或放牧，公母羊自由交配。这种方法简单省事，受胎率较高，适于分散的小群体。

缺点：公羊消耗太大，后代血统不明，易造成近交，无法确定预产期。可在非配种季节将公、母羊分开饲养，每一配种季节有计划地调换种公羊以克服上述缺点。

自然交配的公母比例以 1 : （20～30）为宜。

二、人工辅助交配

使发情母羊有计划地与公羊交配。这种方法有利于提高公羊利用率，合理的选种选配，并能确知预产期。为确保受胎，也可重复交配或双重交配，即在一个情期内进行 2 次配种或两个公羊同时配种。

三、人工授精

即人借助采精工具或徒手将公羊精液采出，经品质检查、活力测定、稀释等处理后，再通过输精器将精液输入到发情母羊生殖道内，以代替公、母羊自然交配而繁殖后代的一种技术，也是人类最早运用的先进繁殖技术。它对家畜的遗传改进作出了最大的贡献，因为它对于识别和运用高遗传价值的公畜提供了最好的方法。

精液的三种保存方法（新鲜精液、低温精液和冷冻精液）和授精的三种技术（阴道、子宫颈和子宫内）在绵山羊繁殖生产中的应用已有百余年。

人工授精的其优点在于：

①提高优秀种公羊的利用率；

②减少母羊不孕，提高受胎率；

③便于发现生殖道疾病，防止疾病传播；

④减少种公羊饲养量，节约饲养成本；

⑤便于组织畜牧业生产，促进改良育种工作的发展。

第三节　肉羊人工授精

一、实施前的准备

1. 设施准备

（1）采精室、验精室、输精室各一间　以水泥地面为好，便于清扫和消毒。验精室置于采精室和输精室中间，并于两隔墙上各开一窗口，便于精液传递。

（2）待配母羊圈一个，以砖铺地面为宜　一般与配种室相邻，临墙上开设两个小门与配种室相通。一个为进口，一个为出口（图4-1）。

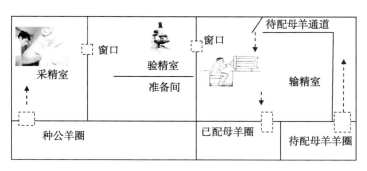

图4-1　配种站布局示意图

（3）清扫与消毒处理　在配种之前，上述设施应事先打扫干净、进行消毒处理。采精室、验精室、输精室以来苏尔喷雾消毒或高锰酸钾＋甲醛溶液熏蒸消毒为宜（详情见产品说明书）；

待配母羊圈以石灰水或新洁尔灭溶液喷雾消毒为宜。

2. 药品、器具准备

人工授精须配备采精器具、验精设备和输精设备三大类。其数量、用途和要求详见表4-2。

（1）器具的清洗　器具使用前后应在洗涤液浸泡30分钟以上。从洗涤液中取出后，用清水冲洗至少6遍，直至洗涤液完全被冲掉为止；再用蒸馏水冲洗3遍，置于筛架上控干。输精枪、注射器、针头先用蒸馏水冲洗，然后用生理盐水冲洗一遍，最后用95%酒精冲洗一遍。

表4-2　绵羊人工授精所需药品和仪器清单（200～300只/批）

器械设备						药品		
名称	用途	数量	名称	用途	数量	名称	用途	数量
假阴道	采精	10个	纱布	擦拭内胎	5包	葡萄糖	稀释液	1瓶
内胎	假阴道	10个	药棉	擦拭内胎	10桶	乳糖	稀释液	1瓶
活塞	注放水	10个	托盘	盛放器皿	4个	柠檬酸钠	稀释液	1瓶
集精杯	收集精液	10个	12#针头	稀释精液	若干	氯化钠	稀释液	2件
显微镜	验精	1台	剪刀	剪取纱布	4把	凡士林	润滑内胎	2瓶
温度计	测温	4个	洗瓶	冲洗器皿	4个	新鲜牛奶	稀释液	若干
载玻片	验精	6盒	刷子	清洗器具	6个	鸡蛋卵黄	稀释液	若干
盖玻片	验精	6盒	滤纸	包扎瓶口	5包	维生素B$_{12}$	稀释液	10盒
酒精灯	消毒	2台	药勺	取药品	6个	青霉素	稀释液	5盒
水浴锅	保温	1台	移液管	移取精液	20支	链霉素	稀释液	5盒
长镊子	夹取棉球	6把	烧杯	盛放液体	10个	甘油	稀释液	2瓶
试管	稀释精液	50个	锥形瓶	盛放稀释液	20个	双蒸馏水	稀释液	若干千克
高压锅	消毒	1台	漏斗	过滤稀释液	4个	高锰酸钾	清洗消毒	10袋
输精枪	输精	10个	玻璃棒	搅拌稀释液	6个	75%的酒精	擦拭消毒	4瓶
开子器	扩张阴道	1~2把	干燥箱	干燥器皿	1个	洗洁精	清洗污垢	4瓶
量筒	计量精量	10个	天平	秤量药品	1个	调温冰箱	保存精液	1台
滴管	取精验精	50个	离心管	牛奶脱脂	10支	滤纸	封盖瓶口	若干
离心机	牛奶脱脂	1台				皮筋	包扎瓶口	若干

（2）器具的干燥与保管　洗涤后的玻璃、金属器具放入干燥箱内筛架上，温度升至 120℃ 保持 30 分钟后玻璃器皿用滤纸包扎封口，或再放回 120℃ 干燥箱中继续烘干不少于 30 分钟，待使用时取出室内晾凉，备用；或放入高压灭菌锅中进行消毒处理，备用。

（3）器具的消毒处理　将烘干包扎好的器具放入高压灭菌锅中高压消毒 30 分钟，取出放入专用橱柜内保存待用；假阴道、内胎、离心机及离心管、温度计、镊子、活塞等用 75% 酒精棉球擦洗消毒 3~5 遍，然后用灭菌纱布擦干即可（无须置于高压灭菌锅中消毒），置于专用橱柜内保存备用。

3. 母羊的准备

（1）初配年龄与体重　绵羊的初配年龄一般以 18 月龄为好，地方品种母羊以 6~8 月龄为宜。但初配体重均以达到本品种羊成年体重的 70% 以上为准。例如某品种成年母羊体重为 60kg，其初配母羊体重达到 42kg 就可以配种了。

年龄达到而体重达不到，则不宜配种；体重达到，配种年龄可适当提前（第二次发情即可配种）。

（2）母羊发情鉴定

①外部观察法：母羊发情时，常常表现兴奋不安，行为异常，尾巴频频摆动，对外界刺激反应敏感，食欲减退；此外，发情母羊外阴部松弛、充血、肿胀、阴蒂勃起；阴道充血、松弛，分泌黏液。有以上表现，则可判定为母羊发情了。

②公羊试情法：发情母羊有交配欲——主动接近公羊，在公羊追逐或爬跨时站立不动；未发情或发情终止时，则拒绝公羊接近和爬跨。据此，可选择体格健壮性欲旺盛、年龄 2~5 岁的公羊做试情公羊，在其腰部绑系试情布，将阴茎兜住（也可做输精管结扎或阴茎扭转术）。试情公羊每天早晚各一次放入预配母羊群中，跟踪观察，及时将接受爬跨的母羊分离出来，进行配

种。试情完毕后，即将试情公羊从母羊群中分出，回到种公羊舍饲养。

注意：试情公羊应单圈喂养，除试情外不得和母羊在一起。试情公羊要给予良好的饲养条件，未作手术的种公羊应每隔5~6天排精或本交一次，以保持其旺盛的性欲、避免生殖疾病的发生。试情公羊与母羊的比例以1：（30~40）为宜。

4. 种公羊的准备

（1）种公羊的选择　在品种确定之后，选择符合种用标准，体质结实，结构匀称，生产性能高，生殖器官发育正常，品种特征明显，精液品质良好、鉴定评级一级以上的种公羊作为配种公羊。种公羊除经外貌鉴定外，尚需根据父母、祖代系谱及后裔进行测定，选择个体育种值高的作为主配公羊。年龄在1.5岁以上、体重超过60kg的种公羊才能作为主力公羊配合配种或采精。

（2）配种前准备

①加强营养：种公羊所采食的日粮营养水平与其精液品质密切相关。研究表明，日粮营养水平决定种公羊的射精量和精子密度。即在一定范围内，日粮营养水平越高射精量和精子密度就越大。因此，种公羊在配种前1个月应开始使用配种期日粮配方（表4-3），以提高其精液品质。

表4-3　种公羊日粮配方　（kg、%、枚）

阶段	青贮	混合精料	苜蓿	青干草	胡萝卜	鸡蛋	牛奶
非配种期	1.0~1.5	0.3~0.5		1.0~2.0			
配种期	1.5~2.0	0.5~1.0	1.0	2.0~2.5	0.5~1.5	2~3	0.5~1.0

②增加运动量：运动可增强体质、提高精子活力。参与配种

或采精的种公羊应在配种或采精的前一个月，分别在每天上午和下午在专用运动道或运动场内缓慢驱赶运动 30～60 分钟。

③调教训练：对于初次用于配种的种公羊，必须进行调教训练，使其习惯于假阴道采精。

调教的时间和方法因地因羊制宜。一般用假台羊进行爬跨训练，早晚进行为好。训练时，可将发情母羊的阴道黏液或尿液涂抹在假台羊的后躯部让公羊嗅闻，刺激其性欲，继而产生爬跨—插入—射精等连续动作。

对于那些对假胎羊不能产生兴奋的公羊，可用发情母羊进行引诱——让其与母羊亲密接触、嗅闻阴部，加强感官刺激，继而产生爬跨—插入—射精等连续动作。

这样每天一次（最好在清晨）、重复 2～3 天，即可巩固已建立起来的条件反射，调教成功。但注意不要让其插入母羊阴道、体内射精！

为提高种公羊的性欲和精液品质，在配种前 3 周应开始采精。前 2 周每隔 3 天采精一次，后 1 周每隔 1 天采精 1 次。

二、人工授精操作程序

（一）采精

1. 采精前的准备

（1）场地准备　配种站的采精室、准备室、验精室和配种室须提前 2～3 天打扫干净、消毒、通风，配种开始时准备室、验精室门窗关闭，以免污染。

（2）器械准备　显微镜、假阴道、集精杯、输精枪、温度计、载玻片、盖玻片、酒精灯等；药品：0.9% 的氯化钠、V_{B12}、凡士林、75% 和 95% 的酒精、蒸馏水、药棉等（表4-1）。

（3）假阴道的准备

①将用 75% 的酒精擦过的假阴道、集精杯在采精前用稀释

液 I 液进行擦洗一遍，然后加入 46~52℃的温水达假阴道的 2/3 处，注（吹）入空气，使假阴道口膨挤成三角形。

②往假阴道加入 50~55℃的温水 150~180ml，用消毒过的温度计检测假阴道内侧温度，以达到 38~40℃为宜。

③用药物棉球蘸取稀释液 I 液涂抹于假阴道内胎的 1/3 段，起润滑作用。

（4）采精公羊准备　挑选好拟采精的公羊，将其生殖器周围擦洗干净，以防止精液污染。

2. 采精

采精员蹲在台羊右侧后方，右手握假阴道，气卡活塞向下，靠在台羊臀部，假阴道和地面约呈 35°角。当公羊爬跨台羊而阴茎还未触及台羊时，左手轻托阴茎包皮，迅速将阴茎导入假阴道内，假阴道的方向与公羊阴茎方向一致，并向下倾斜，以便精液集于杯中。公羊射精动作很快，发现抬头、挺腰、前冲，表示射精完毕，全过程只有几秒钟。随着公羊从台羊身上滑下时，将假阴道取下，立即将假阴道转向集精杯端向下垂直，以便精液流入集精杯。打开气卡活塞，排出空气，取下集精杯（不要让假阴道内水流入精液，外壳有水要擦干）。盖上集精杯盖，挂上公羊牌号，送验精室检查。采精时，必须高度集中，动作敏捷，做到稳、准、快。

种公羊每天可采精 1~2 次，采 3~5 天，休息 1 天。必要时每天采 3~4 次，连续两次采精后，让公羊休息 2 小时后，再进行第三次采精。

（二）精液品质检查及稀释

1. 精液品质检查

检查的内容包括色泽、气味、浓度、射精量（毫升）、活力、pH 值、精子畸形率等。同时做好公羊品种、耳号、采精日期、采精时间（分钟）、检验室温等记录。

色泽：绵羊正常的精液一般为乳白色或灰白色，而且精子密度越高，乳白程度越浓，其透明度也就愈低。有少量尿液混入时则呈浅黄色，如为深黄色则此精液不可用。

气味：公畜的精液略带腥味。色泽与气味检查可以结合进行，使鉴定结果更为准确。羊的精液因精子密度高而混浊不透明，用肉眼观察刚采得的新鲜精液可看到如翻腾滚滚的云雾状，这是精子密度大而运动又非常活跃的表现，据此可以初步估测精子密度和活力的高低。

pH 值：用 pH 值计来测量。绵羊精液呈弱酸性，pH 值为 6.5 ~ 6.9。

射精量：用量杯来测量。绵羊正常的射精量为 0.5 ~ 2.0ml，平均为 1.0ml。

精子浓度：绵羊的精子浓度一般为每毫升 15 亿 ~ 20 亿个精子。

密度：显微镜视野内布满密集的精子，精子间空隙小于 1 个精子长度的精液定为密；精子间空隙相当于 1 个精子的长度、但能看到每个精子活动的精液定为中级；精子间空隙超过 1 个精子长度的精液则定为稀。

精子活力：精子活力检验借助显微镜来完成，以镜下观察到的发育正常、能直线运动的精子占全体精子数的百分比来确定。精子活力评价一般采用 10 分制。例如：有 60% 精子做直线运动，其精子活力记作"6"分；有 70% 直线运动的则计作"7"分。绵羊新鲜精液精子活力评分一般为 6 ~ 8 分。

显微镜适宜倍数为 400 ~ 600 倍，每个滴片不得少于 3 个视野，并上下调节旋钮，观察不同层次内的精子运动情况，求其活力的平均值。绵羊精子密度大、精液较浓稠，一般用稀释液稀释后再行制片检查。

精子活力评分≤3 分的精液被认为是不合格的精液，应废弃。但在废弃前必须经过 1 ~ 2 次复检,复检仍不合格,方可废弃。若不合格的精液增多时,应立即查找原因。

畸形率:即畸形精子占全体精子的百分比。大头、小头、双头,中段膨大、纤细、曲折、双层、卷尾、断尾等均为畸形精子。精子畸形率超过 20% 时即为不合格,应废弃。

2. 精液的稀释

稀释的目的:在于扩大精液量,提高优良种公羊的配种效率(与配母羊数量);促进精子活力,延长精子存活时间,使精子在保存过程中免受各种物理、化学和生物等因素的影响。

常用稀释液:0.9% 氯化钠溶液、脱脂鲜牛奶、V_{B12} 注射液(独立使用)。

稀释倍数:精液的稀释倍数应根据采精量、精子密度、精子活力及待配母羊数等来确定。绵羊一般稀释 1:(2 ~ 4)倍。但用 0.9% 氯化钠溶液稀释不可超过 2 倍,稀释后须马上输精。稀释后精液量为 2 ~ 4ml,可配 20 ~ 40 只母羊。

精液稀释注意事项:①稀释应在采精后立即进行;②在稀释精液前,所有用具必须用稀释液冲洗 3 ~ 4 遍;③稀释过程中,稀释液温度应与精液温度一致,在 20 ~ 25℃ 恒温条件下进行;④稀释时,将稀释液沿瓶壁缓缓加入到精液中,轻轻转动使其混合均匀,切记不可把精液加入到稀释液中;⑤做高倍稀释,应分次进行,先低倍稀释,后稀释至高倍;⑥稀释后要进行检查,活力不能有明显下降。

(三)精液的保存与运输

1. 保存温度

常温保存:在室温(15 ~ 20℃)下进行保存,保存时间不超过 1 天。

低温保存:0 ~ 5℃ 保存。可保存 2 ~ 3 天。用于较远距离输精。

冷冻保存：－196℃保存，用于远距离输精。

2. 保存方式

鲜精保存一般采用低温保存法，稀释液一般选择脱脂鲜奶＋柠檬酸＋卵黄液或葡萄糖＋柠檬酸＋卵黄液。

3. 精液的运送

将用葡-柠-卵稀释液稀释好的精液用吸管或注射器装入安培瓶内（应尽量将其注满），将橡胶盖子塞紧，并用胶布封口。瓶外用8层纱布或棉花包裹放入冰壶中进行运送。输精前，将其取出，在室温下平衡。

（四）输精

1. 方法

绵羊的人工授精方法因采用的设备不同，分为蹲坑式、倒立式和腹腔镜3种。

①蹲坑式：是绵羊人工授精中最常见、最常用的一种。即在输精室地面挖建一约为50cm×50cm×40cm的水泥坑，授精员蹲坐在坑中进行操作。该法简单实用，操作方便；羊也容易保定，一人即可；受配母羊处于自然站立状态，受胎效果也较好（参见彩图）。

②倒立式：即在输精室内设置一离地面50~60cm高的横杠（铁木均可），两人提起母羊两条后腿搭在杠上保定，羊与地面约成45°，输精员半蹲输精即可。该法的突出优点是就地取材、观察清晰、操作方便，随时随地都可实施，适合于饲养量小、布局分散的养殖户。但对羊的刺激大，使羊处于非正常姿势，落地后阴道收缩有可能造成精液倒流，影响受胎（参见彩图）。

③腹腔镜：此法须借助内窥镜和手术法来完成。其优点是子宫角输精受胎率高；缺点是要求条件高、设备投资大、技术性强，须由具备较高技术水平的专业人员来实施，对羊的使用寿命有一定影响。适用于优良种羊的繁育。

2. 受配母羊的处理

受配母羊由待配母羊圈经入口门进入待配母羊通道，由保定人员牵到输精处（台），后躯向光方向保定好之后，由助理配种员或配种员抑或羊只保定员斜向上轻轻翻起羊尾，助理配种员或配种员先用干净的温湿布把母羊外阴部擦洗干净，再用高锰酸钾或生理盐水擦洗消毒，随后就可以输精了。

3. 输精

输精员穿戴好工作衣、手套后，左手持用生理盐水侵润过的（为了润滑）开膣器缓缓地插入阴道，打开开膣器，找到子宫颈口；右手持吸有精液的输精器通过开膣器插入子宫颈口，顺着子宫颈收缩再向内深入 1~2cm。左手稍退开膣器，右手拇指推动输精器活塞，将精液输入子宫颈内。随后退出输精器，最后退出开膣器。输精过程即告结束，受配母羊进入配后母羊圈。即可进行下一只母羊输精，重复上面的操作（图 4-2）。

绵羊人工授精全过程归纳如图 4-2、彩图所示。

（五）绵羊人工授精注意事项

1. 精液质量

经稀释保存后的精液，输精前必须再检查精子活力，符合要求才可用于输精。

2. 卫生安全

进行下只羊输精时，先把开膣器放在清水中洗去黏着的黏液和污物，擦干后再在 0.9% 氯化钠溶液浸涮；将输精器上黏的黏液，用生理盐水棉球或稀释液棉球，自口向后擦净污物；前只羊擦拭用过的棉球直接丢弃，毛巾或纱布未经消毒处理不可用于下一只羊。以免可能造成交叉感染和疾病在羊群中的传播。

3. 输精时间

适时输精是保证高受胎率的第一要素。母羊的发情持续期为 24~48 小时。排卵时间在发情后的 12~40 小时。精子在子宫内获能、去能和再获能后，运动到输卵管上 1/3 处（受精部位）约需 6 小时。因此，适宜的受精时间是在母羊发情后 8～20 小时内进行。实际生产中，很难确定发情开始的时间，一般是母羊发情后配种即可。

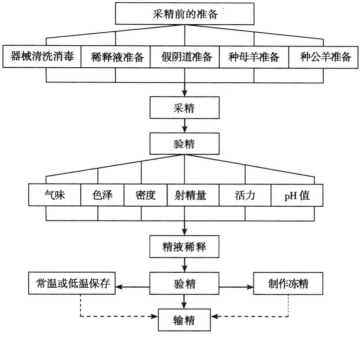

图 4-2　人工采精和授精过程示意图

4. 输精次数

事实上，一个情期输精（配种）两次和输精一次对受胎率并无显著影响。但由于实际生产中很难确定发情开始的时间，为保证受胎率，一般采用重复配种。即早晨检出的发情母羊早晨配种一次，傍晚再配种一次，下午检出的发情母羊在傍晚配种一次，到第二天早晨再配种一次，两次配种时间间隔 10 ~ 18 小时。如此，鲜精人工授精的情期受胎率可达 70% ~ 80% 。没有配上的母羊，在下一情期补配，两个发情周期可使绝大多数母羊受孕。

5. 输精量

原精输精每只羊每次输精量 0.05 ~ 0.1ml，低倍稀释为 0.1 ~ 0.2ml，高倍稀释为 0.2 ~ 0.5ml，冷冻精液为 0.2ml 以上。

三、提高人工授精受胎率的措施

1. 加强配种期种公羊的饲养管理，保证原精质和量。

2. 规范操作，采精、验精、稀释和保存、运输过程避免精液污染。

3. 正确进行精液品质检查，选择适宜的稀释倍数。

4. 把握适宜输精时间，坚持复配制度。

5. 保证输精量，原精输精量不低于 0.05ml、低倍稀释不低于 0.1ml、高倍稀释不低于 0.2ml，冷冻精液在 0.2ml 以上。

6. 严格操作规程，操作时要细致，精液一定要输到子宫颈内，输精后的母羊防止精液倒流。

第四节　肉羊同期发情技术

同期发情就是用人工干扰的方法使羊群中不同个体同步发情。即给母羊注射或填埋外源性激素类药物，诱发母羊集中在 2 ~ 3 天发情，使不同个体基本处于发情周期的相同阶段。

一、同期发情的意义

集中配种，有利于组织生产与管理，实行"全进全出"，克服自然发情造成的发情不整齐、配种持续时间长、设备利用率低、"管理疲劳"等弊端，从而提高圈舍利用率、降低劳动强度，减少生产成本。

用药物处理发情早的母羊，延长其发情周期，处理发情晚的母羊，缩短其发情周期，使两者协调并同时发情。思路有二：一是给母羊施用一类激素药物，延长其发情周期。经过一定时期同时停药，使其同时发情；二是利用另一类激素，缩短其发情周期，使羊提前并同时发情。提前发情的意义在于：

①减少发情鉴定时间和次数，提高优秀种公羊利用率；

②在配种时间有限的地区，母羊批量集中发情，便于人工授精和品种改良计划的组织和实施；

③在高效繁殖体系中，实现母羊一年两产或两年三产，依市场需求调整母羊配种期和产羔期；

④在工厂化或集约化条件，批量生产商品肉羊，实现全年均衡供应体系；

⑤胚胎移植技术必需手段之一。

二、同期发情方法

1. 延长黄体期（孕激素法）

给一群母羊同时施用孕激素，抑制卵泡的生长发育和发情，经过一段时期停药，由于卵巢同时失去外源性孕激素的控制，卵巢上周期黄体退化，随之引起同时发情。

2. 缩短黄体期（前列腺素法）

利用性质完全不同的另一类激素即 PG，加速黄体溶解，降低孕酮水平，从而促进垂体促性腺激素的释放，引起发情。

3. 处理方法

（1）埋植海绵栓法　适用非繁殖季节和繁殖季节。

羊群组织→埋栓（CRID）→12 天后撤栓，同时肌注 PMSG→24 小时后试情配种，肌注 LHA3 或 HCG →14 天后复配

（2）前列腺素法　适用繁殖季节。

羊群组织→注射 PG、LHA3→第二天试情配种→14 天后复配

三、诱发发情

指在母羊乏情期或非配种季节，借助外源激素人工诱导母羊发情并配种。达到缩短产羔间隔，变季节配种为全年配种，实现一年两产或二年三产，提高母羊繁殖力。

1. 激素处理

用孕激素处理加上孕马血清。应用 FSH 或氯地酚也可促使母羊发情排卵。

2. 调节光照周期

利用人工暗室，实施人工光照，持续 1 个月，然后恢复自然白昼，则可促使母羊提早发情。

第五节　颗粒冻精制作与冷配技术

绵羊精液冷冻的研究始于 20 世纪 50 年代。该技术的问世解决了动物精液长期保存的问题，使优良种畜精液的使用不受时间、地域和配种时间的限制，便于开展国际、省际之间的合作发展，最大限度的提高了优良种公羊的利用率，加快了品种改良和新品种育成步伐，使优良种公羊在短期内进行后裔测定，进而保留和恢复了某一个体的优良遗传特性，进行血统更新，简化引种程序。

以下内容为制作肉羊颗粒冻精的操作程序。

准备（器具、公羊、稀释液）工作→采精→稀释、平衡→滴冻→解冻验精→包装、标记→储存。

一、制作前的准备

1. 场地和设备、器械物品的准备

验精室、采精室、台羊、种公羊和圈舍，采精器械，药品与

物品，稀释液所需要的药品的准备参见第三节相关内容。

2. 滴冻器具与药品的准备

制做颗粒冻精需液氮、液氮槽、氟板、低温温度计、滴管等特殊器具和乳糖、脱脂奶、卵黄、柠檬酸钠、葡萄糖、青霉素、链霉素、甘油等药物，具体数量依拟制作量而定，可参考表4－4或请教有关专家。

表4－4　制作冻精所需药品和器材一览表（1万～3万粒用）

名称	规格	数量	名称	规格	数量
乳糖	500g	1瓶	玻璃三角烧杯	100/500ml	各2个
葡萄糖	500g	1瓶	广口玻璃瓶	125/500ml	各4个
柠檬酸钠	500g	1瓶	漏斗架	普通	6个
甘油	500g	1瓶	蒸馏水瓶	100/500ml	各1个
青霉素	100IU	6盒	玻璃量杯	50/500ml	各1个
链霉素	80IU	6盒	温度计	−80℃/100℃	各5支
脱脂奶	鲜脱脂奶	500g	高压锅	普通	1个
卵黄	鲜鸡蛋	2～4枚	吸耳球	普通	6个
酒精95%/75%	500ml	各5瓶	室温计	普通	3支
药棉	脱脂棉	6筒	载玻片	0.7mm	4盒
纱布	普通	5kg	盖玻片	1.5mm×1.5mm	4盒
滤纸	普通	10盒	酒精灯	普通	6个
药勺	不锈钢或角质	10把	玻璃漏斗	8cm，12cm	各6个
擦镜纸	普通	2本	铁架台	普通	2个
瓶刷	大、中、小号	各4把	离心机	普通	1个
玻璃棒	直径0.2cm	10支	集精杯	标准	20个
广口玻璃瓶	手提	2个	金属开膣器	大、小两种	各5个
吸管	1ml	10支	显微镜	600倍	2架
剪刀	直、弯头	各6把	电子天平	称量100g	1台

（续表）

名称	规格	数量	名称	规格	数量
长柄镊子	18cm	10 把	蒸馏器	小型	1 套
陶瓷盘	40cm×50cm	6 个	假阴道外壳	羊用	10 个
钢精锅	27～29cm（带蒸笼）	1 个	假阴道内胎	羊用	20 条
带瓶陶瓷杯	250ml	6 个	假阴道塞子	标准型带气嘴	10 个
烧杯	100～500ml	各 2 个	佛板	方形	4 个
注射器	10～20ml	20 个	针头	16 号	10 个

3. 器具的清洗和消毒

器具的洗刷、消毒、干燥、包装参见第三节相关内容。

4. 稀释液的配制（表 4 - 5）

表 4 - 5　稀释液配方与配制方法

稀释液名称	所需药品	配制方法
基础液	乳糖、双蒸水	10g 乳糖 + 100ml 双蒸水过滤并高压灭菌 30 分钟
Ⅰ液	脱脂鲜牛奶、鲜卵黄、青霉素、链霉素	①取冷却基础液 80ml + 脱脂鲜牛奶 20ml 在钢精锅中蒸煮消毒 30 分钟；②上液冷却后取 80ml，分别加入 20ml 鲜卵黄及青霉素、链霉素各 10 万单位
Ⅱ液	葡萄糖、柠檬酸钠、甘油	取Ⅰ液 45ml + 葡萄糖 2g、柠檬酸钠 1g、甘油 4ml 摇均待用

（1）基础液　用 1/10 000 电子天平称取 10g 乳糖置于 100ml 烧杯中，加入高压灭菌后的双蒸水 100ml，待充分溶解过滤后，高压灭菌 30 分钟，冷却后待用。

（2）Ⅰ液　取 80ml 基础液加入新鲜脱脂牛奶 20ml 混匀，放入钢精锅中蒸煮灭菌 30 分钟，冷却至室温。然后，取其 80ml

加入 20ml 新鲜的卵黄及青霉素、链霉素各 10 万单位，充分摇匀，静置备用。

（3）Ⅱ液 取 45ml 的 Ⅰ 液加入葡萄糖 2g、柠檬酸钠 1g、甘油 4ml 充分摇匀，置于 3~4℃冰箱保存。

5. 采精与精液品质检查

参见第三节相关内容。

6. 精液的稀释与保存

（1）稀释的方法 根据原精密度、活力确定稀释倍数。一般稀释比例为 1：（1~3）。

先用Ⅰ液将精液稀释至最终稀释比例的一半，盖上瓶塞，用胶布封口，裹以 8 层纱布置于 3~4℃冰箱中降温平衡 2~3 小时，临滴冻前 3~5 分钟，再加入与Ⅰ液等量的Ⅱ液稀释至所需倍数。

（2）稀释注意事项

①精液采出后应尽快稀释，采精时间过长时，需对先采的精液进行预稀释（即先加 1/4 的Ⅰ液）。

②稀释精液时必须在等温下进行，精液需放在 35~37℃的水浴锅中，稀释时应将稀释液沿容器壁缓慢的向原精液中注入，以免精子遭受冲击而降低活力。

7. 精液滴冻

（1）滴冻前的准备 滴冻前须将滴冻所需的器具，如滴管、氟板、液氮槽、纱布袋、解冻试管、镊子等器具摆放在试验台上紫外线消毒 15~30 分钟。

（2）稀释精液冻前活力镜检 参见第三节。

（3）滴冻方法 先将液氮倒入液氮槽内，佛板放到液氮中充分预冷，取出氟板，氟板面须高于液氮面 3~5cm，以低温温度计测板面温度，根据滴冻温度随时调节氟板与液氮面的距离，确保氟板面温度控制在零下 80℃左右。当温度恒定时，稀释好的精液检查冻前活力，然后用滴管吸取混匀的精液，按每粒0.1ml快速滴冻，滴冻结束后，停留4分钟快速将佛板浸入液氮中，用小勺收取颗粒。下一批滴冻前，需用干纱布将氟板面擦拭干净，以防颗粒黏板不易收取。

在滴冻过程中严防板面温度回升！

8. 解冻检验

随机抽样，取冷冻好的颗粒采用干解冻法解冻。先将灭菌、干燥的小试管放在液氮槽口预冷，然后将颗粒放入该试管中，在75~80℃水浴中溶化至原颗粒1/3大小，迅速取出试管置于手心中轻轻擦动，借助手温至全部融化。取一滴置于载玻片上加上盖玻片，在400~600倍显微镜下镜检，活力达到0.3以上可以包装贮存。

9. 包装、标记

①颗粒冻精可用灭菌纱布袋、提漏等进行包装。

②每只公羊每批冻精均应分批包装并做好标记。注明品种、公羊耳号（角号）、制作日期、稀释比例和颗粒数量；若为混合精液，只须注明品种、制作日期、稀释比例和数量。

③采精时，应详细记录公羊号、采精日期、采精次数、射精量、密度、活力；滴冻前应进行冻前活力检测，并做好精子密度、活力等记录。解冻时也要记录冻精颗粒数，冻前活力，冻后活力。

10. 贮存

冻精颗粒须用液氮罐贮存。保存冻精纱布袋或提漏应浸没于罐内液氮中。如液氮不足原容器的1/3时，应及时补充液氮。取存冻精后应及时盖上罐盖，防止热气流或异物侵入罐体。取放冻精时，勿将提漏或冻精包装袋提出液氮罐外，宜提到罐的颈口部进行操作，且停留时间不得超过10~15秒钟。冻精转移时，盛装容器（液氮罐）应事先准备好，操作迅速准确，包装冻精的提漏或纱布袋离开液氮面的时间不得超过5秒。应经常注意检查贮精罐的状况，如发现容器外表面有霜露时，表明液氮罐已出故障，应立即将冻精转入其他完好的罐内。

肉羊颗粒冻精的制作过程归纳如图4-3。

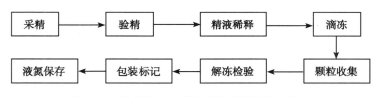

图4-3 绵羊颗粒冻精的制作过程操作示意图

11. 羊精冻制作、保存中应注意的几个温度问题

影响冻精质量的因素很多，包括羊的品种、饲养水平、温度及个人操作技能、解冻方法等。但温度是影响冻精质量和冷冻保存效果最直接、最重要的关键因素。在冻精制作各个环节和保存过程中要严把温度关，注意一下几个环节的温度控制。

（1）采精过程中假阴道及集精杯温度的控制 假阴道内壁温度应控制在40℃左右，以接近羊的正常体温为宜。

温度低于35℃时公羊往往爬跨多次而不射精或射精量少。相反，温度超过40℃则使种公羊射精太快，不仅影响射精量还会影响精子活力；同时，有可能使种公羊阴茎灼伤，造成采精恐惧，影响以后的采精。

考虑到季节的影响和公羊个体差异，具体操作时假阴道内温度应适当调整。

相对而言，用于现场的鲜精输精时可以对采精温度可稍宽松些，而用于冻精生产时则必须严格要求。

（2）第一次稀释、降温及平衡过程中的温度控制 采集原精应立即转移到20℃环境下保存。在检查过精液品质之后，符合要求的即可用与之等温的Ⅰ液稀释。此过程中应确保稀释液温度、移液器吸头温度、操作温度与精液保存温度一致或接近，差异不可过大。第一次降温及平衡时，盛放混合精液容器须用纱布包裹，以防降温过快，精子因冷应激反应过于强烈而死亡。

（3）第二次稀释与平衡过程中的温度控制　羊精液冷冻一般采用两次稀释法。在两次稀释法中，要在降到 3～5℃后进行第二次稀释，然后进行一次平衡，这一过程的原则是等温、恒温，也就是Ⅱ液要与精液等温，整个过程中尽量减少温度变化，在高温季节尤其要注意，不能使精液温度反复升降。在第二次等温稀释前要把精液、Ⅱ液置于相同的温度条件下等温一段时间，必要时移液器具也要一起等温处理。稀释后的平衡过程中也要求恒温。

（4）冷冻过程中的温度控制　精液冷冻过程中的控温尤为关键，也是最难控制的一步，通常可分为始冻温度、热平衡温度和熏蒸温度、入氮温度，各段的温度因冻精剂型、冷冻液配方及羊的品种而不同，这一过程的原则是缓慢通过危险区（-60～0℃）以减少氟板表面冰晶的形成，降温速度要求在100℃/分钟左右。液氮中浸泡不超过 1 分钟。

（5）解冻过程中的温度要求　解冻也是影响冻精活力的关键一环，原则也是迅速通过危险区，尽量避免产生冰晶而损伤精子。目前尚未有一个标准解冻温度，一般以 40℃和 60℃水浴解冻较为多见。

第六节　胚胎移植技术

一、胚胎移植概念

1. 供体羊

用来提供胚胎的羊称之供体羊。供体羊包括供体公羊和供体母羊，通常指后者。供体母羊一般可提供 5 个以上的胚胎。

2. 受体羊

用来接受胚胎的羊称之受体羊。受体羊只有母羊。

3. 胚胎移植

从经过超数排卵处理的供体母羊的输卵管或子宫内取出多个具有优良遗传性状的早期胚胎，移植到受体羊的相应部位，生产供体羊后代的过程称之胚胎移植。此项技术谓之胚胎移植技术。

二、羊胚胎移植的方法

1. 供体羊的选择

供体羊应是具有很高生产性能和经济价值的优良品种，如萨福克、道赛特羊等；要求个体发育良好、繁殖机能正常、健康无病、2~3岁的成年羊。

2. 受体羊的选择

受体羊的要求较低，只要健康无病、繁殖机能正常、泌乳能力强、年龄在2~5岁的经产母羊，无论何种品种均可作为受体羊。受体羊与供体羊的配比以（6~10）∶1为宜。

3. 种公羊的选择

种公羊为供体公羊，应是优良品种，个体发育健壮、性欲旺盛，年龄在2~4岁。种公羊在配种采精前20天须加强饲养管理（参见种公羊饲养管理章节），配种采精前应对其精液品质进行严格检验，合格后方可使用。

4. 供体、受体羊的同期发情处理

同期发情就是借助外源激素刺激卵巢，人为控制调整群体母羊发情周期，使母羊的卵巢生理机能都处于相同阶段，在预定时间内集中发情。在进行胚胎移植时，受体羊和供体羊必须处于相同的发情阶段，同步差不超过24小时。同期发情处理技术参见第四章第四节。

5. 供体羊超数排卵处理

超数排卵即用促卵泡素（FSH）、促黄体酮素（LH）及氯前列烯醇（PG）等对良种母羊进行超数排卵处理，促进供体母羊排卵，使卵巢在一个发情周期能够排出比在自然状态下更多的成熟卵子。

选择好供体羊，在阴道放置阴道栓，放栓后第 8～10 日，每天早晚肌肉注射促卵泡素，第 10 日晚取栓，第 11～12 日观察母羊是否发情。超排供体羊发情后，每间隔 8～12 小时，用良种公羊配种 2～4 次（也可用人工输精方法）。

三、胚胎的采集

采用外科手术法，在经超数排卵的供体羊发情配种后的第 6 天，从其子宫角或输卵管采集早期胚胎。

四、胚胎的鉴定与移植

用形态鉴定法对胚胎进行鉴定，选择可利用胚胎，用外科手术法移入与供体羊发情同期（发情同步差在 24 小时以内）受体羊子宫内，每只羊移入 1～2 枚胚胎。经移植的受体羊经 2～3 个情期的观察，未返情的为妊娠羊。

第七节　羔羊早期超排技术简介

JIVET 技术即在羔羊（6～8 周）时，实施超排、活体取卵母细胞，进行体外培养、体外受精，受精卵继续进行体外培养，当其发育成达到可用胚时再进行胚胎移植。

JIVET 是一种新的超数排卵胚胎移植技术。其意义在于提早利用优秀的遗传资源，大大缩短繁殖周期，主要用于新品种培育理想型个体的快速扩繁。

JIVET 技术操作流程：

羔羊激素处理──→手术取卵母细胞──→卵母细胞成熟培养（IVM）──→成熟卵体外受精（IVF）──→胚胎（受精卵）培养（IVC）──→可用胚胎移植或冷冻胚胎

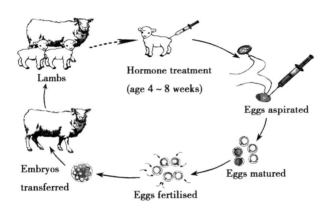

第五章　母羊的饲养管理

　　母羊是羊群正常发展的基础，担负着繁育后代的繁重任务。饲养得好与坏直接决定着羊群的发展与提高。为此，对繁殖母羊应分别做好配种前期、妊娠前期、妊娠后期、哺乳期、空怀期的饲养管理工作，应常年保持良好的饲养管理条件，以求实现多胎、多产、多活、多壮的目标。妊娠后期和泌乳前期是促进胎儿生长发育、获得健壮羔羊和提高成羔羊活率、获得基础优良后备羊的关键时期。因此，母羊的饲养管理重点是做好这两个时期的饲养管理工作。

第一节　妊娠前期的饲养管理

　　母羊的妊娠期平均为 150 天，分为妊娠前期和妊娠后期两个阶段。受胎以后的前三个月为妊娠前期，后两个月为妊娠后期。母羊妊娠前期的任务是要继续保持配种时良好的膘情，早期保胎预防流产。

一、饲养管理要点

　　1. 营养均衡供给，因此时胎儿生长缓慢，所需营养和空怀期基本相近，一般的母羊可适量增加精料或不增加精料。但是必须保证严格的饲料质量、营养平衡和母羊所需营养物质的全价性。舍饲情况下，应补喂一定量的优质蛋白质饲料。

2. 日粮营养水平应相当或稍高于空怀母羊，以满足体重继续增长的需要。

3. 禁止公羊入群、爬跨，防止母羊见打斗。

4. 供应充足饮水、保持圈舍清洁卫生、干燥、安静，要做好夏季防暑降温和冬季保暖工作。

5. 配种后 35 天内不得长途迁移或运输。

6. 避免羊只吃霜草、霉烂或有毒饲料。

尽量避免羊只受惊猛跑、出入圈拥挤；不饮冰碴水，不走滑冰道，不爬大坡，防止发生早期流产。

二、营养需要

妊娠前期母绵羊的日粮干物质进食量和消化能、代谢能、粗蛋白质、钙、总磷、食用盐每日营养需要量可参照空怀母羊标准（表 5 - 1）执行，蛋白和能量或在此基础上提高。

表 5 - 1　肉用杂交母羊妊娠前期适宜营养需要量

（单位：d/只）

体重（kg）	日增重（g）	DM（kg）	ME（MJ）	CP（g）	Ca（g）	P（g）
40~45	50	1.147	10.495	139.2	9.5	6.3
	100	1.218	11.089	148.2	9.5	6.3
	150	1.289	11.683	157.2	9.5	6.3
	200	1.361	12.277	166.3	9.5	6.3
	250	1.432	12.870	175.3	9.5	6.3
	300	1.503	13.464	184.3	9.5	6.3

（续表）

体重（kg）	日增重（g）	DM（kg）	ME（MJ）	CP（g）	Ca（g）	P（g）
46~50	50	1.152	10.536	139.6	9.7	6.5
	100	1.223	11.130	148.6	9.7	6.5
	150	1.294	11.724	157.6	9.7	6.5
	200	1.365	12.318	166.7	9.7	6.5
	250	1.436	12.912	175.7	9.7	6.5
	300	1.507	13.506	184.7	9.7	6.5
51~55	50	1.156	10.578	140.0	9.2	6.1
	100	1.227	11.172	149.0	9.2	6.1
	150	1.299	11.766	158.0	9.2	6.1
	200	1.370	12.360	167.0	9.2	6.1
	250	1.441	12.954	176.1	9.2	6.1
	300	1.512	13.548	185.1	9.2	6.1
56~60	50	1.161	10.620	140.3	9.5	6.3
	100	1.232	11.214	149.4	9.5	6.3
	150	1.303	11.807	158.4	9.5	6.3
	200	1.374	12.401	167.4	9.5	6.3
	250	1.445	12.995	176.5	9.5	6.3
	300	1.516	13.589	185.5	9.5	6.3
61~65	50	1.165	10.661	140.7	11.5	7.9
	100	1.237	11.255	149.8	11.5	7.9
	150	1.308	11.849	158.8	11.5	7.9
	200	1.379	12.443	167.8	11.5	7.9
	250	1.450	13.037	176.8	11.5	7.9
	300	1.521	13.631	185.9	11.5	7.9

（续表）

体重（kg）	日增重（g）	DM（kg）	ME（MJ）	CP（g）	Ca（g）	P（g）
66~70	50	1.170	10.703	141.1	10.8	7.2
	100	1.241	11.297	150.1	10.8	7.2
	150	1.312	11.891	159.2	10.8	7.2
	200	1.383	12.485	168.2	10.8	7.2
	250	1.455	13.078	177.2	10.8	7.2
	300	1.526	13.672	186.2	10.8	7.2
71~75	50	1.175	10.745	141.5	11.4	7.6
	100	1.246	11.338	150.5	11.4	7.6
	150	1.317	11.932	159.6	11.4	7.6
	200	1.388	12.526	168.6	11.4	7.6
	250	1.459	13.120	177.6	11.4	7.6
	300	1.530	13.714	186.6	11.4	7.6
76~80	50	1.179	10.786	141.9	10.3	6.9
	100	1.250	11.380	150.9	10.3	6.9
	150	1.321	11.974	159.9	10.3	6.9
	200	1.393	12.568	169.0	10.3	6.9
	250	1.464	13.162	178.0	10.3	6.9
	300	1.535	13.756	187.0	10.3	6.9

注：钙磷摄入量与其日增重无显著相关，表中所取数据为实际摄入量平均值

三、适宜日粮配方

妊娠前期母绵羊每日适宜日粮配方和空怀期母绵羊基本相同，参见表5-4或参照附件。

第二节　妊娠后期饲养管理

妊娠后期，即妊娠最后 2 个月。此时胎儿生长迅速，85% ~ 90% 的胎儿重量在此期形成。这一阶段需要饲料营养充足、全价。如果此期营养不足会影响胎儿发育，使得羔羊初生重小、被毛稀疏，生理机能不完善，体温调节能力差，抵抗力弱，羔羊成活率低，极易发病死亡。同时，母羊体质差、泌乳性能下降，也会影响羔羊的健康和生长发育。所以，母羊妊娠后期饲养管理的中心任务是提供充足营养促进胎儿发育与母体营养贮备，防止剧烈运动和产前流产。

一、饲养管理要点

1. 增加饲料供给量，保证充足营养物质的供应。要注意供给优质、全价营养、体积较小的饲料饲草。在产前 15 天左右多喂一些多汁料和精料，以促进乳腺分泌。在产前 1 周，要适当减少精料用量，以免胎儿过大造成难产。要注意蛋白质、钙、磷等的补充，能量水平不宜过高。

2. 禁止饲喂马铃薯、酒糟和未经去毒处理的棉籽饼或菜籽饼，并禁喂霉烂变质、过冷或过热、酸性过重或掺有麦角、毒草的饲料，以免引起母羊流产、难产和发生产后疾病。

3. 加强运动。每天放牧可达 6 小时以上，游走距离 8km 以上，但要缓慢运动，否则会使母羊的体力下降，使产羔时难产率增加。

4. 饮用清洁水，晚上羊休息前不饮水，早晨空腹不饮冷水，忌饮冰冻水。

5. 不宜进行疫苗预防注射（四联苗的预防注射除外）。

6. 羊舍保持温暖、干燥通风良好。

7. 在放牧时，做到慢赶、不打、不惊吓、不跳沟、不走冰滑地和出入圈不拥挤，要有足够的饲槽和草架。

8. 临产前1周左右，不得远牧，应在羊舍附近做适量的运动。临产前3天转入经消毒准备好的产羔舍单栏饲养，注意观察，做好接产的准备工作。对于可能产双羔的母羊及初产母羊要格外加强管理。

二、营养需要

妊娠后期母羊的日粮干物质进食量和消化能、代谢能、粗蛋白质、钙、总磷、食用盐每日营养需要量见表5-2。

表5-2　肉用杂交母羊妊娠后期适宜营养需要量

（单位：d/只）

体重（kg）	日增重（g）	DM（kg）	ME（MJ）	CP（G）	Ca（g）	P（g）
40~45	50	1.023	10.162	133.2	11.0	7.3
	100	1.117	10.961	144.3	11.0	7.3
	150	1.211	11.759	155.4	11.0	7.3
	200	1.305	12.558	166.5	11.0	7.3
	250	1.398	13.357	177.7	11.0	7.3
	300	1.492	14.156	188.8	11.0	7.3
	350	1.586	14.954	199.9	11.0	7.3
46~50	50	1.026	10.217	134.1	11.1	7.4
	100	1.120	11.015	145.2	11.1	7.4
	150	1.214	11.814	156.4	11.1	7.4
	200	1.308	12.613	167.5	11.1	7.4
	250	1.402	13.412	178.6	11.1	7.4
	300	1.495	14.210	189.7	11.1	7.4
	350	1.589	15.009	200.9	11.1	7.4

（续表）

体重（kg）	日增重（g）	DM（kg）	ME（MJ）	CP（G）	Ca（g）	P（g）
51～55	50	1.029	10.271	135.1	11.1	7.4
	100	1.123	11.070	146.2	11.1	7.4
	150	1.217	11.869	157.3	11.1	7.4
	200	1.311	12.668	168.4	11.1	7.4
	250	1.405	13.466	179.6	11.1	7.4
	300	1.499	14.265	190.7	11.1	7.4
	350	1.593	15.064	201.8	11.1	7.4
56～60	50	1.033	10.326	136.0	10.9	7.3
	100	1.127	11.125	147.1	10.9	7.3
	150	1.220	11.924	158.3	10.9	7.3
	200	1.314	12.722	169.4	10.9	7.3
	250	1.408	13.521	180.5	10.9	7.3
	300	1.502	14.320	191.6	10.9	7.3
	350	1.596	15.119	202.8	10.9	7.3
61～65	50	1.036	10.381	137.0	10.9	7.3
	100	1.130	11.180	148.1	10.9	7.3
	150	1.224	11.978	159.2	10.9	7.3
	200	1.317	12.777	170.3	10.9	7.3
	250	1.411	13.576	181.5	10.9	7.3
	300	1.505	14.375	192.6	10.9	7.3
	350	1.599	15.173	203.7	10.9	7.3
66～70	50	1.039	10.436	137.9	11.0	7.3
	100	1.133	11.234	149.0	11.0	7.3
	150	1.227	12.033	160.2	11.0	7.3
	200	1.321	12.832	171.3	11.0	7.3

（续表）

体重（kg）	日增重（g）	DM（kg）	ME（MJ）	CP（G）	Ca（g）	P（g）
	250	1.415	13.631	182.4	11.0	7.3
	300	1.508	14.429	193.6	11.0	7.3
	350	1.602	15.228	204.7	11.0	7.3
71~75	50	1.042	10.490	138.9	11.4	7.6
	100	1.136	11.289	150.0	11.4	7.6
	150	1.230	12.088	161.1	11.4	7.6
	200	1.324	12.887	172.2	11.4	7.6
	250	1.418	13.685	183.4	11.4	7.6
	300	1.512	14.484	194.5	11.4	7.6
	350	1.605	15.283	205.6	11.4	7.6
76~80	50	1.046	10.545	139.8	11.4	7.6
	100	1.139	11.344	150.9	11.4	7.6
	150	1.233	12.143	162.1	11.4	7.6
	200	1.327	12.941	173.2	11.4	7.6
	250	1.421	13.740	184.3	11.4	7.6
	300	1.515	14.539	195.5	11.4	7.6
	350	1.609	15.338	206.6	11.4	7.6

注：钙磷摄入量与其日增重无显著相关，表中所取数据为实际摄入量平均值

三、妊娠后期母羊适宜日粮配方

参见表5-3或参照附件。

表5-3 道赛特、萨福克与本地绵羊杂交肉用羊适宜日粮配方

配方	适用对象	混合精料（%）									饲喂量 [kg/（只·d）]			
		玉米	棉籽粕	麸粕	麸皮	食盐	添加剂	豆粕	碳酸氢钠	酵母	混合精料	苜蓿草粉	小麦秸粉	青贮玉米
1	妊娠前期道细F₁母羊	28.56	17.86	14.29	28.57	5.36	5.36				0.230	0.330	0.300	1.800
2	妊娠前期萨阿F₁母羊	26.32	18.42	21.05	26.31	3.95	3.95				0.330	0.310	0.235	1.850
3	妊娠前期道阿F₁母羊	28.56	17.86	14.29	28.57	5.36	5.36				0.280	0.339	0.300	1.840
4	妊娠后期道细F₁母羊	36.36	25.97	12.99	15.58	3.91	5.19				0.390	0.360	0.290	1.868
5	妊娠后期萨阿F₁母羊	30.93	28.86	12.37	20.62	3.09	4.12				0.490	0.370	0.250	2.100
6	妊娠后期道阿F₁母羊	29.79	12.77	21.27	21.27	6.38	8.52				0.290	0.500	0.250	2.200
7	泌乳期道细F₁母羊	24.09	19.28	24.09	24.09	3.61	4.82				0.420	0.340	0.380	2.280
8	泌乳期萨阿F₁母羊	29.27	32.52	19.51	13.01	2.44	3.25				0.620	0.380	0.270	2.240
9	泌乳期道阿F₁母羊	15.53	38.83	29.13	9.72	2.91	3.88				0.520	0.330	0.380	2.270
10	种公羊采精期	59.50	10.00	15.00	13.00	0.50	2.00				0.800	1.200		2.000
11	10~60日龄羔羊补饲	58.50	3.00		5.00	1.00	1.00	27.00	1.00	3.50	0.140	0.087		
12	4~5月龄育肥羊	51.00	5.00	17.00	11.00	1.00	1.00	11.00	1.00	2.00	0.610	0.340		0.350
13	3月龄育成羊	68.49	8.22	2.74	13.70	1.37	1.37	2.74	1.37		0.365	0.300		0.500
14	4月龄育成羊	83.12	2.60	2.60	7.79	1.30	1.30		1.30		0.385	0.400		0.700
15	5月龄育成母羊	73.90	2.31	2.31	18.48	1.85	1.15				0.433	0.300	0.100	0.800
16	6月龄育成母羊	79.90	2.42	2.42	12.11	1.94	1.21				0.500	0.300	0.150	0.800
17	7月龄育成母羊	67.31	3.85	5.77	19.23	1.92	1.92				0.520	0.300	0.150	0.900

注：种公羊采精期精料另加鸡蛋2个，胡萝卜0.5~10kg/（只·d）

第三节 泌乳期的饲养管理

母羊因在分娩过程中失水较多，新陈代谢功能下降，抗病力减弱。若此时护理不当，不仅影响母羊的健康、泌乳性能及产后恢复和发情，而且还会直接影响到羔羊的哺乳和生长发育。

一、饲养管理要点

绵羊的泌乳期一般为 3 ~ 4 个月（90 ~ 120 天），分泌乳前期和泌乳后期两个阶段。

1. 泌乳前期

母羊产后前两个月谓之泌乳前期（第 1 ~ 60 天）。研究表明，泌乳前期的泌乳量占泌乳期（4 个月）泌乳量的 60% ~ 70%，是泌乳上升及高峰维持期，也是羔羊依赖母乳快速发育的关键时期，直接关系到羔羊成活率、断奶体重及以后的生长发育与生产性能。泌乳前期饲养管理的中心任务是采取各种措施，提高母羊的泌乳量。

（1）饮水 母羊产前和产后 1 小时左右都应饮温水。产后第一次饮水（可以是麸皮水或红糖水）不宜过多。冬季产羔，注意保暖、保持圈舍干燥，切忌饮用冰冷水。

（2）补饲 产后 3 天，开始对母羊补饲精料，酌情逐渐增加。注意避免消化不良或乳房炎发生。

（3）放牧 产后 1 周内的母子群应舍饲或就近放牧，1 周后逐渐延长放牧距离和时间。阴雨天、风雪禁止舍外放牧。泌乳前期母羊应以舍饲为主，放牧为辅。

（4）营养 泌乳期是母羊整个生产周期（8 ~ 12 个月）中生理代谢最为旺盛的时期，营养需求量大、质量高。因而，应根据母羊的体况及所哺乳羔羊的数量，按照营养标准配制日粮。日粮中精料比例相对较大，粗饲料宜多喂优质青干草、多汁饲料、青贮料，糟渣类饲料慎喂，新鲜番茄渣以不超过粗饲料总量的20%为度。饮水要充足。

（5）管理　泌乳前期第一个月，母子分离饲养、定时哺乳、晚间合群，以利羔羊补饲和母羊采食与休息。羔羊一般不随母羊外出放牧。一月后可母子合群外出放牧，但晚间母子分离，羔羊继续补饲。单、双羔母羊分群分圈饲养，适当照顾初产母羊。

2. 泌乳后期

母羊产后第3~4月（第61~120天）为泌乳后期。母羊在泌乳后期产奶量逐渐下降减少、直至停乳。因此，泌乳后期母羊饲养管理的主要任务是恢复体况，为下一次配种做准备。

（1）营养与日粮　按照泌乳后期（产奶量）饲养标准配制日粮。日粮中多汁饲料、青贮饲料和精料比例较泌乳前期减少，营养水平也有所下降。

（2）放牧与补饲　泌乳后期母羊应以放牧为主，逐渐取消补饲。处于枯草期的，可适当补喂青干草。

（3）断奶时间　放牧和饲养条件较差的以羔羊90~120日龄断奶为宜；一般舍饲的以60~90日龄为宜；使用羔羊代乳料的多羔母羊以30~45日龄断奶为宜。

（4）注意事项　要经常检查母羊乳房，发现异常情况及时采取相应措施处理。为预防乳房炎的发生，可在羔羊断奶前一周内，于母羊日粮（精饲料）中适量加入维生素E，也可饮水口服或肌肉注射之。

二、营养需要

40~70kg泌乳母羊的日粮干物质进食量和消化能、代谢能、粗蛋白质、钙、总磷、食用盐每日营养需要量见表5-4。

表 5 - 4　生产母羊泌乳期适宜营养需要

（单位：d/只）

体重 （kg）	日泌乳量 （kg）	DM （kg）	ME （MJ）	CP （g）	Ca （g）	P （g）
40～45	0.300	1.022	13.737	89.4	12.6	8.7
	0.400	1.187	14.277	95.6	12.6	8.7
	0.500	1.353	14.816	101.8	12.6	8.7
	0.600	1.518	15.355	108.0	12.6	8.7
	0.700	1.684	15.894	114.2	12.6	8.7
	0.800	1.850	16.433	120.4	12.6	8.7
	0.900	2.015	16.972	126.6	12.6	8.7
	1.000	2.181	17.511	132.9	12.6	8.7
	1.100	2.346	18.050	139.1	12.6	8.7
	1.200	2.512	18.589	145.3	12.6	8.7
	1.300	2.677	19.128	151.5	12.6	8.7
	1.400	2.843	19.667	157.7	12.6	8.7
46～50	0.300	0.937	13.533	89.3	11.1	7.8
	0.400	1.103	14.072	95.5	11.1	7.8
	0.500	1.268	14.611	101.7	11.1	7.8
	0.600	1.434	15.150	108.0	11.1	7.8
	0.700	1.599	15.689	114.2	11.1	7.8
	0.800	1.765	16.228	120.4	11.1	7.8
	0.900	1.931	16.767	126.6	11.1	7.8
	1.000	2.096	17.306	132.8	11.1	7.8
	1.100	2.262	17.845	139.0	11.1	7.8
	1.200	2.427	18.384	145.2	11.1	7.8
	1.300	2.593	18.923	151.4	11.1	7.8
	1.400	2.759	19.463	157.6	11.1	7.8

（续表）

体重 （kg）	日泌乳量 （kg）	DM （kg）	ME （MJ）	CP （g）	Ca （g）	P （g）
51～55	0. 300	0. 853	13. 328	89. 3	13. 2	9. 3
	0. 400	1. 018	13. 867	95. 5	13. 2	9. 3
	0. 500	1. 184	14. 406	101. 7	13. 2	9. 3
	0. 600	1. 349	14. 945	107. 9	13. 2	9. 3
	0. 700	1. 515	15. 484	114. 1	13. 2	9. 3
	0. 800	1. 680	16. 023	120. 3	13. 2	9. 3
	0. 900	1. 846	16. 562	126. 5	13. 2	9. 3
	1. 000	2. 012	17. 101	132. 7	13. 2	9. 3
	1. 100	2. 177	17. 640	138. 9	13. 2	9. 3
	1. 200	2. 343	18. 180	145. 2	13. 2	9. 3
	1. 300	2. 508	18. 719	151. 4	13. 2	9. 3
	1. 400	2. 674	19. 258	157. 6	13. 2	9. 3
56～60	0. 300	0. 768	13. 123	89. 2	13. 5	9. 3
	0. 400	0. 934	13. 662	95. 4	13. 5	9. 3
	0. 500	1. 099	14. 201	101. 6	13. 5	9. 3
	0. 600	1. 265	14. 740	107. 8	13. 5	9. 3
	0. 700	1. 430	15. 279	114. 0	13. 5	9. 3
	0. 800	1. 596	15. 818	120. 2	13. 5	9. 3
	0. 900	1. 762	16. 357	126. 5	13. 5	9. 3
	1. 000	1. 927	16. 896	132. 7	13. 5	9. 3
	1. 100	2. 093	17. 436	138. 9	13. 5	9. 3
	1. 200	2. 258	17. 975	145. 1	13. 5	9. 3
	1. 300	2. 424	18. 514	151. 3	13. 5	9. 3
	1. 400	2. 590	19. 053	157. 5	13. 5	9. 3

（续表）

体重 （kg）	日泌乳量 （kg）	DM （kg）	ME （MJ）	CP （g）	Ca （g）	P （g）
61～65	0.300	0.683	12.918	89.1	13.5	9.3
	0.400	0.849	13.457	95.3	13.5	9.3
	0.500	1.015	13.996	101.6	13.5	9.3
	0.600	1.180	14.535	107.8	13.5	9.3
	0.700	1.346	15.074	114.0	13.5	9.3
	0.800	1.511	15.613	120.2	13.5	9.3
	0.900	1.677	16.153	126.4	13.5	9.3
	1.000	1.843	16.692	132.6	13.5	9.3
	1.100	2.008	17.231	138.8	13.5	9.3
	1.200	2.174	17.770	145.0	13.5	9.3
	1.300	2.339	18.309	151.2	13.5	9.3
	1.400	2.505	18.848	157.5	13.5	9.3
66～70	0.300	0.599	12.713	89.1	13.6	9.0
	0.400	0.765	13.252	95.3	13.6	9.0
	0.500	0.930	13.791	101.5	13.6	9.0
	0.600	1.096	14.330	107.7	13.6	9.0
	0.700	1.261	14.870	113.9	13.6	9.0
	0.800	1.427	15.409	120.1	13.6	9.0
	0.900	1.593	15.948	126.3	13.6	9.0
	1.000	1.758	16.487	132.5	13.6	9.0
	1.100	1.924	17.026	138.8	13.6	9.0
	1.200	2.089	17.565	145.0	13.6	9.0
	1.300	2.255	18.104	151.2	13.6	9.0
	1.400	2.420	18.643	157.4	13.6	9.0

（续表）

体重 （kg）	日泌乳量 （kg）	DM （kg）	ME （MJ）	CP （g）	Ca （g）	P （g）
71~75	0. 300	0. 514	12. 508	89. 0	13. 2	9. 0
	0. 400	0. 680	13. 047	95. 2	13. 2	9. 0
	0. 500	0. 846	13. 587	101. 4	13. 2	9. 0
	0. 600	1. 011	14. 126	107. 6	13. 2	9. 0
	0. 700	1. 177	14. 665	113. 9	13. 2	9. 0
	0. 800	1. 342	15. 204	120. 1	13. 2	9. 0
	0. 900	1. 508	15. 743	126. 3	13. 2	9. 0
	1. 000	1. 674	16. 282	132. 5	13. 2	9. 0
	1. 100	1. 839	16. 821	138. 7	13. 2	9. 0
	1. 200	2. 005	17. 360	144. 9	13. 2	9. 0
	1. 300	2. 170	17. 899	151. 1	13. 2	9. 0
	1. 400	2. 336	18. 438	157. 3	13. 2	9. 0
76~80	0. 300	0. 430	12. 304	88. 9	13. 2	9. 0
	0. 400	0. 596	12. 843	95. 2	13. 2	9. 0
	0. 500	0. 761	13. 382	101. 4	13. 2	9. 0
	0. 600	0. 927	13. 921	107. 6	13. 2	9. 0
	0. 700	1. 092	14. 460	113. 8	13. 2	9. 0
	0. 800	1. 258	14. 999	120. 0	13. 2	9. 0
	0. 900	1. 423	15. 538	126. 2	13. 2	9. 0
	1. 000	1. 589	16. 077	132. 4	13. 2	9. 0
	1. 100	1. 755	16. 616	138. 6	13. 2	9. 0
	1. 200	1. 920	17. 155	144. 8	13. 2	9. 0
	1. 300	2. 086	17. 694	151. 1	13. 2	9. 0
	1. 400	2. 251	18. 233	157. 3	13. 2	9. 0

三、适宜日粮配方

泌乳期母绵羊每日适宜日粮配方参见表 5 – 3 或参照附件。

第四节 空怀期母羊的饲养管理

空怀期是指母羊泌乳结束到配种受胎前的这一生理时期，是产后母羊体况和繁殖机能恢复的时期。季节性发情母羊空怀期比较长，一般为 4 ~5 个月；非繁殖季节母羊的则较短，一般为1 ~2 个月。空怀期母羊的营养状况直接影响其发情、排卵及受孕情况。营养好、体况佳，母羊发情整齐，排卵数多，受胎率高。因而，加强空怀期母羊的饲养管理，尤其是配种前 1 个月的饲养管理对提高母羊的发情率和受胎率十分关键。这对常年发情、实行两年三产制的繁殖母羊尤为重要。

空怀期母羊饲养管理的中心任务是促进其体况恢复。

一、饲养管理要点

1. 营养与日粮

空怀期母羊日粮营养水平通常略高于其维持需要（10% ~15%）即可。放牧羊一般不补饲或只补饲少量的干草。舍饲母羊可按空怀期饲养标准（表 5 –5）自行配制，或选用表 5 –6 中的筛选配方，或借用妊娠前期日粮；体况差的可延用泌乳后期日粮。每日喂量以占体重 2.4% ~2.6% 的风干饲料（精料 + 粗饲料）为度。

2. 饲养管理

（1）应在配种前 1 ~1.5 个月按饲养标准配制日粮进行短期优饲，对体况欠佳、营养不良的羊只，泌乳力高或带双羔的母羊还要加强营养，使母羊获得足够的蛋白质、矿物质、维生素，以保持良好的体况，这样可以使母羊早发情、多排卵、发情整齐，提高受胎率和多羔率。

（2）配种前15～20天注重蛋白质与维生素，特别是维生素E饲料的供给。有条件的可在配种前3周肌肉注射维生素E和亚硒酸钠，促进卵泡发育。

（3）切忌日粮能量浓度过高，对于体质过肥的母羊，应采取限制饲养的办法，饲料供应以粗饲料为主，甚至完全饲以粗饲料，以恢复其的种用价值。

（4）把好空怀母羊发情诊断关，对发情表现不明显的，要注意观察、组织公羊进行试情，以免漏配。

（5）对有阴道炎和其他繁殖障碍的母羊应尽快治疗，使其恢复繁殖机能。

（6）加强运动，做好免疫和驱虫。

二、营养需要

空怀期母羊的日粮干物质进食量和消化能、代谢能、粗蛋白质、钙、总磷、食用盐每日营养需要量见表5－5。

表5－5　空怀期母绵羊每日营养需要量

体重 （kg）	干物质 （kg）	消化能 （MJ）	代谢能 （MJ）	粗蛋白质 （g）	钙 （g）	总磷 （g）	食用盐 （g）
40	1.6	12.55	10.46	116	3.0	2.0	6.6
50	1.8	15.06	12.55	124	3.2	2.5	7.5
60	2.0	15.90	13.39	132	4.0	3.0	8.3
70	2.2	16.74	14.23	141	4.5	3.5	9.1

注：①每日营养需要量推荐数值参考中华人民共和国农业行业标准NY/T 816—2004；②日粮中添加的食用盐应符合GB 5461中的规定

三、适宜日粮配方

空怀期母羊适宜的日粮配方参见表 5 - 3。

第六章 羔羊的饲养管理

羔羊是羊群发展的新生力量和第一物质基础。哺乳期羔羊的生长速度快、可塑性强，哺乳期羔羊的合理培育直接关系到其成年生产性能，可使其先天的遗传潜力得到后天的充分表达。加强羔羊早期培育是提高肉羊养殖效益的关键环节，也是实现高效工厂化养羊业新的突破口。

第一节 接羔育羔技术

一、接羔前的准备

1. 估算预产期

绵羊的正常妊娠期平均为150天。其预产期可通过查阅配种记录来推算，前后误差一般不超过一星期。即：

$$预产期 = (配种日期 + 150) \div 30$$

当自然配种无准确配种时间记录时，可根据母羊的外部表现进行估计。临近产期的母羊，腹部下沉、外突明显、肷窝塌陷、脊背凹陷；行动迟缓、外出放牧常落群、圈内饲养则离群独处；外阴部湿润红肿，乳房圆涨可挤出乳汁（有的甚至自然滴乳）。据此，可推断母羊将在10~15天后产羔。

2. 分群分圈管理

临产期临近时，要特别注意母羊的行为，加强看护。若羊群过大，需要按预产日期重新组群，将预产期相近的母羊编在一群，组成待分娩群，予以特别关照。对腹围特别粗大、膘情较差的母羊要重点管理，因这些母羊大部分是双羔母羊。产期已到的母羊，不要外出放牧，以免羔羊在野外出生出现意外。

3. 饲草料的准备

鉴于我国北方地区草场质量差、供给量严重不足的现实条件，产羔前应贮备充足的饲草料。临产前母羊应在羊场或产羔圈舍附近、背风向阳、靠近水源的平缓草场上放牧；晚间归牧后给予适当的补饲（500g 混合精料 + 1 000g 青干草/只）。人工草场围栏放牧的，草场的草量至少应满足产羔母羊 1.5 个月的采食量。规模化舍饲饲养时，应提前为产羔母羊准备好充足的优质干草、青贮、多汁饲料和混合精料，一次储备量至少要满足母羊 15 天的用量。

4. 产羔设施的准备

我国北方，绵羊的产羔期一般都在冷季。产羔设施的完好是保证羔羊成活的关键措施。规模化羊场应建有专门的产羔房，条件较差的养殖户也应准备产羔棚圈。要求产羔房保温通风良好、地面干燥、没有贼风窜入。

产羔房面积大小以（1 ~ 1.5m² /只母羊 × 产羔母羊数/批）来计算。

产羔圈应分为待产区、产羔区和适应缓冲区 3 部分，具备观察预备、接产育幼和母子隔离管理及转群 3 个功能。产羔圈以采用漏缝地板为宜，避免母子与粪便接触以减少病菌感染、提高羔羊成活率。产羔区设有供暖设施（煤炭炉、火墙、暖气等），待产区和适应缓冲区可不设供暖设施。

产羔前 10 ~ 15 天应提前检修产羔房，堵塞风洞，并对其进行清扫消毒。准备好垫草、饲槽水槽、产羔栏和母子隔离栏等，保证供暖保暖系统良好。产羔舍温度以 ≥10℃ 为宜。

5. 用具药品的准备

消毒用药如酒精、碘酒、来苏尔、高锰酸钾、消毒纱布、脱脂棉等；必需药品如镇静剂、强心剂、垂体后叶素，还有注射器、针头、温度计、剪刀、羊毛剪、断尾钳、编号用具和标记液、提灯（或电筒）、秤、水桶、面盆、毛巾，记录表格（母羊产羔记录、初生羔羊鉴定）等应提前准备好，并认真检查、归位。

6. 组织安排

接羔护羔是一项繁重而细致的工作，要提前制定好接羔护羔的技术措施和操作规程。参加接羔护羔的人员要认真学习，掌握好基本技术。在产羔期的一个半月内，昼夜都要安排人值班，每群要增加一个工人，忙碌或紧急情况下，临时增加其他辅助工。待产母羊和产后的母子群要分别照管，要精心照顾好弱羔、孤羔和双羔，以减少初生羔羊的死亡。

7. 临产母羊管理

要精心护理好行动不便的临产母羊。出入圈要防止拥挤；出牧和归牧缓行，饮水时慢饮喝足，严禁鞭打和惊吓，避免滑倒。产前和产后给母羊饮用适量的豆浆、麸皮水有利下奶。

二、接羔技术

1. 分娩征兆

母羊临近分娩时，乳房肿大，用手挤时有少量黄色初乳，分娩前2~3天更为明显；阴门肿胀潮红，有时排出浓稠黏液，尤其以临产前2~3小时更为明显。行动困难，排尿次数增多，性情温顺，起卧不安，时而回顾腹部，常独处墙角卧地，四肢伸直努责。放牧时常掉队或离队卧地休息。有时四肢刨地，表现不安，精神不振，食欲减退，甚至停止反刍，不时咩鸣。接产人员观察到上述征兆尤其是肷窝深陷、努责及羊膜露出外阴部时，应迅速将母羊从待产区转到产羔区的产羔栏内，准备接产。

2. 正产与接产

（1）产羔过程 正常分娩时，羊膜破裂后几分钟至半小时羔羊就会产出。接产人员先看到胎儿前肢的两个蹄伸出，随着是嘴和鼻，到头顶露出后羔羊就"哧溜"一下出生了。

产双羔时，两只羔羊前后出生间隔5～30分钟，有的多至几小时。当母羊产出第一只羔羊后，应注意检查是否还有未产的羔羊。如母羊仍表现不安宁、卧地不起或起立后又重新躺下努责，可用手掌在母羊腹部前方适当用力向上推举，如是双羔则能触到一个硬而光滑的羔体。需要特别注意的是，产双羔或多羔的母羊，因母羊此时多已疲乏无力，且羔羊的胎位往往不正，多需人工助产。

产羔时要保持产羔舍安静，不要惊动母羊。母羊在一般情况下都能顺产。

羔羊生下后0.5～3小时胎衣脱出。产后7～10天，母羊常有恶露排出。

（2）接羔 羔羊出生后应迅速将将其口、鼻、耳中的黏液掏出，以免呼吸困难而窒息死亡或者吸入气管引起异物性肺炎。羔羊身上的黏液让母羊舔干，以增强母羊的亲子性、辨认力、哺乳性，也有利于胎衣排出和调节羔羊体温。

黏液和胎水过多时，可用干净垫草或毛巾、布片人工协助擦去。

对恋羔性弱的初产母羊，可将胎儿体上黏液涂在母羊嘴上或将麦麸撒在胎儿身上让其舔食，通过气味增进母仔感情。

若在天气寒冷的户外产羔，应用软干草或干布将羔羊身体快速擦干，以免冻伤死亡。

有的胎儿生下有假死现象。可提起羔羊两后肢，使其悬空同时拍击其胸、背部；或使羔羊平卧，双手有节律地推压羔羊胸部两侧，进行人工呼吸；或从羔羊鼻孔吹气，使其复苏。

母羊产后站起，脐带自然撕裂。须对羔羊脐带断端涂5%碘酊消毒。如脐带未断，可在离羔羊脐带基部8～10cm处，用手指向脐带两边撸去血水后拧断，或用剪刀剪断脐带，然后碘酊消毒。勿结扎脐带，否则会影响渗出液的排出，使脐带难以干燥，容易引起脐带炎。

母羊产羔后疲倦、口渴，应给母羊饮温水，最好是麸皮水或红糖水。

分娩完毕，剪去母羊乳房周围和股内侧毛发，便于羔羊吃奶。随后用温和的消毒水洗涤乳房，再用温湿的毛巾擦干并按摩乳房，挤去最先几滴乳汁，辅助羔羊吃饱初乳。

在羔羊毛干后进行标记、称重、初生鉴定，做好《产羔记录》。

羔羊初生重测定需在毛干后吃奶前进行。

3. 难产与助产

母羊难产可由以下几种情况引起：初产羊骨盆狭窄、阴道狭窄、阵缩及努责微弱、胎儿过大、胎位不正等。当破水后20分钟左右、母羊不努责、胎膜也未出来时，应当进行助产。

（1）胎儿过大　须对母羊阴门实施扩张术。有条件的，由兽医或在兽医指导下，用专用扩张器对难产母羊实施阴门扩张术。通常情况下，接羔员或可抓住胎儿的两前肢轻轻拉出、再送进去，如此反复三四次后，阴门就有所扩张了。这时，接羔员一手拉羔羊两前肢、一手扶着羔羊的头顶部，伴随母羊努责缓慢用力，将胎儿拉出体外。

（2）胎位不正　有后位、侧位和横位、正位异常等情况。

①后位：也叫倒生即胎儿臀部对着阴门口，后肢和臀部先露出。这种情况很难将其调正为正位生产，可顺着母羊的阵缩和努责，将胎儿送回子宫，让两后肢先出，接羔员一手抓住胎儿两后

肢、一手轻按其臀上部，趁着努责将胎儿顺势拉出体外。

②侧位：有前左侧位和右侧位及后左侧位和后右侧位之分。前左右侧位指胎儿头朝前，左右肩膀先露出。可顺着母羊的阵缩和努责，将胎儿送回子宫调整为正位，自然或人工助产产出；左右侧后位的，可将胎儿送回子宫调整为后位，再以后位的方法助产即可。

③横位：即胎儿横在子宫里、背部或腹部对着阴门口，脊背或腹部先露出阴门。横位的难产死亡率很高。解决横位难产的办法是，顺着母羊的阵缩和努责，将胎儿送回子宫，体外人工调整为正位，再以正位自然或人工助产即可。

④正位异常：是正位的一种异常形式，有俯位仰位及其肢前头后与头前肢后四种形式。俯位有胎儿两腿在前、头部向下埋于前肢下胸脯前或向后靠在背脊上（肢前头后），胎儿头在前，前肢弯曲在胸下或向后举于头的后上方则为头前肢后；仰位亦有以上四种情况即俯位的翻版。

正位异常的助产原则是，顺应母羊阵缩规律将胎儿推回腹腔，纠正为正位，然后让其自然或伴随母羊努责人工帮助产出。

注意：上述难产在助产措施均失败、危及母子生命的情况下，则应立即采取剖腹产手术，力保母子平安。在无法两全其美时，应坚持以下取舍原则：初产年轻羊先保母后保子；老年羊先保子后保母；胚胎移植良种羊先保羔羊后保受体羊。

（3）胎儿死亡

①鉴定：一是用听诊器体外听取胎儿心音和呼吸音，如能听到说明活着，反之则已死亡；二是用橡胶软管插入胎儿鼻孔或口中，听取是否有呼吸声；三是手指伸到胎儿口中、按压舌头，感觉其是否有吸吮或抵抗反应。

②措施：一是用带有保护的专用的工具伸入到母羊生殖道里，将钩索套在胎儿的下颌、颈部或腿部，将其拉出体外，焚烧

或掩埋；二是用带有保护的专用的工具伸入到母羊生殖道里，将胎儿铰成碎块，让母羊排出或人工掏出体外；三是实施剖腹产手术。

第二节　哺乳期羔羊的管理

哺乳期是指从出生到断奶的时间。肉用羔羊的哺乳期一般为60 天。哺乳期羔羊的饲养管理如何，不仅关系到断奶体重、断奶时间和断奶成活率，而且与其成年生产性能密切相关。因此，利用羔羊早期生长发育快的生理特点，强化哺乳期羔羊的饲养管理，促进早期生长发育，为实行羔羊早期断奶、直线育肥生产优质肥羔肉，为实现母羊两年三产创造条件。

一、初乳期管理

母羊分娩后 3 ~ 5 天内分泌的乳汁谓之初乳。初乳呈蜡黄色、奶质黏稠、营养丰富，含有较多的抗体。初乳容易被羔羊消化吸收，是任何食物或人工乳、代乳品都不能代替的。初乳含有较多的抗体和溶菌酶，所含的 K 抗原凝集素可以抵抗多种品系的大肠杆菌的侵袭。初乳中还含有较多的镁盐，镁离子能促进胎粪的排出，防止便秘。

羔羊采食初乳的这一时期叫做初乳期。虽然，初乳期与整个哺乳期相比十分短暂，但却决定着羔羊以后生长发育乃至终生的免疫抗病性能。

初乳期羔羊的饲养管理主要任务有以下几点。

1. 让羔羊尽早吃上初乳

羔羊娩出后要剥去胎蹄，便于尽快站起来，尽早吃上初乳。对因自身体质较弱、母羊母性不强难以自己吃奶的羔羊，须人工协助（保定母羊、辅助羔羊）使其吃到第一次初乳；对于丧母、母亲无奶、初奶不下的羔羊，须寻找保姆羊使其尽早吃到初乳。如此坚持数天，让羔羊吃足初乳。

2. 羔羊免疫接种

羔羊半小时后称初生重。出生后 12 小时内肌肉注射"破伤风抗毒素"灭活苗，预防感染破伤风。出生后 1 周内接种"三联四防"灭活苗（1ml／只，肌肉注射），避免抵抗力低体质弱的羔羊感染上魏氏梭菌，造成羊只大批死亡。

3. 注意卫生

初生羔羊吃不到初乳或初乳不足，胎粪常粘在肛门周围形成干粪便，甚至引起肛门堵塞。应及时清理肛门周围的胎粪，保持尾部干燥和清洁。

4. 注意保温

初生羔羊被毛稀疏、单薄，体温调节能力差，冬季尤其要注意产羔舍增温保暖。舍内温度应保持在 5～10℃。

二、羔羊的日常管理

主要包括编号、打耳标、断尾、去势、分群分圈、驱虫和防疫。

1. 编号

目的在于便于识别个体、记录其生长发育和生产性能、追溯遗传基础和选优淘劣及未来选种选配。编号应在羔羊出生后 1～3 日内即在背部打临时号、10～20 日龄内打永久号。规模化羊场也可在出生后就打永久号。编号的方法有耳标法、剪耳法、墨刺法和烙角法等。

（1）耳标法 耳标有金属和塑料两种，形状有圆形和长条形。耳标佩戴一般公左母右（以羊为准）。金属耳标用打耳钳打耳时，应在靠近耳根软骨部、避开血管，先用碘酒消毒，然后打孔。塑料耳标使用也很方便，先把羊的出生年月和个体号同时写上，然后打孔戴上即可。且可以有红、黄、蓝三种颜色代表羊的等级。

（2）剪耳法　剪耳法是利用特制的耳号钳在羊耳上打号，每剪一个耳缺，代表一定的数字，把几个数字相加，即得所要的编号。这种方法以前多用于标识淘汰羊，目前已经很少使用。

（3）墨刺法　墨刺法是用特制墨刺钳（上面有针刺的字钉，可随意排列组合）蘸墨汁把号打在羊耳朵里面。这种方法简便易行，而且经济，无掉号的危险；缺点是，常常字迹模糊，无法辨认。这种方法也可用于个体编号，或其他辅助编号。

鉴于耳牌经常有撕裂羊耳、脱落和丢失的现象发生之弊，墨刺法有重新被启用的意向，尤其是在育种方面。

（4）烙角法　烙角法即用烧红的钢字或烙铁，把号码烙在羊角上。这种方法常用于有螺旋大角的公羊，也可用于角母羊作为辅助编号，检查起来比较方便。

2. 断尾

断尾的目的是为了避免粪尿污染羊体，或夏季苍蝇在母羊外阴部下咀而感染疾病，更有利于配种。

断尾的时间一般选择羔羊生后 1 周左右。当羔羊体质瘦弱，或天气过冷时，可适当延长。断尾时选择晴天的早上开始，不要在阴雨天或傍晚进行。早上断尾后有较长时间用于观察羔羊，如有出血的羔羊可以及时处理。

断尾常用的方法有热断法和结扎法。

（1）热断法　需要一个特制的断尾铲和两块 20cm 见方的木板，两面钉上铁皮。在一块木板的下方挖两个半月形的缺口，断尾时把尾巴正压在这半月形的缺口里，还可以防止灼热的断尾铲烫伤羔羊的肛门和睾丸。另一块两面钉铁皮的、没有缺口的木板平放在板凳上、垫在尾巴下，以防止灼热的断尾铲烧着板凳。

操作时需要两个人配合。一人用保定羊，一人操作断尾。保定的人将羊屁股蹲靠在垫有两面钉铁皮的、没有缺口的木板平放在板凳上；断尾者在离尾根4cm处（第三、第四尾椎股之间），用带有半月形缺口的木板把尾巴紧紧压住，手持灼热的断尾铲（最好用两个断尾铲，轮换烧热使用），稍微用力在尾巴上往下压，即可将尾巴断下。

热断法的优点是速度快，操作简便，失血少、对羔羊的影响小。缺点是伤口愈合较慢。

注意事项：①尾巴留下的长度，以能盖住羊的外阴部为宜；②断尾铲应灼热到暗红色为佳。灼热过度，止血困难、伤口难以愈合；③切尾时候速度不要过快，以免止血不住；断下尾巴后，如仍出血可再用热铲烫一下，即可止血，然后用碘酒涂抹消毒；④断尾后的羔羊，仍在圈内停留2～3小时后再放回母羊群，以免羔羊哺乳时会摇动尾巴、和母羊接触早引起伤口出血；⑤保留断尾羔羊的圈，要铺些洁净干燥的垫草，以防感染；⑥断尾的当日有出血羔羊，可用细绳在其尾根部紧紧扎住，过半日后，把细绳解除，使血流正常，便于伤口早期愈合；⑦断尾后1～2天，尾根部出现肿胀者，是由于断尾铲灼热过度所造成，以后会自动痊愈；⑧断尾前，可以把尾巴的上皮向尾根方向上推，断尾后皮松垂下来，愈合后可以把尾椎骨包起来。否则伤口虽然好了，尾椎骨露在外面。

（2）结扎法 结扎法是用橡皮筋，将羔羊的尾巴在尾根部扎紧。由于结扎处以下尾巴血液循环断绝，一般经过1～2周，结扎处干燥坏死，尾巴则自然脱落。结扎法的要点是结扎要紧，否则会延长断尾的时间。尾巴脱落如有化脓等要及时涂上碘酒。此种断尾方法操作简便，短尾效果较好，但因羔羊受苦时间较长、后期发育受到一定影响。

3. 分群分圈

目的是有利于羔羊吃乳、补饲、管理及母羊体况恢复。原则是按照出生天数分群。一般出生后 3 ~ 7 天母子在一起实施单独管理，可将母羊 5 ~ 10 只合为一个小群、母子隔离栏饲养、定时合群哺乳；7 天以后，可将产羔母羊 10 只以上合为一群，仍采取母子隔离栏饲养、定时合群哺乳；20 日龄以后，可以母子相随、大群管理。

应当注意的是，组群的大小还要根据羊舍的大小、母羊的营养状况，母羊恋羔的情况、羔羊的强弱具体掌握。只要羊舍有足够的空间，就不要急于合成大群；母羊营养差，羔羊瘦弱，也不要急于合群。在编小群时，应选择发育相似的羔羊，合并在一起。饲料条件好时，对单羔母羊可以混合编群，以便多羔母羊乳汁不足时，借哺单羔母羊乳汁。当饲料条件不好时，可以单独编多羔群。一个月以上的羔羊，可以放入大群管理。

4. 去势

去势也称阉割，去势后的羊通常称为羯羊。

对不做种用的公羔或公羊进行去势，是为了防止其野交乱交乱配、降低羊群质量，便于选种选配。另外，公羔去势后性情变得温顺、管理方便、节省饲料，也容易育肥，肉无膻味且肉质细嫩。

（1）去势钳法　用特制的去势钳，在阴囊上部用力压紧，将精索夹断。睾丸逐渐萎缩。此法无伤口，无失血和无感染的危险。

（2）结扎法　当公羔 1 周大时，将睾丸挤在阴囊中，用橡皮筋或细绳紧紧的结扎在阴囊的上部，断绝血液的流通，经过半个月左右，阴囊及睾丸萎缩自行脱落。此法简单易行，值得推广。

（3）化学去势法　将 10% 的甲醛溶液 10ml，用注射器注入阴囊，深度至睾丸的实质部分，使睾丸组织失去生长和生精能力，达到去势的目的。此法简单易行，不出血、无感染。国外从人性化、动物福利的角度出发，建议大力推广。

（4）刀切法　用手术刀切开阴囊，摘除睾丸。方法是：两人配合，一人保定羊只，一人实施手术。羊阴囊外部剪毛、用3%碳石酸或碘酒消毒后，施手术者一手握住阴囊基部，以防羊羔的睾丸缩回腹腔内。另一手用消过毒的手术刀在阴囊侧面下方切开一小口（约为阴囊长度的1/3），以能挤出睾丸为度。切开后把睾丸连同精索拉出撕断（羊年龄较大时须结扎）。

一侧的睾丸取出后，依法取另一侧的睾丸。有经验的人，把阴囊的纵隔切开，把另侧的睾丸挤过来摘除亦很好（这样少开了一个刀口）。睾丸摘除后，把阴囊的切口对齐，涂碘酒消毒，并撒上消炎粉。过1~2日可检查一下，如阴囊收缩则为安全的表现；如果阴囊肿胀，可挤出其中的血水，再涂抹碘酒和消炎粉剂，一般不会出什么危险。去势后的羔羊，要收容在有洁净褥草的羊圈内，以防感染。

刀切法创口较大、流血多，易感染破伤风。术后不要让羊静卧，以免积血影响伤口愈合；为保险起见，去势羊应术前注射破伤风疫苗。

5. 免疫接种

具体如表6-1所示。

表6-1　羔羊免疫程序及需要接种的疫苗

疫苗名称	疫病种类	免疫时间	免疫剂量	注射部位	备注
羔羊痢疾氢氧化铝菌苗	羔羊痢疾	怀孕母羊分娩前20~30天和产后10~20天各注射1次	分别为每只2ml和3ml	两后腿内侧皮下	羔羊通过吃奶获得被动免疫，免疫期5个月

（续表）

疫苗名称	疫病种类	免疫时间	免疫剂量	注射部位	备 注
羊三联四防灭活苗	梭菌病、羔羊痢疾	每年于2月底3月初和9月下旬分2次接种	1头份	皮下或肌肉注射	不论羊只大小
羊痘弱毒疫苗	羊痘	每年3~4月份接种	1头份	皮下注射	不论羊只大小
羊布病活疫苗（S2株）*	布氏杆菌病		1头份	口服	不论羊只大小
羔羊大肠杆菌疫苗	羔羊大肠杆菌病		1ml	皮下注射	3月龄以下
			2ml		3月龄以上
羊口蹄疫苗	羊口蹄疫	每年3月和9月	1ml	皮下注射	4月龄至2年
			2ml		2年以上

* 免疫接种前应向当地兽医主管理部门咨询后进行

预防接种注意事项：①要了解被预防羊群的年龄、妊娠、泌乳及健康状况，体弱或原来就生病的羊预防后可能会引起各种反应，应待其康复后补充接种；②对怀孕后期的母羊应注意了解，如果怀胎已逾三个月，应暂时停止预防注射，以免造成流产；③对15日龄以内的羔羊，除紧急免疫外，一般暂不注射；④预防注射前，对疫苗有效期、批号及厂家应注意记录，以便备查；⑤对预防接种的针头，应做到一头一换。

三、羔羊早期培育措施

羔羊的培育是指羔羊断奶前的饲养管理。民间长期以来总结出诸多经验。如："三防"（防冻、防饿、防潮）、"四勤"（勤检查、勤配奶、勤治疗、勤消毒）、"一专"（固定专人管理羔羊）、"四足"（奶足、草足、料足、水足）、"两早"（早补料、早运动），加强"三关"（哺乳期、离乳期及第一个越冬期）的饲养管理等。

1. 加强母羊营养，提高泌乳能力

俗话说"母壮儿肥"。如果母羊的营养状况良好，就能保证胚胎的充分发育。因此羔羊的初生重大、体质健壮。母羊的乳汁多、恋羔性强，羔羊能吃饱奶发育就好。

对妊娠期的母羊，要根据膘情好坏、年龄大小、产期远近，进行调整组群。对体况差的母羊应加强补饲，以使其增膘补膘，冬季勿饮过凉的水，夏季注意防暑降温。还要有适当的运动场所供母子运动。产后母羊应单独进行组群和饲养管理，勿和妊娠母羊同群饲养，否则会影响哺乳母羊的恋羔性、产奶性能，不利于羔羊的生长。

2. 早吃初乳，吃好常乳

乳汁是羔羊哺乳期营养物质的主要来源。尤其是生后头一个月内，羔羊营养几乎全靠母乳来供应。只有让羔羊早吃初乳、吃足乳奶才能保证其生长发育好。吃足母乳的羔羊结实健壮、被毛光亮，精神饱满、两眼有神、活泼嬉闹，增重快"一天一个样"，长势喜人；经常吃不饱母乳的羔羊则体格瘦小、被毛蓬乱，无精打采、躲在角落处闭目养神，"天天一个样"，前景堪忧。

3. 尽早训练，抓好补饲

羔羊生后 10~15 天开始训练采食草料。此时羔羊瘤胃微生物区系尚未形成，不能大量利用粗饲料，要补饲高质量的蛋白质和纤维少、干净脆嫩的干草和多汁饲料，如苜蓿干草、青贮玉米等。精料要磨碎并混合适量的食盐和矿物质饲料，增强羔羊食欲。为了避免大羊抢食，应在补饲栏进行。推荐羔羊早期补饲标准与配方如表 6-2、表 6-3。

表 6 - 2　10～60 日龄羔羊适宜补饲营养水平

（单位：日/只）

体重 （kg）	日增重 （g）	DM （kg）	ME （MJ）	CP （G）	Ca （g）	P （g）
3.5～5.5	50	0.13	1.48	24	1.0	0.5
	100	0.13	1.91	41	1.0	0.5
	150	0.13	2.35	58	1.0	0.5
	200	0.13	2.78	74	1.0	0.5
	250	0.13	3.22	91	1.0	0.5
5.6～7.5	50	0.14	2.00	28	1.2	0.6
	100	0.14	2.43	44	1.0	0.6
	150	0.14	2.87	61	1.2	0.6
	200	0.14	3.30	78	1.2	0.6
	250	0.14	3.74	94	1.2	0.6
7.6～9.5	50	0.22	2.52	31	1.4	0.7
	100	0.22	2.96	48	1.4	0.7
	150	0.22	3.39	64	1.4	0.7
	200	0.22	3.83	81	1.4	0.7
	250	0.22	4.26	98	1.4	0.7
9.6～11.5	50	0.31	3.04	34	1.48	0.78
	100	0.31	3.48	51	1.48	0.78
	150	0.31	3.91	68	1.48	0.78
	200	0.31	4.35	84	1.48	0.78
	250	0.31	4.78	101	1.48	0.78

（续表）

体重（kg）	日增重（g）	DM（kg）	ME（MJ）	CP（G）	Ca（g）	P（g）
11.6～13.5	50	0.38	3.56	38	1.78	1.15
	100	0.38	4.00	54	1.78	1.15
	150	0.38	4.43	71	1.78	1.15
	200	0.38	4.87	88	1.78	1.15
	250	0.38	5.30	104	1.78	1.5
13.6～15.5	50	0.45	4.09	41	2.1	1.5
	100	0.45	4.52	58	2.1	1.5
	150	0.45	4.96	74	2.1	1.5
	200	0.45	5.39	91	2.1	1.5
	250	0.45	5.83	108	2.1	1.5

4. 做好卫生保健，预防羔羊疾病

7～10 日龄的羔羊宜采用舍内高床（漏缝地板）饲养，以避免羊与粪便接触、发生羔羊痢疾。羔羊圈棚要勤扫勤垫，保持干燥、清洁。冬季注意保暖，防止羔羊受凉；夏季通风降温，防止羔羊中暑。饥饱不均、忽冷忽热、潮湿寒冷肮脏、空气污浊等不良生活环境都会引起羔羊的各种疾病。圈舍应严格执行消毒隔离制度，发现病羊及时隔离治疗，及时处理死羔及污染物，消灭传染源。

表6-3 羔羊早期断奶补充精料配方

饲料	玉米	麸皮	豆粕	棉粕	酵母	食盐	碳酸氢钠	添加剂	合计
（%）	58.5	5.0	27.0	3.0	3.5	1.0	1.0	1.0	100
投饲量 [g/（只·d）]:									
日龄	10～20		21～30		31～40		41～50		51～60
投饲量	20～50		50～100		100～150		150～200		200～250

5. 充分光照，增强运动

自然光照可通过大脑皮层刺激促生长激素和性腺激素的分泌，有利于羔羊快速发育和性成熟，也能杀灭体表寄生虫和有害病菌，保持羊体健康清洁。早期训练运动能增加羔羊食欲和消化功能、增强体质、促进生长和减少疾病。

羔羊生后 1 周，天气暖和晴朗时刻在户外自由活动、晒太阳，也可放入塑料大棚暖圈内运动。生后 1 个月可以慢赶慢行、随群放牧，或在运动场上全天自由运动。

第三节　羔羊代乳料与人工育羔技术

一、羔羊代乳料及意义

1. 代乳料

即仿照母乳成分人工配制的代替羊乳的高营养全价饲料。

2. 代乳料的作用与意义

①羔羊代乳料可有效解决多胎羊乳汁不足、多羔多亡的问题，克服牛奶育羔死亡率高的缺陷。

②使用羔羊代乳料实行早期断奶，可以大大缩短母羊的繁殖周期，减少母羊空怀时间，从而实现两年三产，提高母羊利用率。

③代乳料可促进羔羊消化系统提早有序发育，提高羔羊体质，从而提高成活率。

④代乳料易于贮存，使用方便，可随用随冲，操作简单，适用于各种规模和养殖条件。

⑤提高羔羊成活率、减少资源浪费，增加经济收益。

3. 代乳料的种类

市场上常见的代乳品分为羔羊代乳料和犊牛代乳料。羔羊代乳料的加工工艺和营养元素与免疫因子的含量都优于犊牛代乳料，在使用时应认准产品的种类。代乳料的加工工艺和营养元素的配比很重要，代乳料的可溶性、乳化性和适口性等因素都与饲喂效果有关。不具备一定的生产条件的饲料厂所生产的代乳料达不到效果，难以保证羔羊正常成活和健康生长。

羔羊代乳料按蛋白来源分为植物蛋白源性代乳料和乳蛋白源性代乳料。植物蛋白源性代乳料的蛋白源主要是大豆蛋白、玉米蛋白和小麦面筋蛋白；乳蛋白源性代乳料蛋白源主要是脱脂奶粉。

4. 适用对象

7～45日龄以内超前断奶的羔羊；出生时母羊无奶或少奶的羔羊；超过母羊哺乳能力的一胎多羔羊。

5. 使用效果

饲喂代乳粉不仅满足了羔羊的营养需求，促进生长发育，还使得羔羊的采食与活动具有规律性。有研究表明，使用代乳粉组的羔羊日增重、体高和胸围分别比母乳亲哺组提高了148.6g（$P<0.01$）、5.5cm（$P<0.01$）和6.77cm（$P<0.01$），代乳粉组羔羊的增长速度（包括体重、体尺）要显著高于母羊奶的羔羊。笔者的试验表明：在羔羊吃完初乳后，以"精准牌羔羊专用代乳粉"代替母羊奶，能够满足羔羊生长发育的营养需要，提高羔羊的日增重，实现羔羊45日龄断奶；可有效减少羔羊痢疾发病率；早适应粗饲料，断奶后生长发育快；是解决母羊多胎多产、羊奶不足的问题，发展农区多胎肉羊产业的至关重要的技术措施。

二、人工育羔关键技术

人工代替母羊用代乳料哺育羔羊谓之人工育羔。人工育羔最初是在母羊产后死亡、无奶或多羔的情况下采用的应急性技术措施，随后发展为羔羊早期断奶的一项专门技术。目前，人工育羔已成为发展多胎型肉羊、推行两年三产高频繁育技术的关键技术之一。

人工育羔关键是要做到早吃初乳、早期补饲、专人管理和"三定一讲"（定时、定温、定量和讲究卫生）。

1. 早吃初乳、吃足初乳

母羊产后 1 周内分泌的乳汁叫初乳（俗称胶乳）。它是新生羔羊非常理想的天然营养保健食品。有关初乳的成分与功能参见第六章第二节相关内容。

羔羊在产后半小时内应吃到初乳，最迟不超过 1 小时。

目前国内外生产的羔羊代乳料只能替代常乳、不能替代初乳。因此，早吃、多吃初乳对增强羔羊体质和抵抗疫病能力具有重要意义，也是人工育羔成败的第一步。对那些母羊初乳较少、不能吃足初乳的羔羊采取寄养；对无法寄养或拒绝寄养的，应人工辅助其吸吮其他母羊的初乳 2～3 次后，再采用代乳料人工哺乳。

2. 专人管理，一专到底

就是要固定专人喂奶、专人管理，"一专"到底。选定有一定文化、懂技术、责任心强的饲养员或专业技术人员，负责代乳料的配制、灌喂、器具的清洗消毒和保管，从羔羊产出直到羔羊断奶。

3. 定温、定时、定量喂奶

（1）定温　代乳奶的温度是决定人工哺乳羔羊生长发育和成活率的关键，也是"三定"中最重要的一环。奶温偏高，会烫伤羔羊口腔黏膜，不利采食；奶温偏低，不利于消化，容易造成羔羊拉稀，影响生长发育，甚至死亡。所以，一定要做好代乳奶的调温和保温，使其保持在适宜的温度（38～40℃）范围内。

（2）定时　即确定好每日喂奶的次数、时间间隔和每次喂奶的时间，建立条件反射，有利羔羊消化及管理，保证有序进行。随着羔羊年龄和体重的增长，每日喂奶的次数逐渐减少、喂量逐渐增加、间隔时间也逐渐加大。

（3）定量　即确定好每次的喂奶量。个体之间喂量可以不等，但每个个体每次喂量要一致或接近，不可忽多忽少。当然，随着羔羊年龄和体重的增长，每日喂奶的次数逐渐减少、间隔时间也逐渐加大，每次喂奶量要随之逐渐增加。

第四节　后备羊的饲养管理

后备羊是指由断奶至初次配种的羊，一般为 4～18 月龄的母羊。后备羊培育水平直接关系到其成年期的生产性能，决定着未来羊群的生产能力和生产水平乃至羊场的生死存亡。饲养管理不良，就会使其生长发育受阻，成为体长不足、胸围小、胸宽窄、胸深浅，腿长背弓、体躯狭小、体肢比例失调、体质瘦弱，采食能力差、体重小的"僵羊"，失去种用价值。

一、饲养管理要点

1. 延长精料补饲期

4～6 月龄是后备羊培育最关键的时期。这时的后备羊正处在快速发育阶段，对营养的要求水平较高。而这时又恰在刚断奶、春草萌发、青黄不接的饲料转换阶段，成为后备羊培育的桎梏。因此，刚断奶的后备羊营养需求主要来自精饲料，混合精料补饲至少应延长一个月，结合放牧补饲一定量的优质青干草（苜蓿）和青绿多汁饲料（玉米青贮），不可断然停止补饲。舍饲养殖，后备羊日粮仍以精饲料为主、优质青干草为辅，注意补充维生素和微量元素添加剂或块根块茎类饲料。块根块茎饲料要切片，饲喂时要少喂勤添。

2. 饲养方式与日粮转换要缓慢

放牧饲养在由冬春舍饲为主转化为放牧羊群时，应视牧草生长状况，逐渐减少精料补饲量、延长放牧时间，缓慢过渡到全放牧状态。舍饲羊群在应该避免过快的变换饲粮类型和饲料种类；用后备羊日粮替代羔羊日粮或用一种饲料代替另一种饲料时，一般在 3 ~ 5 天内先替换 1/3，再在 3 天内替换 2/3，然后再全部替换；用粗饲料替换精饲料时，替换的速度须更慢一些，一般在 10 天左右完成。

3. 适当限制饲养

后备羊的培育有一个"吊架子"过程。一般在 8 ~ 12 月龄须采取限制饲养，使其有一个较大的体格，以免过于肥胖影响繁殖机能。放牧饲养的后备羊仅补饲微量元素（添砖），不再补饲任何精粗饲料。舍饲饲养，8 月龄以后的后备羊日粮能量水平不宜过高，否则会导致早熟；蛋白质质量要好，限制性氨基酸、维生素、微量元素等各种添加剂要供应充足，以保证机体器官特别是生殖系统正常发育，使其在达到配种年龄时达到种用标准、正常配种繁殖。

4. 分群管理防止偷配早配

自断奶之日起，后备羊应公、母分群，单独管理。同性别的后备羊也应按其年龄、体格大小重新组群、分别管理，以免"弱肉强食"群体发育不均衡、影响整体水平。有条件的还应定期（每月一次）测定体尺体重，按培育目标及时调整饲养方案。严禁公母羊混群饲养或邻近放牧、饲养，以防早熟偷配、早配早孕。若欲实行早期配种，受配母羊体重须达到成年体重的 70% 以上（即 8 月龄体重达 42 ~ 52kg）。

5. 严格鉴定淘汰制度

后备羊须在 6 月龄、12 月龄和 18 月龄进行体型外貌鉴定，发育不良、达不到品种标准的必须坚决淘汰。18 月龄配种前后备羊（青年羊）的选留量以占现有可繁母羊总数的 25% ~ 30% 为度。

二、营养需要

25~50kg 体重阶段后备母羊日粮干物质进食量和消化能、代谢能、粗蛋白质、钙、磷、食用盐每日营养需要量参见表6–4。

表6–4 3~7月龄后备母羊适宜营养需要量

[单位：kg·MJ·g/（只·d）]

体重 （kg）	日增重 （g）	DM （kg）	ME （MJ）	CP （G）	Ca （g）	P （g）
20~25	50	0.75	5.02	50.0	2.8	1.8
	100	0.76	6.27	72	2.8	1.8
	150	0.16	7.52	93	2.9	1.9
	200	0.76	8.77	114	2.9	1.9
	250	0.76	10.02	135	2.9	1.9
26~30	50	0.81	7.47	74	3.6	1.8
	100	0.82	8.76	95	3.6	1.8
	150	0.85	9.83	115	3.7	1.8
	200	0.86	10.9	136	3.7	1.9
	250	0.88	11.97	157	3.7	1.9
31~35	50	0.98	7.70	81	3.9	1.9
	100	0.91	8.85	95	3.6	1.9
	150	0.93	10.00	123	4.0	2.0
	200	0.94	11.15	144	4.0	2.0
	250	0.96	12.30	165	4.0	2.0

（续表）

体重 （kg）	日增重 （g）	DM （kg）	ME （MJ）	CP （G）	Ca （g）	P （g）
36~40	50	1.00	7.96	83	4.5	2.3
	100	1.05	9.41	106	4.5	2.3
	150	1.11	10.56	128	4.5	2.3
	200	1.12	11.71	150	4.6	2.3
	250	1.35	12.86	172	4.6	2.3
41~45	50	1.10	8.12	86	4.5	2.3
	100	1.15	9.34	108	4.5	2.3
	150	1.19	10.56	130	4.5	2.3
	200	1.21	11.78	152	4.6	2.3
	250	1.31	13.00	174	4.6	2.4

三、适宜日粮配方

后备母绵羊推荐适宜日粮配方见表5-3或参照附件。

第七章　种公羊的饲养管理

第一节　饲养管理要点

　　尽管种公羊在羊群中所占的比例很小，但其决定着羊群的质量和生产能力，"万万不可粗心大意"。原则上，要求种公羊应全年维持结实健壮的体质，达到中等以上膘情，并具有旺盛的性欲、良好的配种能力和生产品质优良、可用于人工授精、制作冻精的精液。

一、保持饲料多样性，营养全面

　　总体来说，种公羊日粮必须含有丰富的蛋白质、维生素和矿物质。饲料应当品质好、易消化、适口性强。玉米、燕麦、大麦、麸皮、饼粕类，苜蓿、三叶草、燕麦等青干草，青贮玉米、胡萝卜、饲用甜菜等都是种公羊比较理想的饲料。

　　霉烂变质的饲料坚决不能饲喂种公羊！

二、混合精料不可少，注意补充矿物饲料

　　即使是在非配种期，日粮中混合精料也不可或缺。放牧情况下，晚归牧后尚须补饲一定量的混合精料和优质青干草。此外，新疆是一个铜、锌、锰、硒严重缺乏的地区，应注意矿物元素特别是上述四种微量元素的补给（添砖）。日粮中钙磷比应不低于

（2 ~ 25）：1，以防止尿结石的发生。

三、注意补充蛋白质和维生素饲料

蛋白质饲料是种公羊生成精子的重要的物质来源，日粮中蛋白质饲料缺乏或质量过于低劣必然影响精液的品质。维生素特别是维生素 A 对种公羊生成精子有着至关重要的作用。因此，特别关注种公羊日粮蛋白质和维生素的供给情况，尤其是在枯草季节和配种期、采精期，要注意补充饼粕类、苜蓿、青贮和胡萝卜等富含优质蛋白和维生素 A（或前体）的饲料，或在日粮中添加适量的氨基酸、维生素添加剂。

四、保持适当光照和运动，防止肥胖

自然光照可通过大脑皮层刺激种公羊性腺组织的活动，合成和分泌促性腺激素和性腺激素，调控精子的生成。

运动决定精子活力。所以，保持种公羊每天一定时间的户外放牧活动，既解决了光照和运动问题，也有利于其保持健壮的体型、防止肥胖——影响精子生成和配种能力。

五、专人管理，单独饲养

种公羊群要安排责任心强、吃苦耐劳、经验丰富、有一定文化知识的饲养员专门管理，不可随意经常更换饲养员。种公羊要单独组群饲养，户外放牧尽可能远离母羊群。种公羊圈舍要宽敞坚固，通风干燥，冬暖夏凉。经常保持圈舍清洁，检疫和预防注射有关疫苗，做好体内外寄生虫病的防治，按时剪毛和定期修蹄。饲养员要经常认真观察种公羊的精神、食欲状况，发现异常，立即报告兽医人员。

第二节 配种期的饲养管理

一、加强营养

种公羊在配种（采精）前 1.0～1.5 个月，日粮由非配种期逐渐更换为配种期日粮。日粮中禾本科干草占 35%～40%，多汁饲料占 20%～25%，精料占 45%；放牧的种公羊，除保证在优质草场放牧外，每日补饲 1.0～1.5kg 混合精料。

体重 80～90kg 的种公羊配种期每日需饲喂：混合精料 1.2～1.4kg，苜蓿干草或其他优质干草 2kg，胡萝卜 0.5～1.5kg，食盐 12～20g，骨粉 5～10g，血粉或鱼粉 5g。每日的饲草分 2～3 次供给，充足饮水。采精频繁时，每羊每日增加 1～2 枚鸡蛋（表 5－3）。

二、增加运动量

配种（采精）期间，须增加种公羊运动量。舍饲条件下，除运动场上自由运动外，尚须保证运动道上人工驱赶每日中等运动量不少于 2 小时（早晚各 1 小时）。放牧条件下，种公羊放牧运动时间不低于 6 小时。对精子活力较差、放牧的运动量不足的公羊，每天早上可酌情定时、定距离和定速度人工驱赶运动 1 次。

三、控制采精频率

有实践表明，种公羊最大采精频率可达到 15 次/天。但为了保证精液品质、羊体健康及其使用寿命，必须适当控制每天的采精次数。

种公羊在配种前一个月开始采精，检查精液品质。开始采精时，一周采精一次；继后一周两次；以后两天一次；到配种时，每天采精 1~2 次，成年公羊每次采精可多到 3~4 次。多次采精者，两次采精间隔时间不少于 2 小时，保证其有休息时间。公羊的采精次数应根据种羊的年龄、体况和种用价值确定。

第三节　非配种期的饲养管理

种公羊在非配种期，虽然没有配种任务，但仍不能忽视饲养管理工作，应供应充足的能量、蛋白质、维生素和矿物质，保持中等膘情。

配种期过后，因种羊的体况都有不同程度的下降，这时的饲养管理以恢复体况为重点。精料喂给量不减，增加放牧或运动时间，经过一段时间待体况恢复后再适量减少精料，逐渐过渡到非配种期饲养。

非配种期每日每只喂给精料 0.6~0.8kg，冬春季节注意补饲优质干草和胡萝卜。

第八章　肉羊频密产羔体系

第一节　含义、目的与意义

一、含义

频密产羔体系，亦称密集产羔体系，是随着现代集约化肉羊及肥羔生产而发展起来的高效生产体系。其含义是：打破羊只季节性繁殖特性，适繁母羊一年四季发情配种，全年均衡产羔，使繁殖母羊每年提供最多的肉羊胴体。

二、目的与意义

密集产羔体系是现代集约化肉羊及肥羔生产的高效生产体系。在饲养管理条件较好的地区实现密集产羔，打破肉羊季节性繁殖的特性，全年发情，均衡产羔，最大限度地发挥母羊的生产性能，实现羊肉全年均衡生产和均衡供应，满足城乡广大居民生活水平不断提高对优质羊肉的需求。

密集产羔体系可使繁殖母羊的饲养量相对减少20%～30%、饲养成本减少30%～50%，养殖效益提高2～3倍。从而降低了建设投资和管理成本支出，大大提高饲养设备与加工设备的利用率和劳动生产率；加大资金周转量、缩短周转期，提高企业经济效益。

第二节　频密产羔体系的形式

根据国内外的成功经验，密集产羔体系包括一年两产体系、两年三产体系、三年四产体系、三年五产体系和连续产羔等形式。一年两产体系较适宜于在规模化羊场选择使用，母羊的繁殖效率最高，实施的难度也最大。其次难度顺序是三年五产体系、两年三产体系、三年四产体系。

一、两年三产体系

两年三产是 20 世纪 50 年代后期提出的一种密集产羔技术，也是被公认为最适合我国目前肉羊养殖水平、切实可行的密集产羔体系。

两年三产体系，一般每 8 个月为一个产羔周期。其中：妊娠期 5 个月、哺乳期 2 个月恢复配种期 1 月。这个体系被描述成固定的配种和产羔计划：如 5 月配种，10 月产羔；1 月再配种，6 月产羔；9 月配种，2 月产羔。

在这个体系中，羔羊一般是 2 个月断奶，母羊在羔羊断奶后 1 个月配种。为了达到全年均衡产羔、科学管理的目的，在生产中羊群可被分成 8 个月产羔间隔相互错开的 4 个组，每 2 个月安排一次生产。这样，每隔 2 个月就有一批羔羊屠宰上市。如果母羊在其组内怀孕失败，2 个月后可与下一组一起参加配种。

用该体系进行生产，其羔羊生产效率比常规体系增加 40%。胜利油田管理局农业公司，以小尾寒羊为基础母羊，引进无角道赛特羊、德国美利奴羊、法国夏洛来羊等肉用品种，进行杂交组合筛选试验，小尾寒羊母羊及杂一代母羊即采取两年三产方式繁育，结果大大提高了羊只出栏率和生产效率，为批量工厂化肉羊生产提供了可借鉴的经验。

二、三年四产体系

三年四产体系是按产羔间隔 9 个月，一年有四轮产羔设计。该体系由美国 Beltsville 试验站设计。该站在培育 Morlam 多胎品种羊时采用的做法是，在母羊产羔后第四个月配种，以后几轮则是在第三个月配种，即 1 月、4 月、6 月和 10 月产羔，5 月、8 月、11 月、2 月配种，这样，全群母羊的产羔间隔约为 9 个月。

三、三年五产体系

这个体系是由美国 Cornell 大学 Brain Magee 设计的一种全年产羔方案，亦称为星式产羔体系。由于母羊妊娠期的一般是 73 天，正是一年的 1/5。羊群可被分为三组，该体系开始时，第一组母羊在第一期产羔，第二期配种，第四期产羔，第五期再配种；第二组母羊在第二期产羔，第三期配种，第五期产羔，第一期再次配种；第三期母羊在第三期产羔，第四期配种，第一期产羔，第二期再次配种。

如此周而复始，产羔间隔 7.2 个月。对于一胎产一羔的母羊，一年可获 1.67 个羔羊；如一胎产双羔，可获 3.34 个羔羊。

四、一年两产体系

一年两产体系可使母羊年产羔率增加 25% ~ 30%。理论上，这个体系允许每只母羊最大数量地产羔（提高 1 倍），但对饲养条件要求极高。在目前情况下，一年两产还不太实际，即使是在发情母羊群中也难以做到，因为母羊产后需一定时间进行生理恢复。该体系正是我们今后需要探讨研究的课题。

五、机会产羔体系

顾名思义，即在有利条件下，如有利的饲料年份、有利的价格时，抓住机会进行一次额外的产羔，尽量不出现空怀母羊。如果有空怀母羊，即进行一次额外配种。此方式对于个体养羊者是很有效的一种快速产羔方式。

总之，在选择特异配种、产羔体系之前，应该考虑地理生态、品种资源、繁殖特性、管理能力、饲料资源、设备条件、投资需求、技术水平等诸因素，认真分析后做出最佳选择。

第三节　两年三产繁育体系

一、概念

两年三产频密繁育是相对于常规的两年两产而言的，即母羊在三年 24 个月内产 3 次羔。肉用绵羊怀孕期约为 150 天，哺乳期和配种期各约 45 天，8 个月为一个繁殖周期，两年产三次羔。如此这般，每产单胎两年就可产 3 只羔子，比常规繁育的两年产 2 只羔子增加 1 只羔子、繁殖效率提高了 50%；若是多胎羊则至少产 6 只羔子、繁殖效率则是常规的 3 倍。

两年三产体系从根本上突破了限制我国肉羊产业现代化第一瓶颈问题——繁殖率低、经济效益差的问题，为实现传统放牧养羊业向集约化、规模化现代养羊业的转变、提升产业化水平开辟了一条新的途径。其次，最大限度地发挥了肉羊遗传潜力，增加了单位时间内生物学产量和市场羊肉的全年均衡供给量，满足人民日益增长的物质文化的需求，对稳定羊肉价格、丰富和繁荣区域经济和促进边疆稳定具有积极的政治意义和战略意义。

二、实施细则

该体系一般有固定的配种和产羔计划，羔羊一般是 2 月龄断奶，母羊在羔羊断奶后 1 个月内配种。

在生产中，常根据适繁母羊的群体大小确定合理的生产节律，并依据生产节律将适繁母羊群分成 8 个月产羔间隔相互错开的若干个生产小组（或者生产单元），制定配种计划。每个生产节律期间对 1 个生产小组按照设计的配种计划进行配种，如果母羊在组内怀孕失败，1 个生产节律后参加下一组配种。这样每隔 1 个生产节律就有一批羔羊屠宰上市。

1. 确定合理生产节律

生产节律即批次间配种或产羔的时间间隔，一般以月为单位，计算方法为：

$$生产节律（月）＝繁殖周期/配种批次数$$

例如：8 个月的繁殖周期内安排 4 批配种，即其生产节律 = 8/4 = 2（月）；如果 8 个月的繁殖周期内安排 8 批配种，则其生产节律 = 8/8 = 1（月）。原则上，生产节律取整数，有利于生产安排。

合理的生产节律不但有利于提高规模化肉羊生产场适繁母羊群体的繁殖水平、全年均衡供应羊肉上市，而且便于进行集约化科学管理，提高设备利用率和劳动生产率。

确定合理的生产节律的实质是根据适繁母羊的群体大小以及羊场现有羊舍、设备、管理水平等条件，在羊舍及设备的建设规模和利用率、劳动强度和劳动生产率、生产成本和经济效益、生产批次和每批次的生产规模等矛盾中作出最合理的选择。

理论上讲，生产节律越小，对羊舍尤其是配种车间、人工授精室及其配套设备等建设规模要求越小，利用率越高；较小的生产节律也缩短了适繁母羊群体的平均无效饲养时间，生产成本降低，经济效益提高。但同时导致生产批次增加，批次的生产规模变小，与此相应的则是工人的劳动强度加大，劳动生产率降低。而生产节律的逐渐变大，羊舍及设备的建设规模和利用率、劳动强度和劳动生产率、生产成本和经济效益、生产批次和批次的生产规模等变化则正好相反。

宁夏农垦依据目前肉羊业生产中羊舍、设备建设情况及饲养管理水平现状分析，认为：大型规模化肉羊生产场较适宜按照月节律组织两年三产密集繁殖体系，中、小型规模化肉羊生产场则以2个月节律组织生产较为适宜。

2. 确定适宜的生产单元

生产单元即生产批次。为了实现全年均衡生产，在两年三胎密集繁殖体系的具体实施过程中，常依据生产节律将适繁母羊群分成若干个生产小组（或者生产单元）组织生产。适宜的生产单元数量可按下式进行估算：

$$生产单元数量（M）=8/F$$

式中：F，生产节律（月）

生产单元数量应为整数。所以，在确定生产节律时应考虑其能够被8整除。当生产节律不能被8整除时，可依据四舍五入的原则对估算结果进行取整处理。按照月节律组织生产的大型规模化肉羊生产场，可将适繁母羊群分成8个生产单元；按照2个月节律组织生产的中、小型规模化肉羊生产场，可将适繁母羊群分成4个生产单元。

3. 生产单元的组建

（1）传统的组建方案　根据以上论述，每个生产单元的群体规模可依据肉羊生产场适繁母羊群体数量及上述参数，按下式进行估算：

$$生产单元平均群体规模\ n（只）=N/M$$

式中：N，适繁母羊总数（只）；M，生产单元数量（个）

根据以上估算结果，将羊场全部适繁母羊按照等分的原则即可极为方便的组建8个或者4个相同规模的生产单元。每个生产单元按照预先设计的配种计划进行配种。如果母羊在组内怀孕失败，则 1 个生产节律后参加下一组配种。

考虑到配种时母羊受胎率的实际情况（一般以 25 天不返情率 R 表示），上述 8 个或者 4 个生产单元表面上看似规模相同，但事实上其配种时规模和配种后妊娠母羊的饲养规模则不尽相同。如：两年三胎密集繁殖体系起始实施点第一个生产单元的配种规模为 n，配种后妊娠母羊的饲养规模即为 $n \times R$；第二个生产单元的配种规模和妊娠母羊的饲养规模均分别为：

$$n + n (1 - R) = n (2 - R)、[n + n (1 - R)] R = n (2 - R) R$$

其余以此类推。

按照上述方案组建的生产单元在运行过程中不但不能实现全年均衡生产（生产单元群体规模逐渐增大），且与预期结果相比较将导致一定数量的母羊增加了无效饲养时间，故该方案在具体实施过程中应加以改进。

（2）改进的组建方案 为了克服传统组建方案的上述不足，各生产单元群体规模可按如下方式改进（表 8 - 1）。

第 1 个生产单元（只）$= n/R$

第 2～7 个或第 2～3 个生产单元（只）$= n$

第 8 个或第 4 个生产单元（只）$= n + n (1 - R) /R = n/R^2$

在此方案下各生产单元的配种规模分别为：

第 1 个生产单元（只）$= n/R$

第 2～7 个或第 2～3 个生产单元（只）$= n/R$

第 8 个或第 4 个生产单元（只）$= [n - n \times (1 - R) /R + n/R (1 - R)] = n$

配种后妊娠母羊的饲养规模分别为：

第 1 个生产单元（只）$= n$

第 2～7 个或第 2～3 个生产单元（只）$= n$

第 8 个或第 4 个生产单元（只）$= nR$

改进后的组建方案，虽然各生产单元群体规模不同，但除最后一个生产单元外的其他各单元的配种规模、妊娠羊饲养规模完全一致，基本实现了全年均衡生产。更为重要的是，新组建方案在实施过程中较传统组建方案减少了 K 只母羊 1 个生产节律的无效饲养时间。

$$k\ (只) = \frac{N}{M} \times \frac{(1-R)\ \times\ (M-1)}{R} - \frac{N}{M} \times \frac{(1-R)}{R} \times$$

$$[1 - (1-R) - (1-R)^2 - \cdots - (1-R)^{M-1}]$$

表 8 - 1 生产单元组建方案及运行效果

项目	第1 生产单元	第2~7 (2~3) 生产单元	第8 (4) 生产单元
群体规模（只）	n/R	n	$n+n\ (1-R)\ /R$
配种规模（只）	n/R	n/R	n
妊娠羊饲养规模（只）	n	n	nR

　　假设规模化肉羊生产场适繁母羊群体数量 $N = 3\ 000$ 只，生产单元数量 $M = 4$，配种母羊 25 天不返情率 $R = 70\%$ ，则新组建方案较传统组建方案将减少 777 只母羊 1 个生产节律（即 2 个月）的无效饲养时间；生产单元数量 $M = 8$ 时，新组建方案较传统组建方案将减少 1 033 只母羊 1 个生产节律（即 1 个月）的无效饲养时间，经济效益十分显著。

　　4. 配种方法

　　肉羊的配种方法分为自由交配、人工辅助交配和人工授精 3 种。根据商品肉羊生产场目前种公羊存栏数量、技术力量等现实情况及今后发展趋势，规模化肉羊生产场配种方法应以人工授精为宜；个体商品肉羊生产场可采用人工辅助交配的配种方法。

　　5. 配种和产羔计划

　　规模化肉羊生产场两年三胎密集繁殖体系实施方案的核心，是根据适繁母羊在特定地理生态条件所表现出的繁殖性能特点，确定方案实施的起始点，并依据业已确定的生产节律、组建的生产单元和适宜的配种方法等，制定相对固定的配种和产羔计划。为方便两年三胎密集繁殖体系实施，可选择母羊发情最为集中的7月为方案实施的起始点，与2个月节律生产相配套的配种和产羔计划见表8-2。

表8-2 两年三胎密集繁殖体系配种和产羔计划

胎次	项目	时间安排			
		生产单元 I	生产单元 II	生产单元 III	生产单元 IV
第1胎	配种	第1年07月	第1年09月	第1年11月	第2年01月
	妊娠	第1年07月至第1年12月	第1年09月至第2年02月	第1年11月至第2年04月	第2年01月至第2年06月
	分娩	第1年12月	第2年02月	第2年04月	第2年06月
	哺乳	第1年12月至第2年2月	第2年02月至第2年04月	第2年04月至第2年06月	第2年06月至第2年08月
	断奶	第2年2月	第2年04月	第2年06月	第2年08月
第2胎	配种	第2年03月	第2年05月	第2年07月	第2年09月
	妊娠	第2年03月至第2年08月	第2年05月至第2年10月	第2年07月至第2年12月	第2年09月至第3年02月
	分娩	第2年08月	第2年10月	第2年12月	第3年02月
	哺乳	第2年08月至第2年10月	第2年10月至第2年12月	第2年12月至第3年2月	第3年02月至第3年04月
	断奶	第2年10月	第2年12月	第3年02月	第3年04月
第3胎	配种	第2年11月	第3年01月	第3年03月	第3年05月
	妊娠	第2年11月至第3年04月	第3年01月至第3年06月	第3年03月至第3年08月	第3年05月至第3年10月
	分娩	第3年04月	第3年06月	第3年08月	第3年10月
	哺乳	第3年04月至第3年06月	第3年06月至第3年08月	第3年08月至第3年10月	第3年10月至第3年12月
	断奶	第3年06月	第3年08月	第3年10月	第3年12月

三、预期效果

按照本设计方案，实施规模化肉羊生产场两年三胎密集繁殖体系，不但可实现优质肥羔的全年均衡生产，而且能够较大幅度的提高适繁母羊的繁殖生产效率，为商品肉羊生产场获取较高的经济效益提供了基础条件和重要保障。据估算：两年三胎密集繁殖体系母羊的繁殖生产效率较一年一胎的常规繁殖体系增加40% 以上；较目前较先进的 10 个月产羔间隔的繁殖体系增加25% 左右，生产效率和经济效益十分显著，可以在新疆南、北疆各地全面推广。

四、肉羊两年三产条件技术支持

两年三胎密集繁殖体系的实施是一项复杂的系统工程，涉及一个地区的地理生态条件、品种资源和饲料资源情况、母羊的繁殖性能特点以及羊场的管理能力、设备条件和技术水平等诸多因素。若无强大的条件技术支持，两年三胎密集繁殖体系的实施将成为纸上谈兵，难以达到预期效果。

1. 条件支持

（1）与配母羊应具备常年发情、多产多胎的特性。如我国的小尾寒羊和湖羊，新疆本地的多浪羊、策勒黑羊，以及引进良种肉羊与地方肉羊品种的杂交一代母羊等。

（2）公羊以引进良种肉羊为佳。肉用型或当地地方品种为佳。常用品种有萨福克、道赛特、特克赛尔等。

（3）饲料资源丰富充足。两年三产密集繁殖体系适宜在经济较为发达的农区实施，农作物籽实及其加工副产品、秸秆、棉籽壳、果蔬、甜菜和番茄加工残渣、醋糟、酒糟等均可作为肉羊的饲料来源。

实施两年三产的羊场 70% 饲料来源于自产自给。

（4）羊场（公司）技术力量雄厚。有健全强大的生产技术管理队伍与科研队伍，技术人员具有大专以上的专业学历及相应的技术职称。

2. 技术支持

（1）绵羊繁育技术　种羊繁育、杂交配套技术，同期发情、人工授精技术等。

（2）饲养管理技术　营养调控技术，饲草料加工调制技术，日粮配方技术，代乳料与人工育羔技术，羔羊早期断奶技术，羔羊育肥技术等。

（3）疫病防治技术

五、注意事项

1. 加强空怀母羊的饲养管理

在实际生产中，空怀母羊因不妊娠、不泌乳往往被忽视。要注意空怀母羊的饲养管理。空怀母羊的营养水平上不去，体况恢复就会延迟，势必延期配种、打乱生产秩序。

2. 做好选配计划，避免近亲交配

密集繁殖体系配种也频繁，不仅要求种公羊群保持一定的规模，而且一定要做好严格的选配计划、避免近亲交配，父本与母本的血缘关系要远，要经常交换导血。

3. 用作高频繁育的母羊

宜为多胎品种（常年发情、产羔率≥200%），如小尾寒羊、湖羊等。杂交母羊有随杂交代数增加而下降的趋势，生产中以选用杂一代母羊为好。

4. 注意妊娠母羊的饲养管理

妊娠母羊避免吃冰冻饲料和发霉变质的饲料；要保证饮用水清洁卫生；圈舍干燥、定期消毒；尽量避免母羊拥挤和追赶，减少母羊的发病率和流产率。

第九章　肉用羊饲料及其加工利用

　　饲料是维持家畜生命活动的物质基础。肉羊所需的营养物质亦须由饲料获取。由于每种饲料所含营养物质在数量、质量上差异很大，单一使用或几种饲料简单地混合使用，未必能满足肉羊的营养需要和达到预期的生产目的。同时，饲料经过科学的加工调制，不仅可以改善适口性、提高其营养价值和饲料转化率，而且可提高饲喂效果和养殖经济效益。因此，了解各种饲料的营养特性、饲用价值，以及饲料的加工与调制、利用的方法是合理利用饲料资源和科学配制肉羊日粮的基础。

第一节　饲料的分类

一、饲料的营养特性及其分类

　　国际饲料分类法根据饲料的营养特性，将饲料分为粗饲料、青绿饲料、青贮饲料、能量饲料、蛋白质补充饲料、矿物质饲料、维生素饲料和饲料添加剂八大类（图9-1）。中国饲料分类法首先根据国际饲料分类原则将饲料分成八大类，然后结合中国传统的饲料分类习惯分为青绿饲料类、树叶类、青贮饲料类、块根（块茎、瓜果）类、干草类、农副产品类、谷实类、糠麸类、豆类、饼（粕）类、糟渣类、草籽树实类、动物性饲料类、矿物质饲料类、维生素饲料类、饲料添加剂及其他16亚类。了解饲料的分类便于配制日粮配方时正确选择原料。

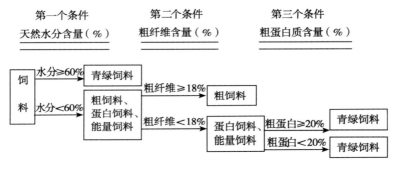

图 9 - 1　分类示意图

二、粗饲料

粗饲料是指干物质中粗纤维含量大于或等于 18% 的一类饲料，包括干草、树叶、农副产品及部分粗糠、酒糟等。其特点为体积大、木质素、纤维素、半纤维素等难消化的物质含量高，消化能低，粗蛋白含量差异大、维生素 D 含量丰富，其他维生素较少，含磷较少。粗饲料是肉羊的主要饲料。

1. 干草类

包括人工种植的牧草和野干草。青绿期收割经干燥制成的干草，呈青绿色故称"青干草"；而枯草期收割制成的干草则称"秋白草"，其营养价值和适口性均低于青干草。青干草的营养价值受牧草品种、收割期、干制条件等因素影响。

（1）苜蓿干草　苜蓿被称为"牧草之王"，优质苜蓿干草富含胡萝卜素，B 族维生素和铜、铁、锰、锌等矿物质元素；粗蛋白质含量中等，赖氨酸含量较高，而蛋氨酸、胱氨酸不足。在肉羊日粮中采用苜蓿草可节约蛋白饲料，可减少精饲料的使用。

（2）干草　干草是由各种青草经干制而成，营养价值比苜蓿干草低，主要表现在粗蛋白质、钙等营养成分低于苜蓿干草。但青干草比绝大多数的作物秸秆营养价值高，适口性好，是肉羊良好的粗饲料。青干草的营养价值取决于制作原料的植物种类、收割的生长阶段以及调制技术。

2. 树叶类

树叶种类多，大部分可作饲料。但采集困难，落叶的营养价值仅相当于野干草。

3. 农副产品类

农副产品是指农作物收获籽实后的秸秆（或茎叶、秧、蔓）部分和籽实的荚皮以及未成熟的瘪谷等。其特点是纤维素含量高，饲料价值因作物品种不同而差异很大。

（1）作物秸秆类　如谷物秸秆中的玉米秸，麦类秸秆中的大麦秸、小麦秸。羊能利用饲料价值较高的作物秸秆及柔软的茎叶。

（2）籽实秕壳类　包括豆类、麦类、谷类籽实的籽皮、秕子等。其特点为干物质粗纤维含量高，营养价值低，甚至个别可消化粗蛋白质为负值。这类饲料营养价值远低于干草。

三、青绿饲料

青绿饲料是指天然水分含量在 60% 以上的鲜绿饲料，各种牧草、野草、树叶、蔬菜、块根、块茎等。此类饲料特点是鲜嫩多汁，适口性好，消化率高；所含粗蛋白品质好，B 族维生素和胡萝卜素丰富，钙、磷比例适宜，还富含铁、锰、锌、铜、硒等必须的微量元素。青绿饲料是肉羊的重要饲料来源，肉羊对其中的有机物消化率可达到 75% ~ 85%；大量饲喂可促进母羊的繁殖性能。

1. 禾本科青绿饲料

主要包括人工栽培的饲用玉米、高粱和羊草、苏丹草等。一般在盛花期或孕穗期收割饲用。其中以玉米的青割期最长，从抽穗到成熟都可青割饲用；麦类生长期短，但分蘖力强，茎少叶多，柔软多汁，羊很喜采食。此类饲料是肉羊日粮的主成分。

2. 豆科青绿饲料

主要是人工栽培的苜蓿、三叶草、紫云英、草木樨、沙打旺等牧草。其中以苜蓿、三叶草、紫云英的饲料价值高，适口性最好；以草木樨和沙打旺的适口性最差。豆科青绿饲料的干物质中粗蛋白质、钙、镁的含量高于禾本科青草，粗纤维含量随收割期推迟而提高。豆科牧草中以苜蓿的种植面积广、收割次数多、产量高、是肉羊良好的青绿饲料来源。但羊大量采食鲜嫩苜蓿后，可在瘤胃内形成大量泡沫样物质，引起膨胀病，故饲喂青绿鲜嫩苜蓿时应控制喂量。

3. 青菜类饲料

包括人工栽培的蔬菜和野菜两部分。主要有甘蓝叶、白菜叶、油菜叶、甜菜叶、萝卜叶以及各种可食用的野生菜。青菜的营养价值高，鲜嫩多汁；适口性好，肉羊喜食。

4. 块根、块茎类饲料

主要有胡萝卜、萝卜、南瓜等，天然水分含量 90% 以上，干物质少，又称多汁饲料。但易贮存，在冬春枯草季节常作为维生素饲料补喂肉羊；尤其是胡萝卜，丰富的胡萝卜素含量是肉羊合成维生素 A 合成的前体物。

四、青贮饲料

青贮饲料是由新鲜青绿饲料经微生物发酵而制成，主要有带棒玉米青贮、玉米秸青贮、苜蓿青贮、果渣青贮，以及禾本科与豆科植物的混贮；或果渣或豆科植物与糠、麸的混贮等。青绿饲料经青贮，不但可减少因干制而造成营养物质的流失，且能保持青绿饲料原有的营养特性和饲料价值，同时还具有酒酸味儿，羊喜食。建议肉羊 5~8kg/天，对于初次饲喂青贮饲料的肉羊，要经短期过渡适应，开始饲喂时少喂勤添，以后逐渐增加喂量。

在泌乳初期，母羊 7 天后逐渐增加青草和青贮饲料；在泌乳盛期，除必须饲喂优质干草外，还应尽量多配给青草、青贮料和部分块根茎饲料；在泌乳后期酌情减量。

五、能量饲料

能量饲料是指干物质中粗纤维含量≤18%，粗蛋白质含量<20%的饲料。主要包括各种谷物籽实及其加工副产品；高淀粉含量的块根块茎；糖蜜以及各种动、植物性油脂等。

1. 谷物籽实类

主要有玉米、高粱、小麦及其次粉、稻谷及其糙米和碎米等。此类饲料营养特点是营养物质丰富，淀粉含量高、消化率高、有效能值高，其是羊配合饲料中常用的能量原料。

（1）玉米　玉米是"饲料之王"，其淀粉含量占 70% 以上，而粗蛋白质含量低、品质差、赖氨酸、蛋氨酸、色氨酸等必需氨基酸含量低；矿物元素含量低，维生素 D、维生素 K 缺乏，除维生素 B_1 含量较高外，其余 B 族维生素均低。玉米的适口性好，饲料利用率高，是肉羊满足能量需要的重要饲料来源。

（2）小麦及小麦次粉　小麦比玉米的粗蛋白质高、品质好，用于配合饲料可节约蛋白质原料。除维生素 A 外，其他维生素含量较高，胚芽中富含维生素 E；胚乳中富含胡萝卜素；能值次于玉米。小麦是羊的良好能量饲料，但整粒饲喂易引起消化不良，而粉的太细又易形成糊状导致拒食。小麦以破碎型压片后饲喂适口性好，在羊日粮中限制用量 50% 以下，用量过多易引起过酸症。

小麦次粉是面粉、胚芽及细麸皮的混合物，营养成分含量因麸皮与面粉的比例大小而不同，随麸皮的比例增加，能量随之降低，而粗蛋白质和粗纤维的含量随之增加；麸皮的比例减少时则相反。次粉的饲喂量也因麸皮与面粉的比例大小而不同，麸皮的比例大时用量可增加；面粉的比例大时用量应减少。目前市场上出售的小麦次粉质量差别很大，细麸的比例可达 50% 左右，甚至还掺杂一定量的糠。

（3）高粱　高粱的各种养分含量与玉米相近，粗蛋白质含量略高，但消化利用率比玉米差；单宁是高粱中的抗营养因子，可使高粱的适口性和消化利用率降低，大量饲喂可引起肉羊便秘。单宁含量低于 0.4% 以下的品种为低单宁高粱，可作羊饲粮的全部能量饲料。单宁含量高于 1% 以上的品种为高单宁高粱，饲用价值低，用量受限。

（4）大麦　大麦按有无外壳分为皮大麦和裸大麦。大麦的粗蛋白质含量高，品质较好，赖氨酸含量为谷物饲料中最高，钙、磷含量高，且磷的利用率高于玉米。羊适宜饲用大麦，并且对大麦所含的葡聚糖有较高的利用率。但大麦不宜粉碎过细，以压片处理后饲用效果好。大麦最易感染麦角病，形成多种有毒的生物碱，易引起羊中毒，当发现籽粒畸形率高时应慎用。

（5）燕麦　在谷物饲料中以燕麦的粗纤维含量最高，淀粉含量最低，富含 B 族维生素，但烟酸含量较低，脂溶性维生素及矿物质含量均低；由于脂肪含量高，破壳之后易氧化酸败，不宜久贮。燕麦对羊适口性好，粉碎或整粒均可饲用。

（6）稻谷、糙米和碎米　稻谷因有外壳而粗纤维含量高，消化率低，营养价值大约是糙米的 80%。糙米是稻谷脱去外壳之后的产品；而碎米是加工精米之后的产品，其营养价值与玉米基本相似，但 β-胡萝卜素含量极低，且易变质不宜贮存。糙米和碎米的 B 族维生素含量高，但随加工精致程度而减少。粉碎的稻谷、糙米和碎米可作肉羊的精饲料，对羔羊也有很好的饲用价值。

2. 糠麸类

糠麸类归属于能量饲料的主要有小麦麸和米糠，大麦麸。因糠麸是谷物加工后的副产品，是谷物的种皮、糊粉层、外层胚乳及胚芽的混合物，与其谷物的营养成分相比较，粗蛋白质、粗纤维、矿物质、B族维生素、维生素E的含量有所提高；因淀粉含量减少，而能量降低。糠麸可作载体、稀释剂和吸附剂，其营养价值因谷物的加工方法和加工精度的不同而存在差异。

（1）米糠　米糠有全脂米糠和脱脂米糠之分，以加工精米后的副产品饲料价值高。全脂米糠含油高达10%～18%，易氧化酸败或发热变霉，不宜久存；经提取油脂的米糠保存期延长。脱脂米糠和全脂米糠对羊的适口性尚好，日粮中可适量配合。但全脂米糠也应限制用量20%左右，脱脂米糠的用量以不超过30%为宜。

（2）小麦麸　小麦麸因小麦出粉率的高低而营养价值有一定差异，生产精粉所得麦麸能量值高；而生产面粉后又生产次粉所得的麦麸粗蛋白质、粗纤维含量提高，饲料营养价值降低。小麦麸的营养特点与米糠类似，但氨基酸组成较佳，含磷多，且磷的吸收率也优于其他糠麸。小麦麸适口性好，消化率高。并因质地松软，体积大，而有轻泻作用，是羊的良好饲料原料。

（3）大麦麸　大麦麸的产品组成、营养特点及饲料价值与小麦麸相近，但淀粉含量少，无轻泻作用，若用量大反而能引起便秘，羔羊不宜饲用。

（4）其他糠麸饲料　玉米皮、高粱糠也可用作羊饲料但要注意其品质。含黄曲霉毒素高的玉米，其皮中的毒素含量会成倍增加，有变质现象的不可饲用。高粱糠含单宁较高，适口性差，应限量饲用。

3. 块根、块茎类

此类饲料主要有甘薯、马铃薯、甜菜等。营养特点是淀粉含量高，粗蛋白质和粗纤维含量低；缺乏钙和磷，而富含钾。虽水分含量高，但易贮存，可供羊冬、春季节饲用。

（1）甘薯及其粉渣　甘薯又称红薯、白薯、地瓜等，干物质中淀粉占85%以上。鲜薯适口性好，特别适宜饲喂泌乳期的母羊。在日粮中每增加3~4kg鲜薯可减少1kg玉米的用量。

甘薯粉渣是甘薯经洗去淀粉后的残渣，以碳水化合物为主，其他养分含量很少。羊日粮中添加适量鲜粉渣可减少籽实或糠麸饲料的用量。

（2）马铃薯及其粉渣　马铃薯又称土豆，干物质中淀粉占80%以上；鲜薯富含维生素C。羊可生食，在日粮中每增加3.5~4.5kg鲜薯可减少1kg玉米的用量。马铃薯的芽眼和青绿色表皮中富含龙葵素，大量采食后可引起出血性胃肠炎、神经中枢麻痹，甚至死亡。饲喂羊时应挖掉芽眼和去皮，煮熟可破坏残余的龙葵素。

马铃薯粉渣是马铃薯经洗去淀粉后的残渣，以含碳水化物为主，其他养分含量很少。可用鲜粉渣替代部分籽实或糠麸饲料。

（3）甜菜与甜菜渣　甜菜品种分饲料用和制糖用两种。饲用甜菜和制糖后的甜菜渣可作羊饲料，可替代部分籽实或糠麸饲料使用。刚收获的甜菜含硝酸盐，立即饲喂肉羊可引起腹泻，经一段时间贮存可使硝酸盐消除。虽甜菜渣粗纤维含量较高、粗蛋白质含量低，但总的营养价值较高。

4. 动植物油脂与糖蜜液体能量饲料

此类饲料主要有动物油脂、乳清和植物油、糖蜜等，其营养特点是补充配合饲料的能量不足。

（1）油脂　植物油有大豆油、棉籽油、菜籽油等；动物油有猪油、羊油、牛油等。油脂是家畜的高热能饲料，是必需脂肪酸的重要来源之一，可促进脂溶性维生素、蛋白质等成分的吸收利用。

（2）糖蜜　糖蜜是甘蔗和甜菜制糖后的副产品，含水分20%～30%，蔗糖50%左右，代谢能8.4MJ/kg；含少量蛋白质，其中多属非蛋白氮；矿物质含量高，主要是钠、氯、钾、镁，尤以钾的含量最高。糖蜜因含盐类而具有轻泻作用，饲料中添加时应控制用量。肉羊用量5%～10%，可取代少量玉米。糖蜜是促进青贮饲料发酵的良好原料，每吨豆科青贮饲料中添加15%～20%，每吨禾本科青贮饲料中添加7%～10%。

（3）乳清　乳清是生产乳制品（奶酪、奶油）的副产品，含水量90%以上，干物质中主要成分是乳糖，仅残留少量乳脂和乳蛋白。用乳清经干燥制成的乳清粉，乳糖含量61%以上，粗蛋白质12%以上，是羔羊代乳料中不可缺少的原料，通常用量5%～15%。

六、蛋白质饲料

蛋白质饲料是指干物质中粗纤维含量≤18%，粗蛋白质含量>20%。按饲料来源分为植物性蛋白质饲料、单细胞蛋白质饲料以及非蛋白态的含氮化合物。

1. 植物性蛋白质饲料

此类饲料主要是油料作物籽实及其榨油后的副产品。各种饼（粕）是羊蛋白质营养所需重要的饲料来源。

（1）大豆饼（粕）　大豆饼是大豆经机械压榨提取油脂后的副产品，水分含量高，刚生产出来的大豆饼（粕）经风干后可失水10%左右；含油5%～8%，其饲料缺陷是易霉变、易酸败，影响饲料价值。大豆粕则是大豆经溶剂萃取油脂后的副产品，因加热程度不同而呈淡黄色至淡褐色，具有烤黄豆香味，干燥后保存。

大豆饼粕的营养特点主要是粗蛋白质含量高，必需氨基酸组成比例较好，消化利用率高；营养缺陷主要是蛋氨酸含量低，而赖氨酸含量最高；钙多磷少。大豆饼粕的营养值变异小，品质稳定，风味佳、适口性好，羊喜采食，是很少限制用量的蛋白质补充饲料。在羔羊人工乳中可替代部分脱脂奶粉。

大豆的能量值比其饼、粕高，而粗蛋白质低。生大豆有"豆腥味"，可饲喂羊。但因其含有尿素酶，不宜再添加尿素，用量不宜超过精料的50%。常经焙、炒或煮熟补饲羔羊。

（2）棉籽饼（粕）　棉籽饼（粕）是棉籽经压榨或萃取油脂后的副产品。因加工工艺不同，其饲料价值和营养价值均有很大差异。

一是棉籽脱壳程度。完全脱壳的称棉仁饼（粕），粗蛋白质含量41%以上；未脱壳的称棉籽饼（粕），粗蛋白质含量22%左右，能量值低，粗纤维含量高，饲料价值低。

二是游离棉酚含量。压榨产品残油量高，游离棉酚因与赖氢酸结合而含量低，但也使赖氨酸含量减少，蛋白质的营养价值降低；萃取产品残油量低，但游离棉酚含量高；只有预压萃取产品的残油量和游离棉酚含量均低，蛋白质的品质也好，饲料价值和营养价值均高。

棉籽饼（粕）是羊良好的蛋白质补充饲料，其具有收敛作用，宜与糖蜜等具有轻泻作用的饲料配合使用；因棉酚可使种羊尤其是种公羊的生殖细胞发生障碍，所以应禁止在种畜日粮中使用游离棉酚含量高的棉籽饼（粕）。

经脱毒处理的棉籽饼（粕），或低棉酚品种的棉籽饼（粕），补足氨基酸后的饲料价值与大豆饼（粕）接近，可适当提高用量。因棉籽饼（粕）的适口性差，幼畜日粮中不宜多用。

（3）菜籽饼（粕）　菜籽饼（粕）是菜籽经机器压榨或预压萃取油脂后的副产品。其营养特点是蛋白质含量和消化率逊于大豆饼（粕）；所含淀粉不易消化，能量低；钙、磷含量高，磷的消化率也高；含硒量为饼（粕）类饲料中最高；氨基酸组成中，蛋氨酸和赖氨酸含量仅次于大豆饼（粕），而精氨酸含量很低。为使氨基酸组成得以互补，配料时常混合使用大豆饼（粕）、棉籽饼（粕）和菜籽饼（粕）。

菜籽饼（粕）中的有害成分有三种：一是芥子酸，可使脂肪代谢异常而影响家畜生长；二是含硫配糖体，可抑制碘的转化，干扰甲状腺素的生成，引起甲状腺肿大；三是单宁，影响适口性。经脱毒处理的菜籽饼（粕）也应限量使用，低毒品种的菜籽饼（粕）可提高使用量。

（4）亚麻籽饼（粕）　亚麻籽饼（粕）是亚麻籽经机器压榨或溶剂提取油脂后的副产品，在我国西北地区被广泛用作饲料。其营养特点是蛋白质含量低，赖氨酸和蛋氨酸较缺乏，而色氨酸含量丰富；矿物质钙、磷含量均高，且是优良的天然硒源；碳水化合物含有3%~10%的黏性胶质。亚麻籽饼（粕）适口性好，其缓泻作用最适合饲喂妊娠前后的母羊。

未成熟的亚麻籽中含有害物质亚麻苷配糖体，低温条件下在亚麻酶作用下产生氢氰酸，经高温处理后饲喂安全。

（5）葵花籽饼（粕）　葵花籽饼（粕）是向日葵籽经机器压榨或溶剂提取油脂后的副产品。其营养价值受脱壳程度的影响很大，带壳越多则粗纤维含量越高。与大豆饼粕相比，粗蛋白质、蛋氨酸、胱氨酸、矿物质及B族维生素含量高，而赖氨酸、色氨酸含量低。葵花籽饼（粕）是羊较好的饲料，适口性好，营养价值高，可完全用作补充蛋白质不足。部分脱壳的葵花籽饼（粕）含粗蛋白质28%左右，含粗纤维20%左右；未脱壳的葵花籽饼（粕）含粗蛋白质仅17%，而粗纤维高达39%，已不属于蛋白质饲料。

（6）玉米蛋白粉　玉米蛋白粉是用玉米制造淀粉或糖浆后的面筋粉，粗蛋白质含量40%~60%，蛋氨酸、胱氨酸及亮氨酸含量多，而赖氨酸、色氨酸明显不足。在羊日粮配制中可部分使用。

（7）玉米胚芽饼　玉米胚芽饼是玉米胚芽提取油脂后的副产品，粗蛋白质 20% 左右，氨基酸、矿物质含量均高于玉米，可作羊的饲料。

（8）豆渣　大豆做豆腐之后的残渣称豆腐渣，经分离大豆蛋白之后的残渣称豆粉渣。干豆渣粗蛋白质、粗脂肪水平较高。因水分含量高，不易干燥，贮存易变质，故常用鲜湿渣直接饲喂羊。

2. 单细胞蛋白质饲料

单细胞蛋白质饲料是指用酵母菌、霉菌、细菌以及藻类生产的蛋白质饲料。目前，畜牧生产中使用最广泛的是饲料酵母。

酵母粉的粗蛋白质含量高，粗脂肪的含量低；赖氨酸、色氨酸、苏氨酸含量高，蛋氨酸含量低；含维生素 A 少，B 族维生素相当丰富；含钙少，而磷、钾多。酵母蛋白质的消化率并不高，但其生物学价值高于植物性蛋白质。酵母粉可作为肉羊配合饲料的蛋白质原料，在羔羊人工乳中可配入 2% ~3% 。

应注意：酵母粉的营养价值因培养物不同而差异很大。利用造纸、淀粉工业废水进行液态发酵，经分离酵母菌而生产的酵母粉，粗蛋白质含量 40% ~50% ；利用各种饼（粕）、玉米蛋白粉等作培养基生产的酵母粉，粗蛋白质含量 40% 左右；而利用各种糟渣作培养基生产的酵母粉，粗蛋白质含量 20% ~40% ，饲料价值也差。

3. 非蛋白氮饲料

非蛋白氮即为非蛋白态的含氮化合物，主要有尿素、缩二脲和铵盐等。其中以尿素的使用最为广泛。

尿素　尿素含氮量 45% 以上，相当于含粗蛋白质 281.25% ；氮的利用率 70% ，折合可消化粗蛋白质 200% 。肉羊瘤胃微生物可利用非蛋白氮合成菌体蛋白，可节约蛋白质饲料。但使用非蛋白氮应注意以下几点。

①只供 6 月龄以上的羊使用，尿素的最高用量（每头每天）为 8 ~ 12g；以尿素氮占日粮总氮量的 25% ~ 35% 为宜，或按混合精料用量的 2% ~ 3% 添加。

②注意日粮的粗蛋白质水平。日粮粗蛋白含量大于 18% 则非蛋白氮被瘤胃微生物转化为菌体蛋白的效率显著降低；以粗蛋白质 9% ~ 12% 最适宜，非蛋白氮可得到最有效地利用。

③日粮中含有必要数量的可溶性碳水化合物。以作为细菌合成其菌体蛋白的能源，如含淀粉多的玉米、大麦，含可溶性糖的糖蜜等。

④平衡日粮的矿物质（钙、磷、钠、硫等）可提高非蛋白氮的利用率。当硫和尿素同时饲喂，可改善瘤胃微生物利用尿素氮合成菌体蛋白的效率。常用硫源为硫酸钠（含硫 10%），羊每只每天 10 ~ 16g。

⑤维生素 A、维生素 D 对维护瘤胃微生物的活性很重要，满足维生素的需要可提高尿素利用率。

⑥羊日粮中添加尿素要有 2 周以上的适应期。由少到多逐步增加用量；并且采用少量多次饲喂的方式。用药期停止添加尿素。

4. 氨基酸制剂

氨基酸制剂是由化学合成。生产中常用的主要是赖氨酸制剂和蛋氨酸制剂，以及蛋氨酸羟基类似物。其营养价值是补充和平衡配合饲料中赖氨酸、蛋氨酸的不足。氨基酸制剂是调整氨基酸平衡不可缺少的原料，对提高配合饲料的质量具有重要作用。

蛋氨酸是肉羊的主要限制性氨基酸，日粮中添加蛋氨酸制剂，或蛋氨酸羟基类似物，可显著提高瘤胃微生物合成菌体蛋白的效率和提高日增重的作用。绵羊日粮中按每天每只供给蛋氨酸 0.5 ~ 2g 计算用量。

七、矿物质饲料

矿物质饲料按其在配合饲料中用量的多少，又分为常量矿物元素饲料和微量矿物元素饲料两类。常量矿物元素饲料主要有天然的石粉、食盐等，以及工业合成的磷酸钙、磷酸氢钙、过磷酸钙、碳酸氢钠等。这类饲料主要作为钙、磷、钠等元素的补充剂，可根据矿物元素含量多少分为钙源饲料、磷源饲料、食盐等。微量矿物元素饲料可参见该节中饲料添加剂中的矿物元素。

1. 钙源饲料

最常用最经济的钙源饲料是石粉，主要作用是补充配合饲料中钙的不足，以平衡钙、磷比例。

石粉　石粉是由石灰石矿开采、加工、粉碎而成，又称石灰石粉；因其主要成分是碳酸钙，又称钙粉。一般认为加工石粉的颗粒越细，肉羊消化吸收越好。含砷量高的石灰石不作饲料用。

2. 磷源饲料

常用的磷源饲料主要有磷酸钙、磷酸氢钙、磷酸二氢钙等磷酸盐类。其作用是补充配合饲料中钙、磷的不足，以平衡钙、磷比例。实际上，这些饲料也富含钙质，可提供钙和磷两种元素。

磷酸盐类包括：磷酸二氢钙，又称磷酸一钙，纯品为白色结晶粉末，其利用率好于磷酸氢钙和磷酸钙。磷酸氢钙，又称磷酸二钙或沉淀磷酸钙，为白色或灰白色的粉末或颗粒。磷酸钙，又称磷酸三钙，纯品为白色粉末；由磷酸废液制取的产品成灰色或褐色，有臭味。磷酸盐的饲料利用率较佳，是肉羊日粮中钙和磷的良好饲料来源。

3. 食盐

饲用食盐含氯化钠95%以上，主要用于补充配合饲料中钠的不足，以维持羊正常体液渗透压，同时具有调味和增加食欲的作用。一般饲料中盐分含量很少，只有酱油渣中含量较多。羊对

食盐过量不太敏感，很少见有中毒现象，在混合精料中添加
0.5%～1%的食盐即可满足需要。

八、维生素饲料

维生素饲料指的是工业合成的各种维生素制剂，而不包括富
含维生素的各种天然饲料。因维生素的用量甚微，在配制配合饲
料时饲料原料中的含量通常忽略，只要按产品标签的标示量添加
即可，所以被列入添加剂的范畴。维生素制剂包括脂溶性维生素
制剂和水溶性维生素制剂两大类。

1. 脂溶性维生素制剂

脂溶性维生素制剂主要有维生素 A、维生素 E 粉、维生素 K
粉、维生素 AD 粉等。

羊主要是满足维生素 A、维生素 D、维生素 E 的需要。羔羊
生长期、母羊妊娠期的日粮中常需添加维生素 AD 粉和维生素 E
粉；肉羊患出血性疾病时，日粮中需添加维生素 K_3 粉。维生素
E 广泛存在于青绿饲料中和谷实饲料中，只要注意供给不至于发
生缺乏。维生素 A 仅存在于动物性饲料中，羊等草食动物主要
依赖植物性饲料中的胡萝卜素转化为维生素 A，只要青绿、多汁
饲料供应充足即可满足需要。维生素 D 在植物中含量甚少。但
是，经阳光晒制的青干草可满足维生素 D 的来源，供应充足时
一般不再考虑添加其制剂。

2. 水溶性维生素制剂

水溶性维生素制剂主要有复合维生素 B 粉、维生素 C 粉、
维生素 B_1 粉、氯化胆碱等。瘤胃发育成熟的肉羊一般不会缺乏，
但在枯草季节或日粮中未提供优质牧草时，妊娠和泌乳羊日粮中
需要添加 B 族维生素。

九、饲料添加剂

饲料添加剂的种类很多，按其在配合饲料中的作用，分为营养性和非营养性两种。添加剂的特点是用量少，作用大。使用时一般不用考虑饲料中的含量（除氨基酸添加剂之外），只要按产品规定量添加，或按肉羊不同阶段及生理状况实际需要添加即可。

1. 营养性饲料添加剂

营养性饲料添加剂主要有微量元素制剂、维生素制剂、氨基酸制剂以及饲料级硫酸钠、硫酸镁、碳酸氢钠等。前三种是配合饲料中不可缺少的添加成分；而后三种一般在避免肉羊缺乏时根据需要添加。

（1）微量元素制剂 微量元素是肉羊需要量极微而又不可缺少的营养素，主要有铁、锌、铜、碘、硒等。微量元素是以化合物的形式存在，提供铁元素常用硫酸亚铁；提供铜元素常用硫酸铜；提供锌元素常用硫酸锌、氧化锌、碳酸锌；提供碘元素的有碘化钾、碘酸钙以及加碘食盐；可提供硒元素的有硒酸钠及亚硒酸钠。配合饲料中添加的是复合制剂或加入载体的预混料，只要按产品规定量添加即可。

（2）碳酸氢钠 碳酸氢钠俗称小苏打，为白色结晶性粉末，无臭，呈碱性。具有增加机体的碱储备，防治代谢性酸中毒的功效。常用于家畜腹泻症或羊饲喂精料过多时，以调整电解质平衡、调整瘤胃 pH；添加量 1%～2%。

2. 非营养性饲料添加剂

非营养性饲料添加剂主要有生长促进剂、消化促进剂、饲料调味剂等。

（1）生长促进剂 主要包括一些具有抗菌、驱虫作用的药物性添加剂，如杆菌肽锌、硫酸粘杆菌素（又称抗敌素）、磷酸泰乐霉素、莫能霉素钠（又称瘤胃素）、金霉素等抗生素，以及喹乙醇（又称快育灵）、阿散酸等合成的药物。

抗菌性饲料添加剂虽具有促进生长，提高饲料利用率，降低发病率的作用，但对于瘤胃微生物具有杀灭作用，使用应慎重；主要用于6个月以内的羔羊。

（2）消化促进剂　主要有改善饲料消化率的酶制剂、改善肠道内细菌群平衡的微生态制剂（又称益生素）、以及可刺激消化液分泌的大蒜素、辣椒粉等。

酶制剂包括淀粉酶、蛋白酶、脂肪酶、植酸酶等不同的酶制剂或复合酶制剂，应根据肉羊的不同阶段或不同的饲料原料而选用，如羔羊饲粮中应添加复合酶制剂；用大麦、黑麦作为主要能量饲料时应添加葡聚糖酶。

第二节　精饲料的加工与利用

饲料在饲喂羊前，要根据饲料的营养特性或羊对饲料的消化特点进行加工与调制，以提高饲料的饲用价值和便于肉羊的采食。本节主要讨论谷物饲料的加工方法和饼粕类饲料的脱毒。

一、谷物籽实类饲料加工的目的

谷物籽实类饲料占肉羊精饲料的 40% ~ 70%。饲喂前对谷物籽实类饲料加工的主要目的如下所示。

1. 改变饲料的物理形态，使不同物理形态与质地的饲料混合均匀。

2. 提高饲料消化率。

3. 改善适口性进而提高进食量。

4. 增加饲料的表面积，有利于动物和微生物所分泌的酶与之接触。

5. 改变饲料在消化道的流通速度。

6. 减少饲料浪费。

二、谷物籽实类常用的加工方法

常用的加工方法有粉碎、破碎、压扁、挤压膨化、压粒、压片、焙炒等。从加工成本和应用效果来看，粉碎、破碎、压扁和蒸汽压片是经济有效的加工方法。

在肉羊生产中，饲料加工既可使肉羊增进采食又可减少饲料的浪费。饲料加工方法大致包括机械、化学、热处理和微生物发酵，或这些方法的组合。微生物发酵也包括在内。通过加工可改变饲料的物质形式或颗粒大小，改善适口性，使各种有毒物质或抗营养因子失活。

谷物加工方法可简单分为干法和湿法，或常温法和加热法。

1. 常温加工方法

（1）辊式粉碎机碾碎　粉碎机通过拧在一起的两个波浪形的辊对谷物进行挤压，将其制成越来越小的颗粒，其产品的颗粒大小可在粉碎的谷粒至相当细的粉末之间变动。但其外壳不能像其他部分一样被粉碎。辊式粉碎机不能用于粉碎粗饲料。

（2）粉碎　粉碎是最常见的饲料加工方法，且是除浸泡法外最廉价、最简单的方法。市场上有多种粉碎设备供应，锤式粉碎机是最常见的加工设备。锤式粉碎机对饲料的加工是借助于高速旋转的金属锤片将饲料打碎使其通过金属筛片来完成的。颗粒的大小可通过改变粉碎机筛孔的大小（更换筛片）来控制的，可粉碎从粗饲料到各类谷物的任何饲料，其产品的颗粒大小可以在碎谷粒到细粉末之间。粉碎过程可破坏饲料外面的保护层，增加消化液与营养物质内层的接触面积来提高营养物质利用率。肉羊日粮中的谷物，不能粉碎很细，否则易发生酸中毒。

（3）谷物浸泡　将谷物在水中浸泡 12 ~ 24 小时的做法一直

被肉羊饲养者所采用。浸泡谷物可提高适口性，但由于此法要求提供容器，且可能使谷物变酸（气温较高情况下）等缺点限制了其被广泛使用。

（4）高水分谷物　指谷物水分含量在 20% ～ 35% 时收割，然后在料仓（或是在塑料）中储存。如果谷物不用此种方式储存或进行化学处理，就会在天气不很冷的时候发热和霉变。高水分谷物在青贮或饲喂之前也可进行粉碎或轧碎。虽此法储藏成本相对较高，但可提高饲料转化率和产生良好的育肥效果。当然，在市场上湿谷物比干谷物更难处理。

2. 热处理方法

近年来，用于热加工谷物的方法包括制粒、挤压等。

（1）制粒　制粒是借助旋转的辊或螺旋轴将粉碎后的饲料或日粮推入带孔的模具挤压成颗粒状。颗粒的粗细长短可通过更换不同孔径的模具来实现。

制粒有冷制粒和热制粒两种。前者一般使用的是辊式小型制粒机，动力小、效率低，且须在饲料中加入适量的水（5% ～ 8%），适宜于小型饲料厂或个体户使用；后者多使用的是螺旋浆式制粒机，动力大、效率高，饲料在制粒前要通过蒸汽处理，适用于大型饲料加工厂。

制粒的好处一是压缩体积，便于运输与贮存；二是减少饲料浪费。在多风地区，也有将蛋白质浓缩料进行制粒后使用的。

（2）挤压　挤压是借助机器的螺旋使饲料强行通过一锥形头，形成带片状物的制作过程。在此过程，饲料被压碎、加热和挤压，生成一种片带状的产品，但谷物内质与表皮不分离，如燕麦片、大麦片等。一些挤压机用来加工饲喂肉羊的整粒大豆或其他的油籽。

三、饼粕类饲料的脱毒

饲料中含有的毒害物质来自两方面，一是饲料本身固有的，如棉籽饼（粕）中的游离棉酚，菜籽饼（粕）中的异硫氰酸盐，生大豆及其饼（粕）中的抗胰蛋白酶；二是外界环境污染的，如被砷等有害元素的污染、病原微生物的污染等。对于饼粕类饲料来讲，进行脱毒处理，不但可提高饲用的安全性，而且也可提高使用量。

1. 棉籽饼粕的脱毒处理

我国饲料卫生标准规定，棉籽饼粕中游离棉酚允许量为≤0.12%。一般对于游离棉酚含量超过0.05%的棉籽（仁）饼粕，尤其是土榨棉籽饼，应进行去毒处理，才能保证饲用安全。一般采用的方法有如下几种。

（1）清水蒸煮法　将棉籽饼（粕）粉碎后加水蒸煮16小时以上，脱毒率可达40%左右。

（2）硫酸亚铁法　Fe^{2+}、Ca^{2+}、碱、氨、尿素等均具有去毒作用，常用硫酸亚铁中的亚铁离子（Fe^{2+}）与游离棉酚螯合，使棉酚中的活性醛基和羟基失去作用，形成的棉酚-铁复合物在动物消化道内难以吸收。亚铁离子不仅能使其毒性降低，而且能降低其在肝脏中的蓄积量，从而起到预防中毒的作用。

去毒时根据棉籽（仁）饼粕中游离棉酚的含量，按铁元素与游离棉酚1∶1的重量比，向饼粕中加入硫酸亚铁。由于通常所用的硫酸亚铁分子中含有结晶水（$FeSO_4 \cdot 7H_2O$），其中铁元素只占硫酸亚铁分子量的1/5，因此，实际上硫酸亚铁的用量应按游离棉酚量的5倍计算。

此法常在油脂厂、饲料厂或饲养场采用。将棉籽饼（粕）粉碎后装入缸或水泥池中，加入2.0%的硫酸亚铁水溶液，浸泡24小时后去除水分，即可饲用或晾干后备用。或硫酸亚铁的用量也可按棉籽饼（粕）重量的 0.5%～1.0% 计算，煮沸 16～24 小时，脱毒率可达 50% 以上。

也可按硫酸亚铁 0.5%～1.0%、生石灰 1.0%～1.5%、水 20% 的比例配成水溶液，待沉淀后取上清液混合均匀。将粉碎的棉籽饼（粕）一边泼洒混合溶液一边调拌，直到均匀湿透，堆积后用塑料膜封盖。当作用 16 小时以上后把棉籽饼（粕）摊晒于水泥地面干燥后贮存备用。此法的脱毒率可达 50% 以上。

（3）碱处理法　在饼粕中加入烧碱或纯碱的水溶液、石灰乳等。在饼粕中加碱，并加热蒸炒，使饼粕中游离棉酚被破坏或成为结合态。此法去毒效果较好，但由于碱处理后还要加酸进行中和，且要加热烘干，故较费工，成本也较高。

（4）加热处理法　将棉籽（仁）饼粕经过蒸、煮、炒等加热处理，使游离棉酚与蛋白质和氨基酸结合而去毒。此法宜在农村和饲养场采用，但缺点是会使饼粕中赖氨酸的有效性大大降低。

（5）微生物发酵法　利用微生物发酵脱毒率达到 78%～85%，且在发酵过程产生菌体蛋白和维生素，可提高棉籽饼粕的营养价值。

2. 菜籽饼粕的脱毒

菜籽饼粕的脱毒是使有毒有害成分发生钝化、破坏或结合等作用，从而消除或减轻其危害。生产上采用的方法主要有：

（1）热处理法　采用的有干热处理法、湿热处理法、压热处理法和蒸气处理法等。原理是使芥子酶在高温下失活，从而不能分解饼粕中的硫葡萄糖苷。缺点是使饼粕中的蛋白质利用率下降，且硫葡萄糖苷仍留在其中，饲喂后可能受动物肠道内某些细菌的酶解而产生毒性。

（2）水浸法　利用硫葡萄糖苷可溶于水的特性，将已粉碎的菜籽饼（粕）与水按 1:5 的比例装缸或池中浸泡，每隔 6 小时换水一次，浸泡 36 小时之后沥干水分，摊晒、风干后贮存备用。该法脱毒率较高，但饼粕干物质损失较大。

（3）氨、碱处理法　氨可与硫葡萄糖苷反应，生成无毒的硫脲。碱处理多采用纯碱（Na_2CO_3），可破坏硫葡糖苷和绝大部分的芥子碱。氨、碱处理脱毒率高。方法是，将已粉碎的菜籽饼（粕）先用 2%、5%、10% 三种浓度的碳酸钠溶液浸泡 30 分钟、60 分钟、90 分钟；再用 14% 的碳酸钠溶液浸泡 90 分钟，然后沥干水分，摊晒、风干后贮存备用。

（4）硫酸亚铁法　亚铁离子可直接与硫葡萄糖苷生成无毒的螯合物，也可与其降解产物异硫氰酸酯等生成无毒产物。上述反应需在碱性条件下进行，一般使用 20% 的硫酸亚铁溶液浸泡处理即可。

（5）坑埋法　选择向阳、干燥、地势较高的地面，挖一个宽 0.8m、深 0.7~1.0m 的长坑。先在坑的底部铺一层草，再将粉碎的饼粕加水（饼∶水＝1∶1）浸泡后装进坑内，上面再盖一层草，然后用土埋 20cm 以上。待坑埋发酵 2 个月后即可取用。该法操作简单，成本低，去毒效果好可达 89%，但有蛋白质和干物质的损失。

（6）微生物降解法　利用某些细菌或真菌（霉菌、酵母）分解硫葡萄糖苷及其降解产物。该法目前尚处于试验阶段。

第三节　粗饲料的加工调制与利用

粗饲料在饲喂肉羊前，为提高其饲用价值或便于肉羊的采食，通常需对粗饲料进行加工处理。本节主要介绍干制、青贮和微贮等畜牧生产中常用的粗饲料加工调制技术。

一、粗饲料的物理加工

1. 干制

干制是饲料最常用、最简单加工方式，目的是便于长期保存和保持饲料的营养特性，避免发霉变质。籽实类饲料要快速干透；糠麸类饲料则不宜高温干燥，如暴晒；鲜绿的饲用秸秆、青草、青菜可晒制成青干饲料，以备长期贮存。

基本方法如下：秸秆、青草、青菜的收割应选晴朗天、待露水消失后收割。后立即薄层平摊暴晒4~5小时，使植物中的水分迅速蒸发、植物细胞死亡，以减少营养物质的消耗。待水分含量降至50%以下（俗称"半干"）时，再堆成小垄或小堆逐渐风干，以减少日晒而减少胡萝卜素的破坏，减少翻动以减少细枝嫩叶的丢失。待水分下降至15%左右时，即可堆垛保存备用。堆垛时，垛底要高出地面10cm以上，以防水淹。垛顶要堆成脊形，并用草泥抹平或加盖草苫以防雨淋，使其长期保持原有青绿色。

2. 打捆

打捆仍是处理粗饲料的最常见方法，尤其是在粗饲料用于出售或者远距离运输时。打捆的目的是压缩体积、便于运输和贮藏。过去，打捆前需用搂草机将干草搂成堆，然后再用打捆机打捆。现在可搂打一次完成。

3. 切碎

切碎的目的是便于运输、储藏和动物采食、减少浪费。切碎可用切碎机或刀片式粉碎机来完成。一般羊用干草切成2~3cm的短节即可。

4. 制粒

粗饲料制粒原理、好处和方法参见前文"谷物饲料制粒"。

5. 制块

制块是借助机械使与模具将干草、秸秆等粗饲料压制成块的过程。块的形状一般为长方形，大小为 1m×0.8m×0.5m。庞大松散的粗饲料经制块后，密度增加、体积缩小，便于运输与贮藏。

6. 膨化

膨化是利用热喷技术使饲料的体积膨胀，以改善适口性、提高消化率。主要用于粗饲料和豆类饲料及有毒饲料（如醉马草）的加工。

7. 揉搓

揉搓是利用机械将质地粗硬的秸秆、藤条类饲料揉搓成柔软的细条状粗饲料，使其适口性提高，增加羊的采食量、有利消化。

8. 压扁

压扁是对玉米、麦类等籽实饲料的加工技术，用于饲喂羊，比用粉碎的饲料饲喂效果好。

9. 混合

饲料混合是将多种饲料按一定比例均匀地混合在一起。因饲料原料的种类不同；或使用的配比量不同；或不同种类原料的化学性质有颉颃作用，从而混合方法存在差异。

（1）维生素与微量元素的混合　将各种维生素和微量元素与一定量的载体物质均匀混合，是生产预混料的工艺过程。因为有的微量元素可使维生素失效，必须先分别用载体稀释，扩大到一定数量后再混合均匀。

（2）预混料与蛋白质饲料的混合　将预混料与蛋白质饲料均匀混合，是生产浓缩饲料的工艺过程。因为预混料添加量少，混合前必须先用糠麸或玉米粉等量、逐级扩大混合量，然后再与蛋白质饲料混合均匀。

（3）浓缩饲料与能量饲料的混合　将浓缩饲料与能量饲料均匀混合，是生产混合精料的工艺过程。

（4）混合精料与粗饲料的混合　将混合精料与粗饲料均匀混合，是生产全混合日粮配合饲料的工艺过程。全混合日粮配合饲料是根据羊的营养需要，将切得很短的粗饲料与精饲料、矿物质、维生素等添加剂按一定比例完全混合均匀的全价配合饲料。全混合日粮配合饲料适用于机械化生产，主要用于追求规模效益的大型畜牧场。

二、秸秆化学处理技术

作物秸秆经化学物质处理后，使其纤维素膨胀，变松、变软，适口性改善，有利于肉羊采食及瘤胃微生物的分解利用，从而提高了秸秆饲料的利用率。常用的化学处理方法有氨处理、碱处理、酸处理、酸碱处理，以及甲醛处理等。

1. 秸秆氨化处理技术

饲料的氨化是将作物秸秆按一定比例喷洒氨源溶液后在密闭和适宜温度条件下，经一定时间的化学反应使其变软、粗蛋白质含量提高的过程。这种经氨化处理的饲料叫做氨化饲料。氨化饲料不仅改善了适口性，而且由于加入了非蛋白氮（氨水等），粗蛋白质也有所提高。

（1）氨化原料与用量　常用作氨化的饲料原料主要有玉米秸、麦秸、稻草等；氨源化合物主要有氨气、氨水、尿素、碳酸铵等，其中以尿素、氨水最常用。

秸秆与氨源化合物的配比量，一般以喷洒液氨 3% 为最佳用量，其含氮量乘以氮氨转化系数 1.21，即是 100kg 秸秆需氨源化合物的用量。计算公式为：

尿素用量 $= 3 \div (46.0\% \times 1.21) = 5.4$（kg）

氨水用量 $= 3 \div (20\% \times 1.21) = 12.4$（kg）

碳酸铵用量 $= 3 \div (15\% \times 1.21) = 16.5$（kg）

或按每吨秸秆用氨气 30 ~ 35kg；用 25% 的氨水 150L；用

10%的尿素（含氮46%）溶液300kg计算用量。

（2）氨化的方法 常用的氨化方法有堆垛氨化、窖池氨化和塑料袋氨化，应根据秸秆的种类及数量多少而选择，虽然技术操作方法不同，但氨化原理相同。用氨气、氨水作氨源适于大批量秸秆的氨化，须具备一定的安全防护措施。

尿素法是目前比较安全、操作简单，适用于饲养户制做氨化饲料的常用方法。以堆垛氨化麦秸为例，其基本步骤如下：

①选择高燥、向阳的空闲地，根据堆垛大小预计占地面积，将地面修整成周边高，中间凹的盘子形。

②按秸秆重量的20%～30%备水。备好铺底和封垛用的0.1～0.2cm厚的无毒、透明塑料膜。

③盘型底面铺好塑料膜，在塑料薄膜上铺一层20～30cm厚的麦秸（切碎为好）并踩实。然后在其上再铺一层麦秸，并喷洒一遍尿素溶液，以喷湿为度、踩实。如此层层反复，直至铺完为止。最后将垛顶修成圆锥形。

④用塑料薄膜封垛。垛顶用重物压牢固，垛底周边用土将上下塑料膜衔接处压实、封严。

（3）秸秆氨化技术要点

①用尿素作氨源时，气温不宜超过35℃。高温会使秸秆中的脲酶活性受到抑制，不利于尿素分解产氨，影响氨化效果。

②堆垛氨化时将垛底修成盘子形，可使未被秸秆吸收的或多余的氨液集中在垛底中间不易流失；也有利于氨与水蒸气向上蒸发，使秸秆均匀吸收。

③塑料膜封垛时，先将顶膜的周边多余部分在底膜之上塞入垛底压牢，然后将底膜的周边上翻与顶膜衔接，培土压好。这样可避免垛内蒸发的氨液冷凝后顺膜流下时在衔接处流失。

④塑料膜完好无损，发现破损及时修补，以免氨气挥发逸漏，影响氨化效果。

⑤喷洒尿素溶液时应"先轻后重，最后喷完"。以免下重上轻、氨化不匀。

（4）秸秆氨化效果鉴定　秸秆经一定天数的氨化处理后变成棕色、发亮、具有糊香味、质地柔软，表明氨化成功。如果秸秆的颜色无变化或变化不大，表明还没氨化好，需继续氨化。如秸秆的颜色变白，变灰，甚至发黑，发黏结块，具有霉烂气味，则表明氨化失败，不可再作饲料。

（5）氨化饲料饲喂方法　当秸秆变成棕色时即可开垛放氨。经2~3天风吹日晒，氨味全部挥发掉后就可饲喂羊。饲喂氨化饲料要由少到多、与其他饲料混合饲喂，经1周后可代替日粮全部粗饲料。

2. 秸秆碱化处理技术

按100kg秸秆需碱溶液6L计算用水量，配成1%~2%的氢氧化钠（烧碱）溶液备用。将麦秸、稻草等秸秆切短至3~5cm后用配好的碱溶液喷洒湿润、搅拌均匀后，堆积6~7小时。饲喂时用清水冲洗一遍，以免碱中毒。

三、青贮饲料的调制

青贮饲料是指将不易直接贮存的鲜绿饲料原料在密闭的青贮设施（窖、塔、袋等）中，经直接或加入添加剂进行厌氧发酵制得的饲料，以补充枯草季节青饲料缺乏。

1. 青贮发酵的原理

在厌氧条件下，利用青贮物自然携带的乳酸菌发酵产生乳酸，当积累到pH值下降到3.8~4.2时，则青贮料中所有微生物过程都处于被抑制状态，从而达到保存饲料营养价值的目的。

2. 青贮发酵阶段

（1）有氧呼吸阶段　在青贮初期，植物细胞继续呼吸，植物本身的酶和好氧微生物活动十分活跃。它们消耗存在于青贮设备中的氧气，并产生二氧化碳、水和热。如果青贮条件合适，好氧阶段持续时间很短（1~3天），而且温度很少达到38℃。但是，如果青贮饲料原料切割太长、踩压不实或密封不严等，均会延长好氧呼吸阶段，产热过多、造成大量能量损失。

（2）厌氧发酵阶段　一旦青贮设备中残存的空气消耗殆尽，好氧微生物的活动受到抑制，厌氧微生物（主要是乳酸菌）就会以惊人的速度繁殖。在厌氧微生物的作用下，青贮原料中的一部分碳水化合物被分解产生乳酸、乙酸、乙醇和二氧化碳，而饲料蛋白质部分被分解产生肽、氨基酸、胺和酰胺等。当生成的乳酸达到足够数量时，厌氧微生物死亡，青贮发酵进入稳定阶段。此阶段一般持续2~3周。

（3）稳定阶段　当发酵物的pH值达到并保持在一定的水平（玉米或其他谷物秸秆为3.5~4.5，牧草为4~5）不再发生明显变化时，青贮发酵则进入稳定阶段。进入发酵稳定阶段的青贮饲料，只要保持密封条件，就可无限期保存下去，20~30年可不变质。

3. 青贮饲料种类

（1）普通青贮　也叫高水分青贮，青贮物的含水量为60%~75%。它保存青贮饲料的原理是靠乳酸菌发酵饲料碳水化合物产生乳酸，使饲料pH值降低，从而抑制其他杂菌繁殖。

（2）半干青贮　青贮物的含水量为40%~55%。半干青贮饲料发酵程度低，故乳酸含量低、pH值较高，饲料的保存主要依赖于较高的渗透压。由于青贮饲料原料的水分含量低，对物料压实的条件要求较高。半干青贮（如苜蓿）主要用于豆科牧草青贮。

（3）添加剂与保存剂青贮　它是通过在青贮过程中加入某些添加剂来提高青贮饲料营养价值或促进青贮乳酸发酵而制成的青贮。

4. 青贮设备

（1）青贮塔 青贮塔（参见彩图）是最原始最古老的青贮设备。通常采用钢筋混凝土结构、镀锌不锈钢结构、木结构、石砌混凝土灌浆结构、玻璃钢结构、瓷砖贴面结构和红砖结构等（参见彩图）。其适宜于地下水位较高地区，因造价高、装取不便等原因现已很少见到。

（2）青贮窖 广泛使用的青贮设备为青贮窖。分为地下式、半地下式和地上式几种（参见彩图）。

①地下式青贮窖：适用于地势较高、地下水位较低而土质坚实的地区。我国北方地区可直接在底面挖成直长方形或斗形窖，底面和四壁用砖、石起砌即可。个体养殖户也可用厚质塑料薄膜铺底护壁，以降低造价。因青贮料的酸性较强，为了防止腐蚀窖壁，用砖砌的最好在窖的内壁粉刷一层水泥。

地下式青贮窖的优点是窖体结实稳固、使用寿命长，贮存量大、装填原料方便，窖内温度不易受外界气温影响，有利于青贮料的发酵、保存和提高青贮料的品质。缺点是取料麻烦、费力费工。所以，一般深度不宜超过3m。

②地上式青贮窖：顾名思义，地上式青贮窖即在地面上建窖。地势低洼、地下水位高的地区宜采用此种窖型。这种窖型窖底不积水、取用方便、成本低，目前应用较广。但容量较小，青贮温度易受外界温度的影响。地上式青贮窖。青贮窖宜建在地势高而平坦、水位较低的地方。其规格一般为长30m、底宽5m、上口宽6m、深3m、容积495m³，每窖可贮整株玉米350t。

③半地下式青贮窖：半地下式青贮窖是地上式和地下式的综合体——一半在地上一半在地下，适用于地下水位较高的地区。地下部分一般不超过2m，用砖、石铺底和砌窖壁。地上部分用砖石砌墙、外以土堆撑，也可用挖出来的湿黏土夯成土墙，墙面以塑料薄膜护之。

（3）塑料薄膜青贮 塑料薄膜青贮有塑料袋青贮、堆包膜青贮和机械裹膜青贮（参见彩图）。

①塑料袋青贮：选用厚度较厚、抗拉强度较大的塑料袋，每袋以装 50～100kg 为宜。养殖规模小的农户可用之。

②堆包膜青贮：该法是地面青贮和塑料袋青贮的结合体，也可作为一种应急措施。采用堆贮方法时，将塑料薄膜铺底，上面放置青贮原料，堆成圆堆，并踩实后盖上塑料薄膜，压紧密封即可。堆包膜青贮可随时随地进行，省工省时省料、取用方便、制作成本低。养殖规模较大的专业户可选用之。

③机械裹膜青贮：机械裹膜青贮是将适宜含水量的优质牧草，用捆草机高密度压实制成草捆后，用专用裹包机将专用塑料拉伸膜紧紧地把草捆裹包起来，造成青贮所需密封厌氧的环境。优质牧草或青贮玉米刈割后将含水量调制到 50%～70%，用打捆机将其压制成形状规则、紧实的圆柱形草捆，再用裹包机裹包，然后运输至贮存点。也可堆放在田间地头，用时拉回羊舍开包饲喂（澳大利亚和新西兰）。常用机械制作的裹膜青贮为圆柱形，直径 55cm，高 65cm，体积 0.154m³，重量约 55kg。大型机械制作的裹包青贮直径 120cm，高 120cm，体积 1.356m³，重量 500～700kg。

5. 青贮饲料的制作方法

选择好的青贮原料是做好青贮的首要保证。青贮原料中适宜的可溶性碳水化合物含量对于保证微生物发酵至关重要。一般认为，青贮原料的可溶性碳水化合物含量应在 3%以上。禾本科玉米秸的可溶性碳水化合物含量在 10%以上，是理想的青贮原料。豆科牧草和瓜藤含糖量低，而蛋白质和非蛋白氮含量高，缓冲能力大，一般条件下青贮较难成功，在制作青贮时，需要添加糖蜜或与含糖量高的青贮原料混贮。

好的青贮饲料原料还要求收割期适宜。适时收割的青贮原料可保证其消化率和生物学产量的最佳平衡。全株玉米应在霜前蜡熟期收割；收果穗后的玉米秸，应在果穗成熟后及时抢收茎秆作青贮。禾本科牧草以抽穗期收割为好，豆科牧草以开花初期收获为好。

（1）适度切碎　切碎是快速制备青贮饲料所必需的工序。青贮原料切碎的目的是便于青贮时压实，增加饲料密度，排出原料间隙中的空气，以有利于乳酸菌的迅速发酵，提高青贮饲料的品质；同时还便于取用和动物采食。切碎的程度按饲喂家畜的种类和原料质地来确定。就羊而言，玉米、高粱和牧草青贮的切割长度以 0.5~2cm 为宜。

小型饲养场可用刀片式铡草机或小型青贮饲料收获机将青贮原料切碎。规模较大的饲养场最好使用青贮收割机。青贮饲料收割机有牵引式和自走式两种。自走式收割机收割效率高，但一次性投资大。目前国内普便使用牵引式青贮饲料收割机。

（2）控制原料含水量　微生物发酵需要湿润环境。玉米、高粱和牧草青贮的适宜含水量为 65%~75%。

青贮原料的含水量可通过下面两种方法进行测定。

①扭折法：充分凋萎的青贮饲料原料在切碎前用手扭折茎秆不折断，且其柔软的叶子也无干燥迹象，表明原料的含水量适当。

②挤握法：抓一把切碎的饲料用力攥握半分钟，然后将手慢慢放开，观察汁液和团块变化情况。如果手指间有汁液流出，表明原料水分含量高于 75%；如果团块不散开，且手掌有水迹，表明原料水分为 69%~75%；如果团块慢慢散开，手掌潮湿，表明水分含量为 60%~67%，为制作青贮的最佳含水量；如果原料不成团块，而是像海绵一样猛然散开，表明其水分含量低于 60%。原料水分过低不利微生物发酵、不易压实、易发霉，干物质大量损失；如原料水分过多，易造成丁酸发酵，原料腐烂发

臭、动物无法采食。

青贮原料中水分含量低时，可在青贮时喷入适量水分或加入一定量的青绿多汁饲料；含水过高，可混入干草、秸秆或糠麸，也可在收割后进行短期晾晒使之萎蔫。

（3）压实　压实的目的是尽量减少青贮饲料中的空气，并与外界空气隔绝，造成厌氧环境，以便于微生物发酵。根据青贮所用设备的不同，可采用手压、脚踩和履带式拖拉机碾压的办法使青贮压实。无论采用何种压法，压实过程都需分层进行。即铺一层压一层，层的厚度也要适中。

（4）密封　青贮窖压满并高出窖面 30～50cm，以防下沉后积水。然后用塑料薄膜将窖顶密封，并用土、泥巴密封塑料薄膜与窖壁结合部。将废轮胎等重物在塑料薄膜外部压紧。

塑料袋青贮须扎紧袋口或用封口机封好。

6. 添加剂青贮与青贮添加剂

在青贮原料中加入适当添加剂制作的青贮称为添加剂青贮。适用于制作添加剂青贮的添加剂叫做青贮添加剂。给青贮料中加入添加剂的目的，是为更有效地保存青贮饲料的品质和提高其营养价值（操作时除在原料中加入添加剂外，其余方法均与一般青贮相同）。

青贮添加剂可分为 3 类：乳酸发酵促进剂；不良发酵抑制剂；营养性添加剂。青贮添加剂在使用时，不仅要考虑青贮效果，还要注意安全性及经济效益。

（1）乳酸发酵促进剂　包括富含碳水化合物辅料、乳酸菌制剂和酶制剂 3 种。

①富含碳水化合物辅料：糖蜜或粉碎的玉米、高粱和麦类等富含碳水化合物，可作为辅料添加于豆科牧草等低糖分青贮原料中，可提高原料含糖量，为乳酸菌发酵创造良好条件。一般糖蜜添加量为原料重量的 1%～3%，粉碎谷物为 3%～10%，在装填

原料时分层均匀撒入即可。

②乳酸菌培养物：乳酸菌或含乳酸菌和酵母的混合发酵剂可促使乳酸菌迅速繁殖。一般每 100kg 青贮料中加乳酸菌培养物 0.5L 或乳酸菌剂 450g，使青贮原料中乳酸菌混合菌群落数达到每克干物质 10^5 个。

③酶制剂：主要有淀粉酶和纤维素酶。青贮中添加之可将原料中的淀粉和纤维素分解成可溶性糖，供乳酸菌发酵利用。

（2）不良发酵抑制剂　抑制发酵过程杂菌生长和启封使用后引起二次发酵的酵母菌和霉菌生长的物质谓之不良发酵抑制剂。包括无机酸、乙酸、乳酸、柠檬酸和山梨酸等。目前使用最多的是甲酸、甲醛和丙酸。

①甲酸：可抑制植物的呼吸作用和杂菌的生长繁殖，但不影响乳酸菌的生长。故其适于糖分含量少、较难青贮的原料青贮。一般添加量为青贮原料湿重的 0.3% ~ 0.5%。

②甲醛：是常用的消毒剂，具有抑制所有微生物生长繁殖的特性。考虑到其危险性较大，目前已极少使用。

③丙酸：是一种微生物抑制剂，广泛用于饲料贮藏。添加量为青贮饲料的 0.3% ~ 0.5% 时，即可明显抑制酵母菌和霉菌的增殖，起到抑制二次发酵的作用。

（3）营养性添加剂　主要用于改善青贮饲料的营养价值，而对青贮发酵一般不起直接作用。主要包括尿素、氨、二缩脲和矿物质等。

对于玉米秸秆等蛋白质含量较低的原料，添加尿素可起到补充蛋白质的作用，添加量为鲜样的 0.3% ~ 0.5%。

7. 青贮饲料的品质鉴定

青贮饲料在饲用前必须进行品质鉴定，以确定青贮品质的好坏。鉴定方法有两种：感官鉴定法与实验室鉴定法。

①感官鉴定法：感官鉴定法是不用仪器设备，而只通过闻气

味、看颜色与茎叶结构、感觉质地来判断青贮饲料品质的好坏，适于现场的快速鉴定。

闻　品质优良的青贮饲料具有较浓的芳香酸味，气味柔和，不刺鼻，给人以舒适感；品质中等的青贮饲料芳香味较弱，稍有酒味或醋味。如果带有刺鼻臭味或霉料味，手抓后，较长时间仍有难闻的气味留在手上不易用水洗掉，那么，该青贮料已变质不能饲用。

看　青贮饲料的颜色越接近原料颜色品质越好。品质良好的呈青绿色或黄绿色。植物的茎叶和花瓣仍保持原来的状态，甚至可清楚地看到茎叶上的叶脉和绒毛；品质中等的呈黄褐色或暗绿色；品质低劣的多呈褐色或黑色，不宜饲喂肉羊。

感　品质优良的青贮饲料，在窖内压得紧密，但拿在手上却较松散，质地柔软而略带湿润。品质低劣的青贮饲料，茎叶结构不能保持原状，多黏结成团，手感黏滑或干粗硬。品质中等的介于上述两者之间。品质低劣的禁止饲喂动物。

②实验室鉴定法：通过在实验室测定青贮饲料的酸度、有机酸及氨态氮含量等指标来鉴定。

测定酸度最简单的办法是用 pH 值试纸直接蘸青贮饲料的浸液测定，也可用 pH 值测定。一般标准为优良青贮饲料的 pH 值为 3.8～4.2；中等的 pH 值为 4.6～5.2；低劣的 pH 值为 5.4～6.0，甚至更高。但是 pH 值不是青贮饲料品质鉴定的准确指标，因为梭菌发酵也会降低 pH 值，要综合其他指标才可作出准确判定。

有机酸含量的测定是分析青贮饲料中乳酸、乙酸和丁酸的含量。优良的青贮饲料中有机酸约占 2%，其中乳酸占 1/3～1/2，乙酸占 1/3，不含丁酸。品质低劣的青贮饲料含有丁酸、具恶臭味。

测定青贮饲料中氨态氮的含量可以评价青贮饲料蛋白质品质

的优劣。正常青贮饲料中的蛋白质只分解至氨基酸，氨的存在则表示有腐败现象。氨态氮的含量越高，青贮饲料的品质就越差（表9-1）。

表9-1　青贮饲料品质鉴定

	看	闻	抓
感官鉴定法	呈青绿色或黄绿色，中等呈黄褐色或暗绿色	有较浓的芳香酸味留在手上，不易用水洗掉	较松散有弹性，质地柔软而略带湿润
	pH 值	有机酸含量	氨态氮
实验室鉴定法	优 3.8～4.2；中 4.6～5.2；劣 5.4～6.0	乳酸 1/2～1/3；乙酸 1/3；不含丁酸	不含，越高品质就越差

四、微贮饲料的调制

利用有益微生物贮存农作物秸秆的过程称之秸秆微贮。该项技术谓之微贮技术。微贮后的秸秆叫做微贮秸秆或微贮饲料。微贮饲料具有成本低、效益高的特点，饲喂羊的效果优于氨化饲料。微贮的原理与青贮基本相同。微贮原料的来源十分广泛，如玉米秸、稻草、麦秸、树叶、牧草、野草等，无论鲜、干均可且不受季节限制，只要达到 10～40℃发酵温度即可制作。

微贮的方法有窖贮法、池贮法、袋贮法和方草捆贮存法等多种，制作基本步骤相同。

1. 菌种的复活

将 3g 菌液倒入 200ml 水中充分溶解，另加白糖 2g，常温下放置 1～2 小时。操作方法如图 9-2 所示。

2. 菌液配制

将复活好的菌液倒入充分溶解的 0.8%～1.2% 食盐水中，

混匀后再倒入盛有 1 500L 或 1 000L 的容器中充分搅匀。根据秸秆重量计算出菌种、食盐及水的用量，计算方法见表 9 - 2。操作方法如图 9 - 3 所示。

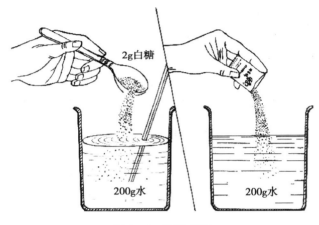

图 9 - 2 菌种复活

表 9 - 2 菌种、食盐及水的用量计算

秸秆种类	秸秆重量 （kg）	菌种用量 （g）	食盐用量 （kg）	水用量 （L）	微贮含水量 （%）
稻、麦秸秆	1 000	3	9 ~ 12	1 200 ~ 1 400	60 ~ 70
黄玉米秸秆	1 000	3	6 ~ 8	800 ~ 1 000	60 ~ 70
青玉米秸秆	1 000	1.5			60 ~ 70

3. 秸秆切碎

秸秆切成 3 ~ 5cm（羊）的小段，便于装窖和压实（图 9 - 4）。

4. 装窖、喷液、添加补充物

将切短的贮料填入窖中压实，喷洒菌液，按千分之五的比例撒入大麦粉或玉米粉或者麸皮，为发酵初期菌种的繁殖提供营养（图9-5）。

0.8%~1%食盐

图9-3　菌液配制

3~8cm

秸秆1t

图9-4　秸秆切碎

5. 压实密封

秸秆分层压实到高出窖口 30～40cm 充分压实成圆坡状，按 250g/m² 的量均匀地撒一层食盐量均匀地撒一层食盐；然后覆上塑料薄膜；再在薄膜上撒一层 20～30cm 的秸秆；最后覆土 15～20cm 密封（图 9－6）。

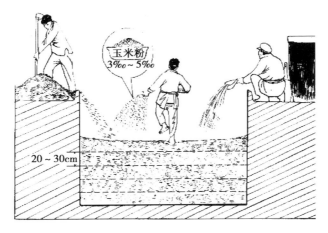

图 9－5　装窖、加添加物、喷液、压实

袋贮法即塑料袋微贮。前三步与窖（池）微贮完全相同，此后则需将原料、辅料（玉米粉、麸皮和食盐）与菌液在地面上拌和均匀，然后装袋、压实，扎紧代扣、堆放起来即可。

方捆微贮的原理和方法与切碎微贮的相同。即先用打捆机将稻草、麦秸或干草打成方捆（每立方米重 250～300kg），再按一定比例将菌液喷洒到草捆上；窖的底部铺 40cm 厚的稻草或麦秸，在其上挨个平放一层喷过菌液的草捆，空隙用稻草或麦草塞紧。随后在其上撒一层玉米粉、糠、麸等营养物质。如果湿度不够，随时喷洒菌液。如此这般，当草捆摆放到高出窖口 40cm 时，再喷洒少许菌液，并且每平方米撒食盐粉 250g，然后覆盖塑料膜封顶。在塑料膜上再覆盖 20 ~ 30cm 的草，草上覆盖 10 ~ 15cm 的土拍实。最后在窖的周围约 1m 距离挖排水沟。以后做好日常管理工作，窖顶塌陷应及时填土拍实；塑料膜破损及时修补；下雨时防止雨水灌入窖内。

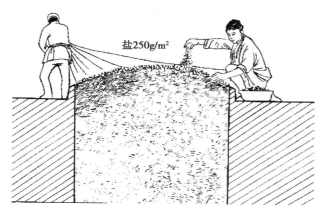

盐250g/m²

图 9 - 6　密封、铺草、压土

6. 品质鉴定与饲喂

秸秆经 21 ~ 30 天的微贮即可完成发酵过程。优质的微贮玉米秸秆呈橄榄绿色，稻、麦秸秆呈金黄褐色，并具有醇、酸气味。强酸味是因原料含水分过多和高温发酵所致，不宜多喂；发霉、腐烂是因原料被霉菌感染或装窖未踩实、封窖不严所致，不宜再作饲用。

微贮饲料的日常取用方法及饲喂量与青贮饲料基本相同。秸秆经微贮后质地膨松变软，可增加瘤胃微生物与粗纤维的接触面，提高了粗纤维的消化率；适口性好，使采食速度提高、采食量增加。

第四节 饲料霉变防制及去毒利用技术

采食霉变饲料不仅对羊健康产生严重的影响，而且其中的有害和致癌物质可以通过羊肉产品而危害人的健康。随着肉羊养殖业的快速发展，动物饲料的需求量日益扩大，饲料霉变浪费问题已成为导致舍饲养羊业饲养成本过高——限制肉羊产业发展第二瓶颈问题的重要因素。为此，本文专门介绍了饲料霉变的产生原因、减少和缓解饲料霉变控制措施、霉变饲料去毒利用方法，供参考。

一、饲料霉变的产生原因

饲料霉变的产生原因主要有以下几个。

1. 饲料原料的含水量过高

玉米、麦类、稻谷等谷实饲料原料发生霉菌生长繁殖的最适水分含量为 17% ~ 18%。

2. 饲料原料仓储环境不良或时间过长

饲料仓储过量通风不良，库环境潮湿、漏雨均易引起饲料霉烂。粉碎饲料易吸收环境水分、膨胀发热，更利于霉菌滋生繁殖。

3. 生产颗粒饲料时，冷却设备和配套风机选择不当

易造成颗粒饲料冷却时间不够或风量不足，出机后饲料水分、温度过高将导致霉菌生长。因此，要定期清理颗粒料设备，防止料斗或管道中滋生霉菌。

4. 饲料贮存、运输过程管理不当

饲料贮存、运输过程中水淹、雨淋、受潮、通风不良、堆压时间过长均会造成饲料霉变。

5. 选种不当

植物具有遗传特性，选择不适于贮存的饲料品种会造成代代遗传，从而引发霉变大面积突发。

二、防制霉变的措施

1. 选择适宜贮存的饲料种类或品种

饲料作物的抗霉性与遗传有关，尽量选择对霉菌敏感性不强的饲料作物种植，进行适度施肥、虫害控制。贮藏的饲料应选择那些水分含量低、脂肪含量低的禾本科或豆科饲料。块根块茎类饲料不易常规保存。高脂肪、高蛋白的动物性饲料需要特殊保存。

2. 适时收获，技术得当

饲料要及时收获、晾晒干制，使水分降到 13% 以下。收获和储存过程中应尽量避免磨破、压碎、鼠啃、虫咬，特别是避免损伤谷物表皮或外壳，以减少霉菌毒素的污染。

3. 严把原料采购关，杜绝霉变原料入库

购进饲料的含水量应控制在适宜仓贮的标准含水量以下，超标者应经晾晒、烘干等处理以后方可入库，已霉变的饲料杜绝入库。

4. 控制饲料的储存环境，尽量缩短储存时间

仓储量不宜过大，留有一定空间以利通风，做好对仓库边角清理工作。控制仓库的温度 10℃ 以下、相对湿度不超过 70%。饲料贮存的时间越长，霉变的可能性越大，应尽量缩短仓贮期。

5. 颗粒饲料注意通风降温

颗粒饲料加工过程中要严格控制温度，打开换气通风设备降低温度。刚加工的热颗粒不宜立即装袋、堆压放置，要勤翻勤晾，待冷却后装袋密封保存。

6. 防霉剂的使用

须长期贮存的谷物类、油脂类饲料，现在多用防霉作用强，腐蚀性小复合型防霉剂。对于密封包装的含水量在 12.5% ~ 13.5% 的颗粒料，若贮存 1 个月以上，应添加 0.3% 的丙酸钙。水分在 11.55% ~ 12.50% 的粉料，若贮存 2 个月以上时，则需添加丙酸钙 0.15%。

三、饲料霉变的去毒方法

1. 水洗法

将发霉的饲料粉（饼状饲料应粉碎）放在缸里，加清水（最好是开水）泡开后用木棒搅拌，每搅拌 1 次需换水 1 次。如此 5 ~ 6 次可洗去部分毒素，饲用较为安全。

2. 蒸煮法

发霉的粉状饲料可放在锅里，加水煮 30 分钟，去掉水分，再作饲料用。

3. 发酵法

将发霉饲料用适量清水湿润、拌匀，使其含水量达 50% ~ 60%（手捏成团，放手即散），堆成堆让其自然发酵 14 天，然后加草木灰 2kg/100kg，拌匀中和；2 天后，装进网袋中用清水冲洗，滤去草木灰水倒出，与等量糠麸混合后，在 25℃ 室温下发酵 7 天后即可饲用（除去糠麸或一起）。这种方法的去毒效果可达 90% 以上。

4. 药物法

将发霉饲料用 0.1% 高锰酸钾水溶液浸泡 10 分钟，然后用清水冲洗 2 次；或在发霉饲料粉中加入 1% 硫酸亚铁粉末，充分拌匀，在 95 ~ 100℃ 下蒸煮 30 分钟即可去毒。

5. 辐射法

辐射法不但能够有效地杀灭霉菌等微生物，而且对黄曲霉毒素具有非常好的降解作用，并可以实现连续的工业化生产，是一项应用前景很好的技术措施。

6. 维生素 C 法

维生素 C 可阻断黄曲霉毒素的环氧化作用，从而阻止其氧化为活性的毒性物质。日粮及饲料中添加一定量的维生素 C，再加上适量的氨基酸，是克服黄曲霉毒素中毒的有效方法。

7. 吸附法

此法是通过霉菌毒素吸附剂强有力的吸附能力与毒素紧紧结合在一起，随粪便排出体外，因此，减少了毒素在体内的蓄积量，从而减少对动物内脏器官的损伤，是常用、简便、安全、有效的脱毒方法。生产中常用的吸附剂有：水合硅酸钠钙盐、沸石、黏土、膨润土、活性炭、蒙脱石等，生物法较好的吸附剂有百安明、霉可脱、霉消安 – I、抗敌霉、霉可吸等。

第十章 肉用羊营养与日粮配合

第一节 肉羊的饲养标准

饲养标准即动物营养需要量，是畜禽标准化养殖中配制日粮配方的不可或缺的基本依据。饲养标准科学地规定了各种畜禽在不同性别、体重、生理状态和生产水平等条件下，每头每天应给予的干物质、能量、蛋白质等各种营养物质的数量，用以指导动物生产实践。

饲养标准是由科学工作者通过严格的动物饲养试验、消化代谢试验和比较屠宰试验，对所取得大量的基础数据资料进行复杂的统计分析，结合生产示范推广验证提出来的。实践证明，按照饲养标准所规定的营养供给量饲喂肉羊，对提高肉羊生产性能和饲料利用效率都有明显效果。

当然，在饲养标准的使用实践中，标准的参数不能变，但配制符合营养标准要求的肉羊日粮饲料种类与比例组成可以改变、日粮配方不尽相同。在配置饲料配方时，应尽量与当地饲料资源和供应情况相适应，就地取材、降低日粮成本。

一、肉用绵羊的饲养标准

世界肉羊养殖大国几乎都制定了自己的绵羊饲养标准，如美国、英国、新西兰等。目前被普遍接受和广泛使用的是美国

NRC 饲养标准。NRC 与时俱进，每隔一段时间修订一次，每次修正都增加了新的营养指标，使之更加精细深入、更加切合肉羊机体的生理需求，各种营养参数也有不断提高的趋势，更加适应现代肉羊产业化和生产实际的需要。

我国肉羊养殖历史悠久，但产业化起步较晚，目前还未培育出专门化肉羊品种，也无完善的肉羊饲养标准。为适应我国肉羊产业的发展需要，国家成立了现代肉羊产业技术体系，目前，关于《畜禽饲料营养与饲养标准研究的研究应用》《肉用羊饲养标准》的科研工作正在全国范围内紧锣密鼓地进行。相信经过"十二五"的努力，我国第一部与国际接轨的《肉用羊饲养标准》将会诞生，这将对我国现代肉羊产业的发展起到积极地推动作用。

二、肉用羊常用饲料成分及营养价值表

《饲料成分及营养价值表》与饲养标准一样，是畜禽标准化养殖中配制日粮配方的不可缺少的基本工具之一。1984 年颁布的《中国饲料成分及营养价值表》是由中国农业科学院畜牧研究所和中国畜禽营养研究会组织全国 50 多个单位，在 1979 年版《猪鸡饲料成分及营养价值表》基础上全面修订而成的、包含"羊的饲料成分及营养价值"在内的具有权威性的科技文献。此后，中国农业科学院畜牧研究所和内蒙古畜牧科学院根据自己和一些省（区）在相关项目研究中积累的资料汇集整理制定、于 2004 年通过农业部颁布了《肉羊饲养标准》和《中国羊饲料成分及营养价值成分表》（附件 2）。在此，将之和 2007 版 NRC 标准（附件 3）推荐给用户，作为过渡阶段的理论依据，供肉羊生产者在配制日粮时参考。

第二节　日粮配合

一、日粮、日粮配合、日粮配方与饲粮

1. 日粮

是畜禽一昼夜所采食的饲草料的总量。按日粮配方配制出的日粮叫做配合日粮，是饲养标准的物质载体。

2. 日粮配合

就是根据羊的饲养标准和饲料营养特性，选择若干种饲料原料按一定比例搭配，使其能满足羊的营养需要的一个计算平衡过程。其实质是饲养标准的物化转移过程。

3. 日粮配方

日粮配合所得的结果——各类饲料在日粮中所占的比例即为日粮配方。

4. 饲粮

对具有同一生产用途的羊群，按日粮配方中各种饲料的百分比，配合成大量的、再按日分顿饲喂给羊只（群饲）的混合饲料，称为饲粮。因此，在生产实际中，只有饲粮而无日粮。

二、配合饲料

配合饲料是根据动物营养需要和饲料原料营养价值，将多种饲料原料按饲料配方加工生产的饲料。配合饲料包括全价配合饲料、精料补充料、浓缩料和预混料。

1. 全价配合饲料

是按家畜的营养标准配制的一种营养全面、平衡，且精、粗饲料配合比例较为合理的配合饲料。按羊每天采食全价配合饲料的数量计算的饲料配方，又称"全价日粮配方"。

2. 精料补充料

是由能量饲料、蛋白质饲料、矿物质饲料和各种饲料添加剂，按一定比例混合均匀的混合精料，常用于补充以青、粗饲料为基础的羊日粮的营养之不足。但是，由于精饲料配方的配制受饲养标准的约束性较小，营养水平可有较大的变化范围；其使用量一般根据青、粗饲料的品质大致确定，最常见的是所配制的日粮钙、磷比例不合理。尤其是当使用苜蓿、大豆秸等含钙量较高的粗饲料时，日粮的含钙量常显著超标。

3. 浓缩饲料

是由蛋白质饲料、矿物质、维生素等添加剂按一定比例混合均匀的高蛋白高钙混合精料。使用前先按一定比例与能量饲料混合成为精料补充料。

4. 预混料

是将动物所需的小量或微量营养物质与90％以上的载体物质（石粉、膨润土等）预先混合在一起，另行添加到饲料配方和饲粮中去的一类配合饲料，所以也叫添加剂。主要有微量元素预混料、维生素预混料和氨基酸预混料。一般由专业饲料厂生产，添加量为精饲料的1％～5％。使用时，须按商品说明书添加，不可滥用。

三、日粮配合的基本原则

1. 根据羊的品种、饲养阶段和日增重的营养需要量进行配制，目前各国都依据本国制定的饲养标准配制日粮。

2. 根据羊的消化生理特点，合理地选择多种饲料原料进行搭配，并注意饲料的适口性，提高日粮的营养价值和利用率。

3. 选择来源广、价格低的饲料，特别是充分利用农副产品，以降低饲料费用和生产成本。

四、全价饲料日粮配合的方法和步骤

日粮配制主要是规划计算各种饲料原料的用量比例。设计全价饲料配方时采用的计算方法分计算机法和手工计算法。

1. 计算机法

（1）利用配方软件设计饲料配方　　目前，常用的外国著名饲料软件有 Format 软件（英）、Brill 软件（美）、Mixit 软件（美）等；国产配方软件有资源配方师软件-Refs 系列配方软件、资源管理师 Rents 软件、CMIX 配方软件、三新智能配方系统、SF-450、科群饲料配方软件、高农饲料 4.2 配方软件、农博士饲料配方软件（PFSt001）、饲料通 MAFIC—soft 等。

不同的饲料配方软件具体使用方法详见其（工具软件）使用说明书。

（2）利用计算机设计优化饲料配方　　对熟练掌握计算机应用技术的人员，除了购买现成的配方软件外，还可以应用 Excel（电子表格）、SAS 软件等进行配方设计，非常经济实用。

利用计算机设计优化饲料配方，主要是根据有关数学模型编制专门程序软件进行饲料配方的优化设计，设计的数学模型主要包括线性规划、多目标规划、模糊规划、概率模型、灵敏度分析、多配方技术等。采用手工方法计算饲料配方，考虑的因素太少，无法获得最优的配方（既满足营养需要又是最低成本的配方）。线性规划、目标规划及模糊线性规划是目前较为理想的优化饲料配方的方法。应用这些方法获得的配方有称优化配方或最低成本配方。线性规划等方法在配方计算过程中需要大量的运算，手工计算无法胜任，在电子计算机出现后，才应用于配方设计。

2. 手工计算法

配方计算技术是近代应用数学与动物营养学相结合的产物，

也是饲料配方的常规计算方法，简单易学，可充分体现设计者的意图，设计过程清楚。但需要有一定的实践经验，计算过程复杂，且不易筛选出最佳配方。

虽然，计算机法已广发应用，但是，手工计算法并不能因此而丢弃。一方面，手工计算法是设计饲料配方和编制计算机饲料配方软件不可或缺的基础技术；另一方面，鉴于计算机在我国的普及率有限，在那些经济还不甚发达、计算机尚未普及的边远地区，家畜家禽日粮配方制定还需依靠手工计算法来完成。此外，手工计算法在配制饲料种类比较单一的日粮时，表现出其快捷、省事和实用的特点，具有一定的优越性。

日粮配合的手工计算方法有：十字交叉法、联立方程组法和试差法。其中，以试差法最为实用。

所谓试差法，就是先按日粮配合的原则，结合羊的饲养标准规定和饲料的营养价值，粗略地把所选用的饲料原料加以配合，计算各种营养成分，再与饲养标准相对照，对过剩的和不足的差额多次进行尝试调整，最后达到符合饲养标准的要求，得出一个相对科学合理的日粮配方。

3. Excel 法

Excel 法是目前在利用计算机做饲料配方时最简便、最常用的一种方法。即利用微软办公软件（Microsoft Office）中的 Excel 程序，将各种饲料及其相关的成分与营养参数、饲养标准的各项营养参数输入其表格中，然后设置各类饲料预给量与其对应的成分和营养参数间的相乘关系，程序即刻会给出相应的养分含量；然后在最下一行设置各对应的类养分合计；再在其下一行对应输入各种营养标准参数；最后一行设置对应的"养分合计"与"标准参数"相比较的"差值"；最后依据综合经验，调整每项"差值"（每调整一种饲料预给量，"养分合计"、"标准参数"和"差值"都发生变化），直至"养分合计"与"标准参数"

相近为止，各种饲料"给量"也随之确定下来了。

当各种饲料"给量"确定之后，计算出各种饲料的百分比，配方即告完成。

五、试差法计算步骤

1. 查羊的饲养标准，根据其性别、年龄、体重等查出羊的营养需要量。

2. 查所选饲料的营养成分及营养价值表。对于要求精确的，可采用实测的原料营养成分含量表。

3. 根据日粮精粗比首先确定羊每日的青、粗饲料喂量，并计算出青粗饲料所提供的营养含量。

4. 与饲养标准比较，确定剩余应由精料补充料提供的干物质及其他养分含量，配制精料补充料，并对精料原料比例进行调整，直到达到饲养标准要求。

5. 调整矿物质（主要是钙和磷）和食盐含量。此时，若钙、磷含量没有达到羊的营养需要量，就需要用适宜的矿物质饲料来进行调整。食盐另外添加。最后进行综合，将所有饲料原料提供的养分之和，与饲养标准相比，调整到二者基本一致。

示例如下。

【例】：一批体重 25kg 的育成母绵羊，计划日增重 60g，试用中等品质苜蓿干草、羊草、玉米青贮、玉米、大豆饼、棉粕、磷酸氢钙、食盐等原料，配制一育成母羊的日粮。

第 1 步：查阅羊的饲养标准表，找出育成母羊的营养需要量，具体见表 10 - 1（NY/T 816—2004）所述。

第 2 步：查饲料营养成分表，列出所用几种饲料原料的营养成分（表 10 - 2）。

第 3 步：确定粗饲料的用量。设定该育成母绵羊日粮精粗比为 40：60，即粗饲料占日粮的 60%，精饲料占日粮的 40%。则羔羊粗饲料干物质进食量为 0.8×60% = 0.48（kg），精饲料干物质进食量为 0.8×40% = 0.32（kg）。

表 10 - 1　育成母羊营养需要量

营养指标	营养需要量
体重（kg）	25.0
日增重/（kg/d）	0.06
DMI/（kg/d）	0.80
代谢能/（MJ/d）	5.86
粗蛋白质/（g/d）	90.0
钙/（g/d）	3.60
磷/（g/d）	1.8
食盐/（g/d）	3.3

表 10 - 2　饲料原料营养成分含量（干物质基础）

原料	干物质（%）	代谢能（MJ）	粗蛋白质（%）	钙（%）	磷（%）
苜蓿干草	92.4	8.03	16.8	1.95	0.28
羊草	92.0	7.84	7.3	0.22	0.14
青贮	23.0	1.81	2.8	0.18	0.05
玉米	86.0	11.67	9.4	0.09	0.22
麦麸	87.0	9.99	15.7	0.11	0.92
大豆饼	89.0	11.56	41.8	0.31	0.50
棉粕	90.0	10.23	43.5	0.28	1.04
磷酸氢钙	98.0				18.0

　　假设粗饲料中玉米青贮日给干物质 0.24kg，羊草 0.12kg，苜蓿干草 0.12kg。计算出粗饲料提供的总养分，与标准相比，确定需由精料补充的差额部分（表 10 - 3）。

第4步：用试差法制定精饲料日粮配方。由以上饲料原料组成日粮的精料部分，按经验和饲料营养特性，将精料应补充的营养配成精料配方，再与饲养标准相对照，对过剩和不足的营养成分进行调整，最后达到符合饲养标准的要求（表10－4）。

表 10－3　日粮粗饲料所提供的养分

日粮组成	干物质（kg/d）	代谢能（MJ/d）	粗蛋白质（g/d）	钙（g/d）	磷（g/d）
苜蓿干草	0.12	0.96	20.16	2.34	0.34
羊草	0.12	0.94	8.76	0.26	0.16
玉米青贮	0.24	0.44	6.72	0.44	0.12
总计	0.48	2.34	35.64	3.04	0.62
差额	0.32	3.52	54.36	0.56	1.18

表 10－4　日粮精料配方

原料	比例（%）	干物质（g/d）	代谢能（MJ/d）	粗蛋白质（g/d）	钙（g/d）	磷（g/d）
玉米	62	198.4	2.32	18.65	0.18	0.44
麦麸	15	48.0	0.48	7.54	0.05	0.44
大豆饼	15	48.0	0.55	20.06	0.15	0.24
棉粕	6	19.2	0.20	8.35	0.05	0.20
食盐	1	3.2				
预混料	1	3.2				
合计	100	320	3.55	54.60	0.43	1.32
精料标准		320	3.52	54.36	0.56	1.18
差额		0	+0.03	+0.24	-0.13	+0.14

第5步：调整矿物质和食盐的含量。由表10－4可知，能量和蛋白均满足需要，钙稍有不足，可补充石粉0.13/0.35＝0.37（g/d）。添加食盐3.3g/d。

第 6 步：列出全面调整后的日粮组成及营养水平（表 10 - 5）。

表 10 - 5　育成母羊日粮配方

[单位：g/（d·只），%]

原料	玉米	麦麸	豆饼	棉粕	苜蓿干草	羊草	玉米青贮	石粉	食盐	预混料	合计
DMI	198.40	48.00	48.00	19.20	120	120	240	0.37	3.20	3.20	800.37
比例	24.79	6.00	6.00	2.40	14.99	14.99	29.99	0.05	0.40	0.40	100

六、全混合日粮（TMR）

全混合日粮（total mixed ration，缩写 TMR）是根据反刍动物不同生理阶段营养需要的日粮配方，利用特制的搅拌机，将混合精料与各类粗饲料按配方比例完全混合在一起，从而得到的营养平衡的全价混合日粮。目前 TMR 技术在规模化奶牛场广泛使用，在规模化羊场使用效果良好，越来越受到用户的欢迎，是未来的一个发展方向，也是肉羊标准化规模养殖必用技术和标志性技术之一。

TMR 全混合日粮的优势在于以下几个方面。

1. 有开发利于各种非常规饲料资源，降低饲料成本。如农作物秸秆饲料（小麦秸、玉米秸、豆秆、稻草等）、藤蔓类饲料、糟渣类饲料（果渣、糖渣、番茄皮渣）等，将这些廉价饲料与精料充分混合后，掩盖不良气味，提高饲料适口性。

2. 保证日粮营养全价，提高产量。精饲料与粗饲料全混合在一起，避免了动物挑食，确保家畜采食粮营养全价、均衡；不受饲养员饲喂技术和情绪的影响，保证稳产高产。据报道，奶牛场使用 TMR 可提高奶牛日产奶量 1~2kg。

3. 降低劳动强度，减少饲料浪费。机械化代替了人力拌料，饲养员的劳动强度大大下降，一个人可轻松完成 5~10 人的工作量。饲养人员减少，管理人员工作量和管理成本也随之下降。据报道，奶牛场采用 TMR 饲喂技术可减少饲料（粗饲料）浪费 15%～20%，节约饲料成本 10%～14%。

　　TMR 全混合日粮唯一的缺点是，一次性投资较大。一台 TMR 混合机价值 5 万～15 万元，对于小型饲养场和个体户来说压力较大。但从管理、效益和长远利益的角度出发，特别是从"劳动力成本越来越高、越来越难找"的实情与趋势来看，这个投资还是非常值得的，投资成本也会在短期内得到回收。

　　TMR 混合机分固定式和移动式两类，国内已有许多厂家在生产。其结构形状、功率大小、自动化程度及售价不尽相同。用户可根据自己的需求与能力联系选购。

第十一章　　肉用羊高效育肥技术

第一节　绵羊育肥的原理与方式

一、育肥原理

动物出生后，由于受到疾病、饲养条件等因素的影响，所采食的日粮营养水平不能满足其生长需求而产生暂时性、可恢复性的生长顿挫。利用这一原理，在适宜的时期内，采用高水平日粮进行营养补偿，恢复前期生长顿挫，达到短期快速增重的目的。

二、育肥方式

育肥方法取决于养羊生产的条件，包括场地、饲料、人力和经济等方面。应根据当地的条件和经济状况选用最适合的和最能取得高效益的方式来选择。目前，我国采用的肉羊育肥方式主要有放牧育肥、混合育肥和全舍饲育肥 3 种。

1. 放牧育肥

放牧育肥是草地畜牧业采用的基本育肥方式，是最经济的育肥方法，也是我国牧区和农牧交错区传统的方法。这种方式的特点，是利用天然牧场、人工牧场或秋茬地放牧抓膘，成本低效益高。

我区羔羊断奶普遍在 4～6 月，此时正是牧草生长旺季，很适宜刚断奶羔羊的采食。加之夏季昼长夜短，早晚凉爽，放牧时要坚持早出牧、晚归牧，延长放牧时间，让羔羊吃饱吃好。进入秋季，牧草结籽、营养丰富，是育肥抓膘的黄金时节，可保证育肥羊能采食到足够的饲草。放牧时要控制羊群，稳步少赶，轮流择草放牧，多食草、少跑路。据估测，夏、秋季节羔羊日采鲜草量可达 4 ~ 5kg。

2. 舍饲育肥

舍饲育肥是按舍饲标准配制日粮，并以较短的肥育时间和适当的投入获得羊肉的一种强度育肥方式，适合在农区推行。全舍饲育肥，虽然饲料的投入相对较高，但可按市场的需要实行大规模、集约化、工厂化养羊。有研究表明，选用 3 ~ 4 月龄的羔羊，经 2 个月左右的强度育肥，日增重 200 ~ 250g，活重达 35 ~ 40kg 即屠宰出栏。

舍饲育肥的育肥期比混合育肥和放牧育肥都短。舍饲育肥日粮精粗比以 45：55 较合适。强度育肥时精料含量最高可达 60% ~ 70%，此时，要注意预防羔羊（公羔）肠毒血症和尿结石病的发生。

与放牧育肥相比，舍饲育肥的同龄羔羊宰前活重高出 10%，胴体重高出 20%。故舍饲育肥效果好，育肥期短，能提前上市。

3. 混合育肥

也称半放牧半舍饲育肥，兼顾放牧育肥和舍饲育肥两个方面，即放牧加补饲。其适合在半农半牧区、农牧交错带推行。白天放牧、晚间补饲一定数量的混合精料，以确保育肥羊营养需要。开始补饲时混合精料量 200 ~ 300g，最后一个月要增到 500 ~ 600g。混合育肥可使育肥羊在整个育肥期的增重比单靠放牧育肥提高 50%，羊肉的味道也较好；饲养成本降低，经济效益明显提高。

羊采用不同的育肥方式，可获得不同的增重效果。采用全舍饲和混合育肥方式都可获得理想的经济效益。但从饲料转化率来看，混合育肥获得的效益为最佳，适宜于在半农半牧区推广。采用全舍饲育肥方式，增重效果最好，但投入成本较高，全舍饲育肥羊的生产方式适用于在饲草料资源相对丰富的农区推广。

第二节　育肥前的准备

肉羊肥育是一项技术性较强的工作。在生产实践中，要想获得满意的肥育效果，必须根据当地的自然环境特点、社会经济状况和畜牧资源条件以及育肥者自身的具体情况，配备必要的养羊设施、选择适宜的育肥对象与育肥方式，科学地配制日粮，严格地按程序化操作。

肉用羊肥育前应做好如下准备工作。

一、饲草料的准备

饲草饲料是肉羊育肥的物质基础。育肥户可根据实际养羊规模，做好饲草饲料供应计划，保证饲草饲料足量供给，以便育肥期内均衡供给饲料。饲草料预算可参考表 11 - 1。

表 11 - 1　育肥羊饲草料需要量参考标准

[kg/（d·只）]

饲料种类	淘汰母羊	羔羊（体重≥20kg）
干草	1.2 ~ 1.8	0.5 ~ 1.0
玉米青贮	3.2 ~ 4.1	1.8 ~ 2.7
谷类饲料	0.34	0.45 ~ 1.4

饲草料需要量（kg）＝需要量/（d·只）×育肥只数×育肥期（d）

饲料分为粗饲料和精饲料两大类。粗饲料主要包括各种青干草，麦秸、玉米秸、大豆秆等农作物秸秆。棉花加工副产品棉籽壳在脱毒后也可作为育肥羊的粗饲料。

此外，具有多汁性果蔬加工残渣如果渣、番茄皮渣、甜菜渣以及酒糟、豆渣等糟渣类加工副产品也可作为辅助饲料用于绵羊育肥。其与质地粗糙的秸秆类饲料混合，可改善适口性、增加采食量、提高育肥效果；还可以降低饲料成本，增加收益。

有关棉籽壳、饼粕脱毒，果蔬加工残渣、糟渣类饲料的调制与利用技术详见第九章的第二节和第三节。

二、育肥场、圈舍的准备

1. 育肥场、圈舍的建设

圈舍是羊重要的生活环境之一。舍饲、半舍饲育肥均需要圈舍。

圈舍的大小与结构须根据当地自然气候条件、育肥规模以及资金状况、机械化程度等来规划建设。羊舍建得是否合理，对羊只育肥性能的发挥有一定的影响。

肉羊育肥场应选择交通方便、远离交通干线（1 000m）、居民聚居区和污染源（医院、屠宰场3 000m），地势高燥、通风良好的地方。

规模化标准化育肥场应分办公生活区、饲料贮存区、生产区和粪便堆放处理区。圈舍设计与建设以双列式、便于机械化饲喂为宜。

原有和正在使用的育肥场及其圈舍，有条件的应进行修整改造，尽量符合标准化的要求；计划新建的，务必按标准化要求进行设计、施工，不可重蹈覆辙。

2. 圈舍的消毒处理

育肥前要对羊舍和饲具进行彻底的清扫和消毒，防止育肥期间羊群暴发疾病。消毒方法有以下几种。

（1）喷雾消毒 用5%的来苏尔或2%的克辽林溶液，用喷雾器对圈舍墙壁和地面进行喷雾消毒。以墙壁表面无干斑、水不下流，地面潮湿而无积水为度。

（2）熏蒸消毒 福尔马林（40％的甲醛溶液）熏蒸法。福尔马林在加热或高锰酸钾催化剂的作用下，产生强烈刺鼻的气体，可使病菌吸入致死。此法最大的优点是消毒彻底、成本低，特别适合土坯房、曾经养过其他牲畜的旧圈舍的消毒。

具体的做法：先将欲消毒羊舍的所有透风处（如墙上窟窿、门窗及其缝隙、天窗、通风孔等）密封。然后根据羊舍的大小和形状，均匀的将盛有适量高锰酸钾（PP 粉，$10g/m^3$）的器皿（如瓷碗、罐头盒等）摆放于舍内，随后将事先准备好的福尔马林（$250ml/m^3$）迅速倾入各器皿内（注意：因此反应产生气体的速度很快，须由内向外退着来），退出门外后，立即将门关闭密封。待 24～48 小时后，打开所有门窗和通风孔，连续通风 48～72 小时，直至墙角处闻不到强烈的刺鼻气味时羊只方可进入。

（3）石灰水消毒 将 10～15kg 的生石灰溶于 100kg 水中，汲取上清液，用喷雾器对圈舍墙壁和地面进行喷洒。

（4）草木灰消毒 将野草或其他草类烧成灰平铺在要消毒的地面上，然后洒上水即可。这种方法适合于偏远地区、条件差的农户。

三、育肥羊的准备

1. 育肥羊的选择

育肥场（户）在做好上述饲料与圈舍的准备之后，即可根据自己的能力、市场需求和羊源状况，确定自己的育肥羊的品种、年龄等，选择和购进羊胚子。

2. 育肥羊的准备

（1）分群分圈 分群分圈的目的在于克服因为品种、性别、年龄、体格、体重大小产生的对饲料需求量的差异而导致育肥效果上的悬殊差异，避免"弱肉强食"，确保每只羊吃饱吃足、发挥其增重潜力，提高整体增长水平和效益。

为此，进圈育肥羊必须按品种、性别、年龄、体格、体重大小进行分群、分圈。育肥羔羊的年龄相差以下超过±15天、体重相差不超过±3kg为宜；成年淘汰羊主要以体格和体质来分群。

分群的顺序应是先品种，后性别，再年龄，最后是体格体重。即同品种、同性别、同年龄的再根据体格大小进行分群。若体格体重相近，则可以放松年龄限制。

（2）接种驱虫　从外地购入的羊必须来自非疫区、有当地兽医部门检疫并签发检疫合格证明书；运抵目的地后，再经所在地兽医验证、检疫并隔离观察1个月以上，确认为健康者经驱虫、消毒、补充注射疫苗后，方可混群饲养。

①接种：接种疫苗是激发羊体产生特异性抗体，使其对某种传染病具有免除感染的能力。有组织有计划地进行免疫接种是有效地控制传染病发生和传播的重要措施。用于育肥羊的疫苗有以下几种。

口蹄疫疫苗　口蹄疫（5号病）是一种人畜共患病、传染力极强。从外地购入的育肥羊必须进行口蹄疫苗注射免疫，确保一只不漏，免疫率达100％。自繁自养的羊应定期进行免疫接种。未接种口蹄疫疫苗的应到当地兽医部门申请免费领取，补充接种（使用方法见其说明书）。

肠毒血症疫苗　如果母羊产前已注射过肠毒血疫苗，羔羊就可以得到免疫；如果母羊产前没有注射过疫苗，羔羊在断奶前应进行预防接种。目前我国尚没有单独的肠毒血症疫苗，只有用于成年羊的三联四防苗，可用来预防羊快疫、肠毒血、猝疽、羔羊痢疾四种疾病。

布病疫苗　布氏杆菌病是一种人畜共患病，一旦感染则终身不能根除。发现有感染者必须就地宰杀焚烧或深埋。目前布病发病率较高。有条件的应接种之，以防人畜感染。

需要强调的是，育肥场（户）切莫报以侥幸心理——认为育肥期短可不接种预防无关紧要。一旦中途暴发将造成巨大损失，若传染给了人，将遗憾终身。切忌因小失大！

②驱虫：羊的寄生虫是养羊生产中常见和危害特别严重的疾病之一。野外放牧羊几乎无一例外地感染和携带着寄生虫。因此，无论是自繁羊还是购进羊，育肥前都必须驱虫。否则，羊因受寄生虫的干扰折磨，所食入的营养被寄生虫消耗，就会"只见吃食，不见长肉"。

常用的驱虫药物有驱虫净、丙硫咪哇、虫克星（阿维菌素）等。其中丙硫咪唑（又称抗蠕敏）是目前使用效果较好的传统药物，口服剂量为每千克体重 15~20mg，对线虫、吸虫、绦虫等都有较好的效果；虫克星（阿维菌素）具有取出体内外寄生虫的双重功效，有片剂、粉剂和针剂等类型，是目前被公认为较好的驱除新药。

选择何种药物及其剂型，育肥者自行决定；使用方法和剂量应遵医嘱或按产品说明书施行。

③药浴：是清除羊体外寄生虫的最常见的有效方法之一。育肥前对育肥羊进行剪毛药浴有利育肥增重，可减少蚊蝇骚扰和羔羊在天热时扎堆拒食的现象。

一般剪毛后 7~10 天进行药浴，一周后重复药浴一次。

药浴的方法主要有池浴、喷淋式药浴等。具体选择哪种方法，要根据羊只数量和场内设施条件而定。一般在较大规模的羊场内采用药浴池较为普遍。条件太差的小型个体育肥户，可用大锅或大缸对羊进行药浴。

肉羊药浴时应注意如下事项：①药浴最好隔 1 周再进行 1次，残液可泼洒到羊舍或运动场再次利用；②药浴前 8 小时停止饲喂，入浴前 2~3 小时给羊饮足水，以免羊吞饮药液中毒；

③让健康的羊先浴，有疥癣等皮肤病的羊最后浴，以免病羊传染健康羊；④要注意羊头部的药浴。无论采取何种方法药浴，必须要把羊头完全浸入药液 1~2 次，以免因局部漏浴留下病源，再次扩散传播；⑤药浴后的羊应收容在凉棚或宽敞棚舍内，过 6~8 小时后方可喂草料或放牧。

如果购进前羊群已药浴过则可省去此过程。当然，育肥者为确保万无一失，购进后再药浴一次也无不可；当年羔羊不必药浴。

总之，育肥羊育肥前的准备就是为了确保育肥羊的健康，使育肥过程正常安全进行，以提高育肥效果和增加经济效益。为避免多次抓羊对羊的干扰和伤害、增加劳动量，可组织足够的人力、安排好程序，争取做到"一次抓羊，全部完成"。

建议程序：药浴——→称重——→驱虫——→接种——→分群

（3）分圈饲养，适应观察　分群后的羊只应分圈饲养，固定专人进行饲养管理。但此时还在准备期，须观察羊只对育肥环境、饲料日粮、管理程序等的适应情况。

育肥羊适应期一般为 7~10 天。如绝大多数羊表现正常，则进入正式育肥期，按预先设计或选用的日粮配方配制饲粮，全额足量饲喂；若发现个别或少数羊只表现异常，则将其从羊群中分离出来，集中、单独管理或治疗。

四、育肥期、日粮配方的确定

1. 育肥期的确定

育肥期即育肥天数。育肥期的长短主要根据羊的增重规律（图 11-1），同时考虑饲料储存与供给能力、市场供求情况来决定。

老龄淘汰母羊适应性强，可高精料短期舍饲强度育肥 30~40 天出栏。羔羊相对于淘汰母羊育肥期要相对长一些，一般育肥 60 天出栏。当年羔羊体格和体重大（≥30kg）的育肥 40～50 天即可；体格和体重小（≤20kg）的育肥期不应少于 60 天。细毛羔羊育肥期至少要在 60 天以上，而肉用或杂交羔羊则较之提前 10 天左右。公羔比母羔育肥期要短一些（一周左右）。

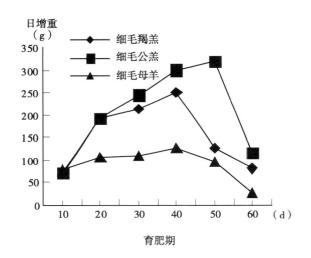

图 11－1　羔羊育肥增重曲线图

饲料贮备充足的话，应尽可能做到足期育肥，最大限度地发挥羔羊的增肉潜力，增加羊肉产量。当然，如果饲料贮备不足或市场羊肉紧缺、价格好，也可缩短育肥期，提前出栏。

2. 日粮配方的确定

日粮配方的确定同样受到羊胚子的品种、年龄、性别、体重等因素的影响。同时，要结合当地饲料资源与供给情况来选择或制定。前者为经验配方，广大育肥户均采用之；后者则是根据羊只情况，结合经验通过科学计算制定的全价配合日粮。标准化规模育肥场须采用后者。

日粮配方应根据育肥期分阶段（育肥前期和育肥后期）制

定；也可全期使用一个配方而通过精饲料给量不同、调节精粗比来实现营养全额供给。

全价日粮配制技术参见第十章第二节。

推荐参考日粮配方见表 11－2。

第三节　育肥羊的饲养管理

一、饲喂

1. 精饲料处理

标准化规模育肥场，精饲料按配方比例计量、经一次性粉碎与混合之后，即可按预定的精粗比通过 TMR 混合机与粗饲料混合（无青贮饲料、块根块茎、微贮饲料的须加适量的水），制成全混合饲粮，运往羊舍或运动场饲喂地喂羊了。

无一次性粉碎与混合饲料机的育肥户，可以先将各种精饲料原料用普通锤式粉碎机一一粉碎之后，按精料配方人工拌合成混合精料，然后铺于事先摊好的切碎的、喷湿的粗饲料上，采用"倒杠子"的办法搅拌（3~4 遍）均匀后，用小推车将其运到饲槽旁，人工添加到槽中供羊采食。

饲料资源有限、饲料比较单一、以玉米为主要精饲料（70% 以上）的小型育肥户，配合好的精饲料与粗饲料人工拌匀之后，以稍加发酵后饲用为好。具体办法是：按日粮配方取适量的混合精料置于较暖的地方，加入适量净水（为精料量的 15%~20% 或以握之见水落地即散为度），搅拌均匀后用塑料薄膜盖严，堆放 12 小时左右即可使用（也可与粗饲料一起拌匀发酵）。发酵后的饲料会闻到一股清香味，即可以防止"鼓胀病"发生、改善粗饲料的适口性、增加采食量，又可减少饲料抛撒。但应注意不可发酵过度（闻到酸味），以免弄巧成拙，加大饲料中热量损失及影响饲料的适口性。

肉羊高效养殖配套技术

表11-2 育肥羊优化日粮配方

育肥类型	日粮组成															日饲喂量 [kg/(只·d)]			育肥期(d)	日均增重(g)
	精饲料(%)						粗饲料(%)									精饲料	粗饲料	青贮料		
	玉米	麦粕	豆粕	棉粕	麸皮	添加剂	酵母粉	小苏打	食盐	小麦秸	野干草	棉籽壳	大豆秆	麦衣子	高粱秆	苜蓿粉				
毛羔羊	75	20			5	1.0				30	70						0.50	0.70		50	250
粗毛羔羊	60	30			10	1.5				30					70		1.00	1.00		30	340
细毛肉羔	65	25			5	1.5					50		50				0.60	0.60		50	300
细毛羔羊	60	25			15	1.5					60	40					0.50	0.70		50	250
细毛羔羊	60	30			10	1.2								100			0.45	0.80		50	200
细毛母羊	70	20			10	1.2					60	40					0.60	1.00		40	150
杂交公羔	54	15	10	5	11	1.0	2	1	2	30						70	0.80	1.20	1.5	60	250

注：①使用者若无配方中的饲料可用营养成分与之相近的来替代；②日饲喂量为全期平均值

184

2. 粗饲料处理

粗饲料的处理主要是粉碎、除尘及软化。具体方法参见第九章。饲喂时如上办法与精料混合后饲喂。

3. 饲喂方法

育肥羊一般早、晚各饲喂一次。每次精粗料为当天的一半。日饲喂三次的只是在中午给未吃饱的弱势羊适当补充一点儿粗饲料而已。

育肥期内，日粮的饲喂量和精粗比随育肥期的延长而变化。即随着羊只体重的增长，日粮投饲量逐渐增加，日粮精：粗倒置——精饲料饲喂量和比例逐渐增加，粗饲料给量和比例逐渐减少，最后达到 65：35 甚至更高的水平。

当然，这种调整不是每天都在进行，而是每隔几天调一次。标准化育肥场一般 3～5 天调一次，个体育肥户可 7～10 天调一次。每次精料的增加量也因羊的种类不同而异。羔羊一般为 100～200g，成年羊为 200～300g；粗饲料相应减少，以羊吃饱为度。

二、饮水

育肥羊的饮水一般采取自由饮水。标准化育肥场应配置自动饮水系统。槽式饮水应保持水槽中全天有水，即渴即饮。饮水要清洁、新鲜。槽水若被污染要及时清理更新。冷季育肥温水为好，禁饮冰碴子水；气候寒冷的北疆地区晚间须将槽中的水排放干净，以防结冻（尤其是户外饮水）。

三、补盐与添砖

标准化育肥场采用的是全价日粮配方，一般无需另外补盐。个体育肥户饲养管理相对粗放，为求保险可将畜盐放入饲槽一端，让羊自由舔食即可。

添砖是给羊补充盐和微量元素一种最直接简单的方式，一般悬挂于饲槽上方或放置于饲槽之内，让羊只自己舔食即可。

四、圈舍卫生

圈舍是羊生活的主要场所，每天大约有 2/3 的时间在羊舍里。因此，保持羊舍环境卫生对羊的健康和增重至关重要。每次饲喂前，饲槽中的剩余草料要清理干净；饲喂后，饲喂通道要打扫干净，避免踩踏污染与浪费；羊舍要定期喷雾消毒，不可懈怠或延误。

五、保暖与通风

保暖的目的在于减少羊体为维持体温而散发的热量消耗，促进能量沉积。

通风换气有利于降低舍内有毒气体（氨气、硫化氢等）的浓度，也可降低舍内的湿度，有利于羊的健康。

冷季育肥，保暖与通风是一对矛盾，应以保暖为主。为此，一方面要堵塞风洞，避免寒风袭击，要保持一定的饲养密度，以减少羊体的散热面积；另一方面要适当控制通风。现代化封闭式羊舍可采用人工控制或电脑自动化控制，进行间歇式通风；普通简易育肥舍，采用白天羊只户外采光换气、畜舍敞门通风即可。

暖季育肥应以通风降温为主。现代化羊舍可采取负压通风降温、遮阳布降温、喷雾降温和水帘降温等措施；普通育肥场则可采用打开所有门窗自然通风，运动场搭建遮阳棚等简易降温措施。

六、垫草垫土

标准化育肥场实行"全进全出制"，一般在每期育肥结束后一次性清理圈舍内的粪便。育肥过程中，通常采用铺设垫草方式起到降湿保温作用。羊只吃剩的饲料残渣、废弃不可饲用的一切软质饲草如麦草、稻草等切段后均可作为羊舍垫草。吐鲁番人民发明的干土垫圈则是农区育肥替代垫草的好方式。就地取材，既解决了垫草不足、节约饲料资源，又生产出优质有机肥料、支持有机农业，发展循环经济。值得学习和推广！

七、光照与运动

自然光具有生热和刺激作用。羊舍保持暗光有利于营养沉积和增重。

运动益于健康。育肥羊饲喂采食期间的自由运动足以保持育肥期间的健康。适当限制运动，也有利于营养沉积和增重。绝对禁止羊只静卧反刍时受到人为的冲击骚扰。

八、疫病防治

育肥过程中难免有个别羊会出现损伤或疾病，要及时发现及时隔离治疗，特别照顾，使其及早康复，不影响育肥效果。育肥羊常见主要疾病有：酸中毒、瘤胃积食、沙门氏杆菌病、肺炎、尿球虫病、肠毒血症和结石病等。其防治方法见第十二章。

第四节　肉羊高效育肥关键技术

一、选好品种

品种或类型决定了其遗传性能。相同饲养条件下，不同品种或类型表现出不同的生产性能。大量的实践证明，不同用途品种的羔羊，其育肥效果存在明显的差异（表 11 - 3）。就日增重而言，其排列顺序为肉用型（如肉用羊、粗毛羊）＞兼用型（如肉用细毛羊、杂交肉羊）＞毛用型（细毛羊）。此外，即使同是杂交肉羊也因杂交组合的不同导致其育肥效果不同（表11-4）。

表11-3　不同类型羔羊育肥效果比较

类型	育肥初重 （kg）	育肥末重 （kg）	育肥期 （d）	日均增重 （g）
肉用型	21.9±1.3	38.2±1.9	60	275±19
兼用型	21.3±1.7	38.4±1.8	60	248±28
毛用型	21.7±1.8	35.7±2.1	60	207±29

应当指出的是，杂交羔羊不但育肥效果好，而且肉质也很好。例如，用引进的肉羊品种萨福克、道赛特与阿勒泰羊杂交，其杂交后代（萨阿 F_1、道阿 F_1）尾脂减小、皮下脂肪厚度和胴体脂肪含量降低，而肌肉嫩度和肌间脂肪含量及氨基酸、不饱和脂肪酸含量都有明显的提高。因此，推行杂交羊早期断奶直线育肥是我区目前生产优质肥羔的重要途径。

表11-4　不同杂交组合2~3月龄羔羊育肥效果比较

组合 品种	断奶 日龄	育肥初重 （kg）	育肥末重 （kg）	育肥期 （d）	日均增重 （g）
道细 F_1	60	22.61	40.39	60	254
萨阿 F_1	60	25.03	41.17	60	269
道阿 F_1	60	25.38	40.65	60	255
细毛羊	60	18.64	30.29	60	196
阿勒泰	60	22.47	35.25	60	213

以良种肉用羊（道赛特、萨福克和德国美利奴）作父本、本地羊作母本杂交所得羔羊除了具备父本个体大、生长发育快、肉质好的优势以外，还吸收了母本抗病能力强、耐粗饲、适应能力强等生产性能。农牧户根据当地羊品种资源、饲草料资源状况、技术力量、经济状况、养殖水平等因素选择适合当地的肉羊杂交

模式，充分利用杂交优势，杂交一代育肥后可全部用于商品生产。

二、注意性别

性别对育肥效果的影响主要是由动物体内激素的类型和分泌量而引起的。公羔在出生后体内雄激素的分泌水平随年龄的增长而急剧增加，直到性成熟达到顶峰。雄激素有促进肌肉生长的功能，故其前期生长较快；而母羔在出生后主要靠雌激素的作用促进性腺发育，性成熟较早，体质和采食能力相对较弱，生长速度相对较慢（表11－5）。

表11－5　性别对育肥增重的影响

组别	性别	体重（kg）	增重（kg）	育肥期（d）	日均增重（g）
大	公羔	15.0	14.5	40	361.8
	母羔	14.1	10.8	40	271.5
中	公羔	11.6	12.6	40	316.3
	母羔	11.8	10.7	40	276.8
小	公羔	9.4	11.0	40	275.0
	母羔	9.7	10.5	40	261.5

公羔大约在8～10月龄性成熟。因此，用来进行早强断奶直线育肥的羔羊无需去势，其对肉质和味道（膻味）无任何不良影响。即使是采用常规育肥法，只要其出栏时未达到性成熟年龄，也不必进行去势，以免影响育肥增重。因为去势后的羯羔，机体的内分泌系统需要一段时间进行重新调整，这样势必延长育肥期、降低增重、加大饲养成本。

三、控制年龄

成年羊（周岁以上的羯羊、老龄淘汰母羊和种公羊）生理已进入体成熟或机能下降阶段。其育肥过程的增重除了现有肌细胞容积的扩大与沉积一些脂肪外，并没有肌肉的增长，肉质也已老化、适口性差。羔羊则与之不同，1~8月龄是羔羊快速生长期，3月龄肉用羊羔体重可达一周岁羊的50%，6月龄可达75%。这一时期，主要是肌肉细胞的急剧增加与扩张，长的主要是肌肉。因此，幼龄羊比老龄羊增重快，育肥效果好、经济效益高。选择断奶羔羊特别是早期断奶羔羊进行育肥，生产出的肥羔肉质好，深受消费者的青睐，可取得较高的经济效益。

表11-6是笔者在吐鲁番试验研究的结果，供参考。

表11-6 不同年龄段育肥效果的影响

类型	初重（kg）	末重（kg）	增重（kg）	育肥期（d）	日均增重（g）
羔羊	25.4±2.138	39.3±3.878	13.9±2.235	60	232.4±37.3
	25.5±2.345	39.8±3.689	14.3±2.874	60	268.1±47.9
淘汰母羊	43.5±2.870	54.6±3.123	11.1±2.270	60	221.6±45.4

四、选好胚子

羊胚子是指用来进行育肥的淘汰羊或架子羊。衡量指标主要包括体格、体重、体质发育、精神状况等，其中主要的衡量指标是体重。实验表明（表11-7），同样都是粗毛羔羊、日粮配方和饲养管理条件相同，但育肥初重不同则育肥期日均增重差异显著。所以，选购羊胚子时要选择体重大、体格强壮，被毛光亮、皮薄松软，两眼有神的；千万莫贪图价格便宜的蝇头小利，把"僵羊"拿来育肥。

一般要求，自然放牧常规断奶的6~8月龄羔羊育肥初重≥30kg；早期断奶羔羊≥20kg，不能低于15kg。

表 11 - 7　育肥初重对粗毛羔羊育肥效果的影响

畜主	群体（只）	抽样（只）	育肥期（d）	育肥初重（kg）	育肥末重（kg）	日均增重（g）
阿不力孜	200	30	30	30.45 ± 3.25	39.5 ± 1.36	303 ± 65
	150	20	30	34.40 ± 3.75	47.6 ± 3.75	351 ± 46

五、制定适宜的日粮配方

饲料配方决定日粮结构和营养水平。在一定限度内，育肥日增重与饲粮营养水平呈正相关。不同饲料配方的营养水平不同，即使采用相同的饲养标准和饲料种类，也会因各类饲料在配方中的配比不同而影响营养物质的消化吸收，从而影响育肥日增重。新疆畜牧科学院在吐鲁番所做的 6~8 月龄断奶阿勒泰羔羊不同日粮配方的试验结果（表 11 - 8）也证明了这一点。

表 11 - 8　两种不同日粮配方育肥效果分析

组　别	只数	育肥初重（kg）	育肥末重（kg）	育肥天数（d）	日均增重（g）	效益分析（元/只） 成本	肉增值	利润
传统配方	50	34.5 ± 2.06	40.57 ± 3.84	30	218.4 ± 38.9	24.00	40.97	16.97
优化配方	50	34.5 ± 2.28	45.91 ± 2.68	30	379.5 ± 30.7	26.52	77.02	50.50

六、确定适宜的育肥期

育肥期的确定应建立在羔羊增重规律的基础上。任何品种或类型的羊在育肥过程中，其日增重基本都呈 "S" 曲线。也就是说，在育肥过程中羔羊前期增重较快（曲线较陡），达到高峰并维持一段时间（曲线平稳）后开始下降。这时，其从采食饲粮所获取的营养物质用于维持的部分增大，而用于增重的部分减少，饲料报酬降低。

因此，育肥应在日均增重开始下降时结束、出栏上市，以减少维持消耗、获取较高的经济效益。杨润之等1989年木垒县全精料羔羊育肥试验数据（表11 – 9，分期称重）有力地说明了育肥期长短对育肥效果的影响。早期断奶 – 直线育肥的羔羊适宜育肥期以不超过60天为宜。

表11 – 9　育肥期对育肥效果的影响

育肥前体重 （kg）	育肥后体重 （kg）	育肥期 （d）	日均增重 （g）	饲料增重 比
10.5	19.3	30	293.3	2.5
10.5	23.5	50	260.1	4.1

七、重视驱虫防疫

驱虫是育肥过程不可或缺的工作，也是提高增重效果和饲料报酬的重要技术措施。防疫（接种疫苗）则是育肥过程安全顺利进行的首要保证，否则，将造成毁灭性打击，满盘皆输血本无归。"千万注意，万万不可粗心大意!"

八、分群分圈饲养

前面已经讲过，分群分圈饲养便于"对症下药"以针对不同的羊制定适宜的日粮配方和管理措施，避免"弱势群体"采食饲料不足影响增重，确保每只羊吃饱吃足、发挥其增重潜力，提高整体增长水平和效益。也便于"全进全出制"管理模式的实施，加快畜群周转，提高资金利用率和效益。

九、添加剂的使用

饲料添加剂是现代高效畜牧业发展的产物，对现代畜牧业特别是舍饲养殖业的发展起到了不可或缺的重要作用。育肥羊添加与不添加饲料添加剂效果大不相同（表 11 - 10）。适用于肉羊育肥的添加剂既由单一的、也有复合的，常见的有微量元素添加剂、维生素微量元素复合添加剂、饲用酶制剂、微生态制剂及氨基酸添加剂等。其分类、作用与功效、适用对象及使用注意事项，详见第九章及产品使用说明书。

表 11 - 10　添加剂对育肥效果的影响

类　型	组别	n	试验初重（kg）	精料摄入量（kg）	粗料摄入量（kg）	育肥期（d）	日均增重（g）
淘汰母羊	试验	36	46.4 ±4.4	1.014 ±0.126	1.091 ±0.323	45	257 ±66.3
	对照	35	45.9 ±4.5	1.014 ±0.126	1.122 ±0.333	45	189 ±53.1
细毛羔羊	试验	30	30.1 ±2.23	0.60	1.475	30	337 ±81
	对照	30	29.3 ±1.73	0.60	1.394	30	196 ±47

第五节　羔羊早期断奶—直线育肥技术

随着我国国民经济的持续快速发展、人民生活水平不断提高，城乡居民的饮食结构发生了巨大的变化，已从温饱型转向营养型。"讲究营养，保证卫生，重视保健，力求方便，崇尚美味，回归自然"是 21 世纪我国食品消费发展的战略方针。美味多汁、营养丰富的肥羔肉越来越受到消费者的青睐和追捧。

4 ~ 5 月龄出栏屠宰的、胴体重为 15 ~ 18kg 的羔羊肉叫做肥羔肉。有研究结果表明：肥羔具有鲜嫩多汁、精肉多、脂肪少、味鲜美、易消化吸收、膻味轻及营养价值全面等特点。羔羊肉蛋白质含量高达 20% 以上，而成年羊肉只有 11.1%；羔羊肉 Mg、Zn 含量比成年羊高 19.49%、31.96%；羔羊肉氨基酸含量高，人体所需的必需氨基酸齐全，组氨酸和苏氨酸达到了理想的比例；一般羔羊肉脂肪含量为 20% 左右，成年羊肉高达 28.8%；

每100g羊肉中，成年山羊肉含胆固醇为60mg、绵羊肉为65mg，羔羊肉为27~44mg。

据悉，目前在国际市场销售的羊肉主要为肥羔肉。在美国、英国每年上市的羊肉中90%以上是羔羊肉。在新西兰、澳大利亚和法国，羔羊肉的产量占羊肉产量的70%。欧美、中东各国羔羊肉的需求量很大，仅中东地区每年就进口活羊1 500万只以上，4~6月龄屠宰的肥羔胴体重可达15~20kg。肥羔肉质细嫩，在市场上倍受青睐，羔羊肉的需求量不断增长、发展空间巨大。

从20世纪70年代中期开始，我国羔羊育肥逐步兴起。目前全国羔羊肉产量占羊肉总产量约5%，其中新疆为15%、内蒙古为12%、黑龙江为10%。与养羊业发达国家相比，我国肥羔生产差距很大、发展潜力也很大。

生产优质肥羔肉的基本方式就是实行羔羊早期断奶-直线育肥。

一、羔羊早期断奶技术

1. 羔羊早期断奶的概念

早期断奶是相对于常规断奶而言的，从时间（年龄）上来说比常规断奶的要早。所以，广义上讲，只要比常规断奶的时间早，都可以称为早期断奶。狭义而言，羔羊早期断奶则是在常规3~4月龄断奶的基础上，将哺乳期缩短到60天，即羔羊40~60天龄断奶称为早期断奶。畜牧业发达国家则是1~1.5月龄，最早的是2~3周龄。

2. 羔羊早期断奶的理论依据

羔羊早期断奶是建立在对羔羊瘤胃发育过程研究基础之上的。试验观察认为，羔羊瘤胃发育可分为出生至3周龄的无反刍阶段、3~8周龄的过渡阶段和8周龄以后的反刍阶段。3周龄内羔羊以母乳为饲料，其消化是由皱胃（真胃）承担的，消化规律与单胃动物相似；3 周龄后才能慢慢地消化植物性饲料；当生长到 7 周龄时，麦芽糖酶的活性才逐渐显示出来；8 周龄时胰脂肪酶的活力达到最高水平，使羔羊能够利用全乳，此时瘤胃已充分发育，能采食和消化大量植物性饲料，即 8 周龄时就可以断奶了。但有些试验证明，羔羊 40 天断奶也不影响其生长发育，效果与常规的 3~4 月龄断奶差异不显著。

在此理论基础上，人们采用特殊配制的开食料进行早期诱导补饲的办法培养羔羊的瘤胃消化机能，使其提早建立起对精料和粗饲料的消化利用能力，将其断奶日龄提前到 1~1.5 月龄。

3. 早期断奶的意义

实行羔羊早期断奶，缩短哺乳期和产羔周期，有利于母羊体况恢复、早配种，实现一年两产或两年三产高频繁育，提高养羊业经济效益；全年均衡产羔、增加羊源，以利于下游加工企业全年加工，一年四季羊肉均衡供给。

4. 羔羊早期断奶的方法

大体可分为一次性断奶和逐步断奶两大类。

（1）一次性断奶法 在到达预定的、可以断奶的时间时，羔羊和母羊一次性彻底分开，从此不再和母羊接触、不食母乳。其特点是便于管理，母羊体况恢复较快。标准化肉羊场一般采用一次性断奶法，有利于生产组织和管理。

①羔羊出生后一周断奶，用代乳品进行人工育羔：方法是将代乳品加水倍稀后，日喂 3~4 次，为期 3 周，同时补饲开食料、优质干草或青草，促使羔羊瘤胃尽早发育。目前市场上的大部分羔羊代乳品能很好的满足羔羊营养需要，可降低腹泻的发生率。

②羔羊出生后 40 天左右断奶，完全饲喂草料或放牧。采取此法的理由：一是从母羊泌乳规律看，母羊产后 3 周达到泌乳高峰，而至 9~12 周后急剧下降，此时泌乳仅能满足羔羊营养需要的 5%~10%，并且此时母羊形成乳汁的饲料消耗大增；二是从

羔羊的消化机能看，生后 7 周龄的羔羊，已能和成年羊一样有效地利用草料。

③6~10 周龄断奶，人工草地上放牧或育肥。澳大利亚、新西兰等国大多推行 6~10 周龄断奶，并在人工草地上放牧。新疆畜牧科学院采用新法育肥 7.5 周龄断奶羔羊，平均日增重 280g，料重比为 3:1，取得了较好效果。

（2）逐步断奶法　即采用"限制哺乳 + 早期补饲"的断奶方法。一般的做法是，在羔羊出生后 7~10 日龄开始诱饲，用隔栏补饲技术将母羔隔开，每日定时、定次采食母乳；在非哺乳时间，给羔羊饲喂少量"补饲精料"和优质苜蓿草粉，让羔羊在栏栅内自由采食补饲料，刺激其瘤胃发育。随着时间的延长，每天哺乳的次数逐渐减少，而补饲的草料量逐渐增加，直至断奶。

此法的突出特点是，条件要求低、饲养成本低，羔羊断奶应激反应小，过渡平稳，羔羊成活率高，而且适合后备种羊的培育。该法适宜广大农牧养殖户。

5. 羔羊早期断奶的适宜时间

理论上讲，羔羊早期断奶的适宜时间在 8 周龄左右较为合理。但由于羊的品种、各自饲养条件以及管理水平的差异，选择断奶的时间应以断奶后羔羊能够采食植物性饲料、正常生长为衡量标准。

目前，早期断奶的时间有两种：一是羔羊出生后一周断奶，然后用代乳品进行人工哺乳；二是羔羊出生后 40 天左右断奶，断奶后饲喂植物性饲料或在优质人工草地放牧。

依新疆和我国目前的饲养和管理水平，标准化规模肉羊场：实行两年三产制的多胎型肉用羊，宜采用羔羊出生后一周断奶，用代乳品进行人工育羔至 1~1.5 月龄；种羊繁育的应采用"限乳 + 补饲"的逐步断奶方法，2~2.5 月龄断奶为宜。

6.饲养管理注意事项

（1）保证吃足初乳　吃好初乳是降低羔羊发病率、提高其成活率的关键环节。初乳中含有丰富的蛋白质（17%～23%）、脂肪（9%～16%）、氨基酸、矿物质等营养物质和免疫抗体，能增强羔羊的体质、免疫力和便于羔羊胎粪及时顺利排出。羔羊初生后1～3日龄内一定要吃上初乳。对那些母羊初乳较少、不能吃足初乳的羔羊采取寄养；对无法寄养或拒绝寄养的，应人工辅助其吸吮其他母羊的初乳2～3次后，再采用代乳料人工哺乳。

（2）掌握好乳液温度　把握好乳液温度是代乳料人工育羔成败的又一关键技术。适宜温度为36～38℃，最高不超过40℃。温度过低会导致羔羊拉稀；温度过高则易烫伤羔羊口腔黏膜、影响采食。

（3）选高质量的代乳料　代乳料即仿照母乳成分人工配制的代替羊乳的高营养全价饲料。在选择代乳料时要详细查看说明书，做到：①营养价值高。代乳料的营养成分一定要尽量与母乳相近，特别是免疫蛋白、消化酶等成分不可或缺，保证满足羔羊生长发育的营养需要；②具有较好的适口性。羔羊喜欢采食、易消化吸收；③价格低廉。在满足上述三条原则的前提下，尽可能选购价格低廉的。如果可能，尽可能选用经科研单位试验推荐的、信誉好的公司或科研机构生产的产品。用代乳品饲喂羔羊时，要精心饲喂，注意清洁卫生。在开展早期断奶强度育肥时宜采用颗粒饲料。

（4）早期诱饲和补饲　羔羊出生后5～10日龄起开始诱饲和补饲。在圈舍内设置仅供羔羊自由进出的隔离栏，训练羊只采食优质青干草和混合饲料，以刺激消化系统组织器官的快速发育。详见第六章。

（5）羔羊圈舍环境　羔羊舍应经常保持清洁、干燥、温暖，勤换垫草，密闭式羊舍还应注意通风换气。暖季采用在运动场上隔栏补饲，要搭建凉棚，注意防雨、防晒。

二、直线育肥技术

1. 直线育肥的概念

采食高精料的早期断奶羔羊直接用来进行舍饲强度育肥，用来生产优质肥羔肉的育肥方式称之直线育肥。

2. 直线育肥的特点

羔羊直线育肥具有"两好三高"的特点，即增重效果好、胴体质量好、饲料转化率高、屠宰率高、经济效益高。

（1）增重效果好　1986 年由新疆畜牧科学院畜牧研究所专家杨润之主持的自治区星火计划项目《绵羊育肥技术示范》在木垒县进行的试验表明，早期断奶羔羊全精料育肥 50 天，平均日增重可达 280g。

据报道，体重 10kg 左右、1. 5 月龄断奶羔羊全精料育肥 50 天，3 月龄时屠宰上市，体重可达 25 ~ 30kg，平均日增重 400g 左右。

2005 年新疆畜牧科学院畜牧研究所在昌吉华兴良种畜繁育场，对 60 日龄断奶的萨福克、道赛特与阿勒泰羊、道赛特与细毛羊杂交一代羔羊进行 60 天舍饲强度育肥，平均日增重均在 250g 以上。

近年来，羔羊早期断奶直线育肥技术在有新疆"肉羊之乡"之称的玛纳斯县安家落户，为广大群众所接受，收到了良好效益，推广应用面越来越大，已成为群众的自觉行动。

（2）胴体质量好　随着生活水平的提高，人们的消费观念也发生了新的变化。在羊肉消费中，低脂多肉、鲜嫩美味、营养卫生已成为消费者的共同追求。采用早期断奶直线育肥技术生产的肥羔肉正好满足了人们这一要求。

对 4 月龄直线育肥羔羊产肉性能和胴体品质分析的结果表

明，其胴体重、骨肉比、肩肉、后腿肉等指标均高于秋季育肥的淘汰羔羊，而劣质肉（腰肉）的比重下降。

　　进一步对5月龄出栏的萨福克、道赛特与阿勒泰羊、道赛特与细毛羊杂交一二代育肥羔羊产肉性能、胴体品质及其肉质分析结果证明，不仅其产肉性能、胴体品质优于秋季淘汰育肥羔羊，而且其尾脂重、背膘厚度（GR）、胴体脂肪含量明显下降，眼肌面积、肌间脂肪含量增高，特别是香味物质、甜味物质提高，人体所需的9种必需氨基酸齐全，亚麻酸、亚油酸的含量也明显增加，称得上是"全价羊肉"。

　　（3）饲料转化率高　饲料转化率是衡量育肥效果的一项重要的经济指标，通常用消耗单位风干饲料重量与所得到的动物产品重量的比值（饲料报酬）来表示。常规断奶、6月龄淘汰育肥羔羊的料肉比为4~8：1，有的达到10：1。而早期断奶直线育肥羔羊的料肉比则为2.5~3：1，有的可达2.1：1。

　　（4）屠宰率高　屠宰率是衡量产肉性能的一项常规指标。常规放牧、六月淘汰羔羊的屠宰率一般都在45%左右，而早期断奶直线育肥羔羊的则为46%~50%。

　　（5）经济效益高　经济效益是衡量养羊生产水平、培育和育肥效果的最直接和最后的标准。有资料表明，早期断奶直线育肥羔羊平均每只纯收入（41.47元）比秋季淘汰育肥羔羊（8.31元）增加近4倍。与传统的羔羊育肥相比，早期断奶直线育肥羔羊起码要节约3~5个月的饲养费用114~190元（舍饲养殖）。

　　3. 直线育肥原理

　　羔羊直线育肥以羔羊生长曲线为依据（图11-2）。研究观察表明，羔羊出生后2~5月龄生长速度很快，6月龄左右进入初情期，此后因周期性发情的影响，生长速度开始减慢，然后逐渐下降直至成年。羔羊早期断奶直线育肥恰在3~5月龄，正好与羔羊快速生长期相吻合。因此，在营养供给充足的情况下，其增重速度就快。此外，羔羊处在幼年期，肉质鲜嫩、美味多汁，适合生产优质肥羔肉。

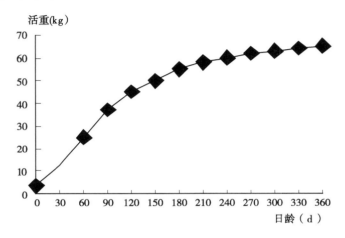

图 11-2　羔羊生长曲线图

4. 直线育肥的方法

（1）全精料育肥　全精料育肥即育肥期内不喂粗饲料。实际上它是建立在一次性断奶、人工代乳料的早期断奶的基础之上的。其理论依据是，反刍动物幼年期以母乳为唯一食物来源，真胃功能发达，其他三个胃尚未发育。在羔羊吃足初乳后，这时人为地给它饲喂以全精料日粮（代乳料），促进真胃机能快速完善，而反馈性地抑制瘤胃发育，从而，像喂单胃动物一样喂羊。

羔羊采取早期断奶全精料育肥技术优势有两点：一是羔羊 3 月龄内生长最快，早期育肥具有较高的屠宰率；二是该技术只喂精饲料而不喂粗饲料，提高了饲料转化率和日增重。

但其饲养成本高、设备要求高、技术性强，不易为普通群众接受和掌握，技术运用和操作管理稍有不当，就会引起较大损失。因此，在目前生产力水平下，该项技术的推广应用将受到一定的限制。

（2）舍饲强度育肥 即在早期补饲、早期断奶的基础上，利用羔羊已经习惯采食精饲料的特点，加以高精料强度育肥，达到快速育肥出栏、生产优质肥羔的目的。该法的突出特点：①精饲料与粗饲料并用不易发生消化道疾病，饲养成本也低；②精饲料占的比重较大（50%～60%），增重较快；③羊肉味道鲜美。这种方法已为群众接受，可在新疆普遍推广。

5. 直线育肥注意事项

（1）育肥与断奶过程紧密衔接 羔羊早期断奶后要紧接着进行直线育肥，不可中途停顿下来。否则，必然产生两方面的不良影响：一是羔羊断奶时采食精饲料的水平较高〔一般达到300g/（只·天）以上〕，中途停顿下来降低其饲养水平，必然导致其体重下降，生长速度减慢；二是当再次使用高精料日粮进行强度育肥时，羔羊必然对其产生一个较长的适应期，平白增加了15～20天饲养成本，降低育肥的经济效益。用作后备种羊的，也不可急剧降低其饲养水平（精料饲喂量），逐渐地为好。

（2）育肥日粮与断奶日粮平稳过渡 一般说来，育肥日粮与断奶日粮（代乳料）在组成和营养水平上有很大不同。所以，从断奶日粮平稳地过渡到育肥日粮是获得良好育肥效果的十分重要的环节。为此，一般采取"逐步替代法"来实现。即用育肥日粮部分替代断奶日粮，逐步加大其在断奶日粮中的比例，直至最后全部使用育肥日粮。这一过程持续时间的长短要视羔羊的采食、消化情况而定，一般需要7～10天。

（3）育肥期内不宜频繁更换日粮配方 羔羊舍饲强度育肥的育肥期一般为50～60天。由于饲养期相对较短，整个育肥期内一般以采用一个饲料配方为好，更换饲料配方会引起适应性应激反应，影响增重。为了满足羔羊日益增长的营养需求，可通过逐渐增加精料饲喂量、减少粗饲料饲喂量的办法来实现。如表

11-11为新疆畜牧科学院在昌吉华兴公司进行早期断奶羔羊直线育肥试验所用的配方，供用户参考。

表11-11　2~3月龄杂交公羔育肥期日粮配方

精饲料（%）								粗饲料（%）		饲喂量（kg）		
玉米	葵粕	豆粕	棉粕	麸皮	添加剂	酵母粉	小苏打	食盐	小麦秸	苜蓿粉	精饲料	粗饲料	青贮料
54	15	10	5	11	1.0	2	1	2	30	70	0.80	1.20	1.5

（4）颗粒饲料的应用　颗粒饲料具有体积小、营养全浓度大、不易挑食、浪费小等特点。实践证明，颗粒饲料比粉状饲料可提高饲料报酬5%～10%，且适口性好，羊喜欢采食。所以，在实施早期断奶强度育肥时提倡应用颗粒饲料。另外，颗粒饲料还具有良好的流动性和输送性。采用自动喂料器、全精料育肥羔羊最好使用颗粒饲料。

第六节　肥羔生产技术措施

一、肥羔及其生产优势

肥羔生产之所以在世界各国肉羊生产中受到特别重视，基于以下几个方面。

1. 肥羔肉鲜嫩多汁，营养丰富

肥羔肉具有鲜嫩多汁、精肉多、脂肪少、味鲜美、易消化吸收、膻味轻及营养价值全面等特点，深受国内外消费者的欢迎。

2. 优质优价，经济效益高

在国际市场羔羊肉价格高，比普通羊肉高1～2倍。

3. 羔羊生长速度快，饲料报酬高

高投入高产出，便于组织专业化、集约化生产。4月龄羔羊胴体增重远大于蹄、内脏等非胴体部分，因此屠宰率高达55％以上。由于4月龄羔羊瘤胃消化能力较弱，真胃消化能力很强，因此易消化精料，饲料报酬最高的可达3：（1～4）：1，而成年羊为6：（1～8）：1。

4. 加快羊群周转，优化种群结构

羔羊当年屠宰加快了羊群周转，缩短了生产周期，可提高羊群出栏率和商品率，优化了畜种畜群结构。此外，由于大部分羔羊当年育肥屠宰，羊群结构中母羊的比例大幅提高，有利于扩大再生产，可获得更高的经济效益。

5. 减少越冬死亡，减轻草场压力

羔羊当年屠宰减轻了越冬度春的人力和物力的消耗，避免了冬春季掉膘甚至死亡的损失。越冬牲畜数量的减少也减轻了草场压力、缓解了畜草矛盾。

6. 生产肥羔的同时，又可生产优质毛皮

二、肥羔生产的技术措施

随着科学技术的发展，原始粗放经营方式的养羊业已明显落后。现代养羊业尤其是肥羔生产已转向规模化、工厂化经营。为了适应新的生产需要和提高经济效益，肥羔生产中广泛采用了以下主要技术措施。

1. 扩大母羊比例，加快畜群周转

为实现羔羊当年出栏的目标，许多肥羔生产发达的国家对羊群结构及时做出了调整，羊群中生产母羊的比例一般都在70％以上，高的达到了80％。以草原放牧为主生产肥羔肉的新疆，必须针对天然草场季节性变化的特点调整羊群结构，使可繁母羊的比例保持在60％～70％。

2. 开展经济杂交

国外多年实践表明，肥羔生产中开展经济杂交是增加羔羊肉产量的一种有效措施。在相同的饲养管理下，杂种羊在初生重、断奶重、生长速度、饲料报酬、成活率及抗病力等方面均显示出较单一品种的优势；同时，繁殖力等生产性能也得到提高。一般情况下，品种间差异越大，其杂种优势也越大。主要性状的杂交优势率：产羔率可提高20%～30%，增重率提高20%，羔羊成活率提高4%。

3. 同期发情技术的应用

同期发情是现代羔羊生产中一项重要的繁殖技术，对于肥羔专业化、工厂化整批生产更是不可缺少的一环。利用外源激素使母羊发情同期化可使配种时间集中，有利于羊群抓膘、节约管理费用。更重要的是有利于发挥人工授精技术的优势，扩大优秀种公羊的利用，使羔羊群体整齐，便于管理。

4. 早期配种技术的应用

二十世纪中叶以前，母羊1.5～2.0岁开始配种，前苏联甚至达到了2.5岁。近年来，许多国家开始采用6～8月龄发育良好的母羊（体重为成年的70%）进行早期配种。这样使母羊初配年龄提前数月或一年，从而增加了母羊使用年限，缩短了时代间隔，提高终身繁殖力。曾有人担心，羔羊妊娠和泌乳可能使自身的生长发育受阻。实践表明，只要草料充足，营养全价，早期配种不但有助于母体自身的生长发育，而且妊娠后所产生的孕酮还有助于促进自身成熟、延长母体寿命。

5. 母羊频密产羔技术的应用

肉羊频密繁育技术在一些发达国家开展比较普遍、已有一定的历史。我们可以利用有些绵羊品种，比如小尾寒羊、湖羊以及新疆本地的多浪羊和策勒黑羊具有常年发情、配种的特性。在条件优越的农区推行频密产羔技术（参见第八章），全年均衡生产肉羊。以充分发挥母羊的遗传潜力、增加羊肉产量，取得最大社会效益和经济效益。

6. 诱发分娩技术的应用

在母羊妊娠末期（140 天以后），用激素诱发提前分娩，使产羔时间集中，有利于大规模批量生产与周转，方便管理。

诱发分娩的方法有：傍晚注射糖皮质激素或类固醇激素，12 小时后即有 70% 母羊分娩；或预产期前用雌二醇苯甲酸盐、前列腺素等，90% 母羊在用药后 48 小时内产羔。

7. 加强怀孕母羊的饲养管理

提供体质健壮、发育良好的羔羊，必须从羔羊胎儿期就开始培育。保证母羊妊娠后期营养是羔羊正常发育、增强羔羊体质的关键。母羊怀孕后期的 2 个月胎儿生长变快，妊娠母羊和胎儿共增重 7~8kg。为满足母羊的生理需要，每天给怀孕期母羊补饲混合日粮 0.5kg（舍饲羊 1.0~1.5kg）、优质青干草。

第十二章　肉羊疫病防治

第一节　羊舍卫生

为了净化周围环境，减少病原微生物滋生和传播的机会，对羊的圈舍要经常保持清洁、干燥；粪便及污物要做到及时清除，并堆积发酵；保持饲草、饲料新鲜，防止发霉变质；固定牧业井，或以流动的河水作为饮用水，有条件的地方可以建立自动卫生饮水处，水槽给水的要定期清洗，每天更换清水；此外还应注意消灭蚊蝇，防止鼠害等。

一般情况下，对羊舍每年清洗 2 次，春、秋各 1 次。清洗分两步进行：第一步先进行机械清扫；第二步用消毒液消毒，常用消毒液有 10%～20% 石灰乳、5%～20% 漂白粉溶液、2%～4% 氢氧化钠溶液、5% 来苏尔、20% 草木灰水和 4% 福尔马林等。产房在产羔前应进行 1 次。在病羊舍、隔离舍的出入口处应放置有消毒液的麻袋片或草垫，用 2%～4% 氢氧化钠或 10% 克辽林溶液消毒液进行消毒。

第二节　主要传染病和防治方法

一、炭疽病

是由炭疽杆菌引起的人畜共患的急性、热性、败血性传染病。病羊是主要传染源，在其分泌物、排泄物和天然孔流出的血液中含有大量病菌。病尸处理不当，炭疽杆菌形成芽孢并污染土壤、水源、牧地，羊吃了被污染的饲草和饮用水而被感染。本病多为散发，常在夏季雨后发生，在发生过炭疽的地区，有可能年年发病。

【症状】潜伏期 1 ~ 5 天，有的可长达 14 天。患羊表现昏迷、摇摆、磨牙、全身战栗，呼吸困难，口、鼻流出血色泡沫，肛门、阴道流出血液，且不易凝固，数分钟即可死亡。病情缓和时，兴奋不安、行走摇摆，呼吸加快、心跳加速，眼黏膜发绀，后期全身痉挛，天然孔出血，数小时内即可死亡。

【防治】对经常发生炭疽的地区，每年用无毒炭疽芽孢苗（对山羊毒力较强，不宜使用）或第二号炭疽芽孢苗作预防注射。有炭疽病例发生时，应及时隔离病羊，对污染的羊舍、用具及地面要彻底消毒，可用 10% 热碱水或 2% 漂白粉连续消毒 3 次、间隔 1 小时。对同群的未发病羊，使用青霉素连续注射 3 天预防。病死尸体严禁解剖、剥皮吃肉，尸体要深埋，被污染的地面土应铲除与尸体一起埋掉。病羊必须在严格隔离条件下进行治疗。山羊和绵羊病程短、常来不及治疗；对病程缓和的病羊可采用特异血清疗法结合药物治疗：患病初期可使用抗炭疽血清静脉或皮下注射，40 ~ 80ml/羊次，12 小时后再注射一次；青霉素每千克体重 1.5 万单位每隔 8 小时注射一次，连续 2 ~ 3 天。两者结合使用效果更好。

二、布氏杆菌病

本病是由布氏杆菌引起的人、畜共患慢性传染病。主要侵害动物的生殖系统，引起母羊流产、不育，公羊发生睾丸炎等。布氏杆菌在土壤、水中和皮毛上能存活几个月，一般消毒药可在数分钟内可杀死本病。人感染此病的主要途径是接羔时伤口侵入。

疫苗只可预防不可治疗，终身携带。

【症状】带病体为隐性感染。母羊在妊娠末期流产，严重时可达 40%～70%；公羊表现为睾丸、关节肿胀和不育，少数病羊发生角膜炎和支气管炎。

【防治】该病无治疗价值，一旦感染应马上淘汰。羊群净化应每年进行定期检疫，定期进行布氏杆菌疫苗接种，发现病羊应及时隔离，以淘汰屠宰为宜，严禁与健康羊接触。必须对污染的用具和场所进行彻底消毒；流产胎儿、胎衣、羊水和产道分泌物应深埋。新买进的羊要检疫，隔离观察半个月，无病后方可入群。

三、破伤风

本病是人畜共患病，由破伤风梭菌引起的急性、创伤性中毒性传染病，又称锁口风、脐带风。

【症状】主要通过伤口感染。在伤口小而深、创内发生坏死或伤口被泥土、粪便、痂皮封盖，创内缺氧时病原体在创内生长发育产生毒素，刺激中枢神经系统而发病。常见于去势、断脐、分娩及外伤等处理不当感染发病。病羊精神呆滞，起卧困难，四肢逐渐僵直，全身肌肉僵硬，头颈伸直，角弓反张，牙关紧闭，流涎吐沫。体温一般正常，仅在临死前体温上升至 42℃ 以上，死亡率很高。

【防治】预防本病应以防止羊发生外伤为主，一旦有外伤或剪毛时出现伤口、断脐等要及时清伤口，严格消毒。将羊放置光线暗处，尽快找到伤口，排除脓汁、异物、坏死组织及痂皮，用3% 过氧化氢液或5%～10% 碘酊消毒处理，并结合用青霉素在创面周围注射。为缓解痉挛，用盐酸氯丙嗪 30～50mg 肌肉注射。不能采食可进行补液、补糖。当发生便秘时，可用温水灌肠或投服盐类泄剂。

四、羊快疫

羊快疫是由腐败梭菌引起的主发于绵羊的一种急性传染病。该病以突然发病，病程短促，真胃出血性、炎性损害为特征。病原菌在动物体内外均能产生芽孢，所以必须使用强力消毒药进行消毒，如20%漂白粉，3%~5%氢氧化钠等。

【症状】病羊往往来不及表现症状，突然死亡。常见在放牧时死于草场或早晨发现死于圈舍内。死亡慢者：不愿行走，运动失调，腹痛腹泻，磨牙抽搐，最后衰弱昏迷，口流带血泡沫；病程极为短促，多于十分钟至几小时内死亡。

【防治】常发区定期注射羊厌氧菌三联苗（羊快疫、羊猝狙、羊肠毒血症）或五联苗（另加羊黑疫和羔羊痢疾）或羊快疫单苗，皮下或肌肉注射5ml/只，免疫期半年以上。加强饲养管理，防止严寒袭击，严禁吃霜冻饲料。病发期将圈舍搬迁至地势高燥之处。

五、肠毒血症

本病是由D型魏氏梭菌在羊的肠道中大量繁殖，产生毒素而引起的一种急性毒血症。本病发病急、死亡突然，其临床症状类似羊快疫，因此又称"类快疫"。该菌在动物体内能形成荚膜，故又称产气荚膜杆菌，可产生强烈的多种外毒素。

【症状】肠毒血症又称软肾病，临床症状与羊快疫相似，发病无症状突然死亡。病程稍缓者呈现腹痛、腹胀、离群呆立，嚼食泥土或其他异物。病初粪球干小，濒死期发生肠鸣腹泻，排出黄褐色水样粪便，有时混有血丝或肠伪膜。有的卧地或独自奔跑，出现四肢滑动、全身颤抖、眼球转动、磨牙、头颈向后弯曲等神经症状。最后口鼻流沫，常于昏迷中死亡。病羊一般体温不高，但血糖、尿糖常呈现升高现象。

【防治】羊肠毒血症病程急，未见病状就突然死亡。其特点是在真胃和十二指肠有出血性炎症，并在消化道内产生大量气体。农区、牧区春夏之际少抢青、抢茬；秋季避免吃过量结籽饲草；发病时搬圈至高燥地区。常发区羊和患羊可参考羊快疫防治方法。

六、羔羊痢疾

由 B 型魏氏梭菌引起的、以剧烈腹泻和小肠发生溃疡为特征的、多发于羔羊的一种急性传染病。

【症状】自然感染潜伏期 1～2 天，病羔精神沉郁，垂头拱背，腹壁紧缩，卧地不起，排绿色、黄色痢或棕色水样稀便，有恶臭；后期排血便，肛门失禁，高温、消瘦。个别病羔表现为腹胀而不下痢，或只排少量稀粪。常在数小时乃至数天内死亡。

【防治】增强孕羊体质，产羔季节注意保暖，防止受凉；合理哺乳；做好圈舍及用具的消毒工作。常发地区，每年对羔羊用四联苗（羊快疫、肠毒血症、猝狙、羔羊痢疾）进行预防接种。母羊产羔前 2～3 周最好再接种一次。一旦发病随时隔离病羊。发病羔羊的治疗主要以清理肠道、杀菌消毒为主。先口服 6% 硫酸镁溶液（内含 0.5% 福尔马林）20～30ml，6～8 小时后再口服 0.5% 高锰酸钾溶液 20～30ml。

七、羊副结核病

副结核病又称副结合性肠炎，是牛、羊的一种慢性接触性传染病。临床特征为间歇性腹泻和进行性消瘦。病原为副结核分枝杆菌，具有抗酸染色特性，对外界环境的抵抗力较强，在污染的牧场、圈舍中可存活数月，但对热抵抗力差。

【症状】病羊体重逐渐减轻，间断性或持续型腹泻，粪便呈稀粥状，体温正常或略有升高；后躯常形成"狭尻"，泌乳下降，前胸浮肿。病程一般 3 ~ 4 个月，有的可拖 6 个月至 2 年，最后因高度衰弱而死。

【防治】本病无治疗价值。发病后，对发病羊群每年用变态反应检疫 4 次，对出现症状或变态反应阳性羊，羊及时淘汰；感染严重、经济价值低的一般生产羊群应全部淘汰。对病羊的圈栏、用具可用 20% 漂白粉或 20% 石灰乳彻底消毒，并空置一年以后再用。

八、羔羊大肠杆菌病

羔羊大肠杆菌病又称羔羊大肠杆菌性腹泻或羔羊白痢，是由致病性大肠杆菌引起的一种羔羊急性传染病。其病理特征为胃肠炎或败血症。病原菌为中等大小的革兰氏阴性杆菌，对外界不利因素的抵抗力不强，常用消毒药可将其杀死。

【症状】本病多发于数日龄至 6 周龄的羔羊（那波里大肠杆菌也可致 3 ~ 8 月龄的绵羊羔与山羊羔发病，并呈急性经过）。本病多发于冬春季舍饲期间，主要经消化道感染；气候多变、初乳不足、圈舍潮湿等有利于本病的发生。潜伏期数小时至 1 ~ 2天。败血型多发生于 2 ~ 6 周龄的羔羊。病初体温升高，临诊常有精神委顿、四肢僵硬、运步失调、视力障碍、卧地磨牙、一肢或数肢做划水动作等神经症状，有的关节肿胀、疼痛；多于 24小时内死亡；肠型多见于 2 ~ 8 天的幼羔，病初体温升高，随之出现下痢，体温下降；病羔腹痛、拱背、委顿，偶见关节肿胀。粪便先呈半液状、色黄灰，以后呈液状、含气泡，有时混有血液。如治疗不及时可于 24 ~ 36 小时死亡，病死率 15% ~ 75%。

【防治】加强饲养管理，改善羊舍环境卫生，保持母羊乳头清洁，及时吮吸初乳等，也可用本地流行的大肠杆菌血清型制备的活苗或灭活苗接种妊娠母羊，以使羔羊获得被动免疫。可用氯霉素、土霉素、新霉素、磺胺类和呋喃类药物进行治疗，并配合护理和对症疗法氯霉素 10～30mg/kg 体重，肌肉注射，每日 2次；或按每日 55～110mg/kg 体重，分 2～3 次灌服；土霉素粉每日 30～50mg/kg 体重，分 2～3 次口服；磺胺咪第一次 1g，以后每隔 6 小时内服 0.5g；呋喃唑酮（痢特灵）每次 30mg，内服，每日 2～3 次，连用 2～5 天。

九、羊坏死杆菌病

坏死杆菌病是畜禽共患的一种慢性传染病。在临床上表现为皮肤、皮下组织和消化道黏膜的坏死，有时在其他脏器上形成转移性坏死灶。其病原是坏死梭杆菌。本菌对 4% 的醋酸敏感。

【症状】坏死杆菌病常侵害蹄部，引起腐蹄病。初呈跛行，多为一肢患病，蹄间隙、蹄踵和蹄冠开始红肿、热痛，而后溃烂，挤压肿烂部有发臭的脓样液体流出，随病变发展，可波及腱、韧带和关节，有时蹄匣脱落。绵羊羔可发生唇疮，在鼻、唇、眼部，甚至口腔发生结节和水疱，随后成棕色痂块。轻症病例，能很快恢复；重症病例若治疗不及时，往往由于内脏形成转移性坏死灶而死亡。

【防治】应加强管理，避免发生外伤，如发生外伤应及时涂擦碘酒。对羊坏死杆菌病的治疗，首先要清除坏死组织，用食醋、3% 来苏尔或 1% 高锰酸钾溶液冲洗，或用 6% 福尔马林或 5%～10% 硫酸铜溶液脚浴，然后用抗生素软膏涂抹，为防止硬物刺激，可将患部用绷带包扎。当发生转移性病灶时，应进行全身治疗，以注射磺胺嘧啶或土霉素效果最好，连用 5 天，并配合应用强心和解毒药，可促进康复，提高治愈率。

十、羊放线菌病

放线杆菌病为慢性传染病，牛最常见，绵羊及山羊较少见。该病的特征是头部、皮下及皮下淋巴结呈现有脓疡性的结缔组织肿胀，可以蔓延到肺部，但不侵害其他内脏。本菌抵抗力微弱，单纯干燥和加热至50℃能迅速将其杀死。本病为散发性，很少呈流行性。牛与绵羊可以互相传染。

【症状】病羊精神沉郁，食欲下降，反刍停止，几乎不吃草料，仅舔食少量的混合精料；体温升高不明显，测量为39.9℃；触摸下颌部及面部的脓肿，有波动感且柔软、无热无痛，有的脓肿部被毛脱落，皮肤变薄，之后自然破溃形成瘘管，流出大量脓性分泌物。

【防治】预防该病主要是防止皮肤和黏膜发生损伤，避免饲喂质地坚硬粗糙草料，发现伤口要及时处理和治疗。硬结可用外科手术切除，若有瘘管形成，要连同瘘管彻底切除。切除后的新创腔，用碘酒纱布填塞（1~2天更换1次），伤口周围注射10%碘仿醚或2%鲁戈氏液。口服碘化钾，每天1~3g连用2~4周。在用药过程中如出现碘中毒现象（脱毛、消瘦和食欲缺乏等），应暂停用药5~6天或减少用量。抗生素治疗该病也有效，可同时用青霉素和链霉素注射于患部周围，每日1次，连用5日为1个疗程。

十一、羊李氏杆菌病

李氏杆菌病又称转圈病，是畜禽、啮齿动物和人共患的传染病。临床特征是病羊神经系统紊乱，表现转圈运动，面部麻痹，孕羊可发生流产。

【症状】病初病羊体温升高、食欲消失、精神沉郁、眼睛发炎、视力减退、眼球常突出，继而出现神经症状，病羊动作奇异，步态蹒跚，或来回兜圈子。有的头颈偏于一侧，走动时向一侧转圈，不能强迫改变。在行走中遇有障碍物，则以头抵靠而不动。颈项肌肉发生痉挛性收缩时，则颈项强硬，头颈上弯，呈角弓反张。病的后期，病羊倒地不起，神态昏迷，四肢爬动作游泳状。一般 2～4 天死亡，死亡率有时高至 10%。在引起流行性流产的情况下，绵羊的表现是产前 3 星期左右流产，流产前并无任何症状。全部流产羊只的胎衣都滞留 2～3 天，其后不经任何处理即自动排出。少数流产母羊体质衰弱，但没有阴道排出物或子宫炎的症状，全部流产羊都能安全度过而最后痊愈。流产胎儿已发育完全，但体格很小，于产出时全部死亡，在胎膜与胎体上都没有眼可观的病理变化。

【防治】早期大剂量应用磺胺类药物或与抗生素并用，有良好的治疗效果。用 20% 磺胺嘧啶钠 5～10ml、氨苄青霉素按每千克体重 1.0 万～1.5 万单位和庆大霉素每千克体重 1 000～1 500 单位，均肌肉注射，每日 2 次。病羊有神经症状时，可肌肉注射盐酸氯丙嗪每千克体重用 1～3mg。预防本病平时应注意清洁卫生和饲养管理，消灭啮齿动物；发病地区应将病畜隔离治疗，病羊尸体要深埋，并用 5% 来苏尔对污染场地进行消毒。

十二、羊钩端螺旋体病

钩端螺旋体病又称黄疸血红蛋白尿，是绵羊和山羊共患的一种传染病，其特征为显著的黄疸、血尿、皮肤和黏膜出血与坏死。全年均可发病，以夏、秋放牧期间更为多见。传染的主要来源是病畜和鼠类。病畜和鼠类从尿中排菌，污染饲料和水源，可以通过消化道和皮肤传给健羊，有时也可通过鼠咬伤、结膜或上呼吸道黏膜传染，间或可能通过交配传染或胎内感染。

【症状】绵羊和山羊钩端螺旋体病的潜伏期为 4～15 天。依照病程不同，可将该病分为最急性、急性、亚急性、慢性和非典型性五种。通常均为急性或亚急性，很少呈慢性者。

最急性，体温升高到 40～41.5℃，脉搏增加达 90～100 次/分钟，呼吸加快，黏膜发黄色，尿呈红色，有下痢，经 12～14 小时而死亡。

急性，体温高达 40.5~41℃，由于胃肠道弛缓而发生便秘，尿呈暗红色，眼发生结膜炎、流泪，鼻腔流出黏液脓性或脓性分泌物，鼻孔周围的皮肤破裂，病期持续 5~10 天，死亡率达 50%~70%。

亚急性，症状与急性者大体相同，惟发展比较缓慢，体温升高后，可迅速降到常温，也可能下降后又重复升高，黄疸及血色素尿很显著，耳部、躯干及乳头部的皮肤发生坏死，胃肠道显著迟缓而发生严重的便秘，虽然可能痊愈，但极为缓慢，死亡率为 24%~25%。

慢性，临床症状不显著，只是呈现发热及血尿，病羊食欲减少，精神委顿，由于肠胃道动作弛缓而发生便秘，时间经久，表现十分消瘦，某些病羊可能获得痊愈，病期长达 3~5 个月。

非典型性所特有的症状不明显，甚至缺乏，疫群内往往有些羊仅仅表现短暂的体温升高。

【防治】经常注意环境卫生，作好灭鼠、排水工作。不许将病畜或可疑病畜（钩端螺旋体携带者）运入羊场。对新进入场的羊只应隔离检疫 30 天，必要时进行血清学检查。

饮水为本病传播的主要方式，因此，在隔离病羊以后，应将其他假定健康的羊转移到具有新饮水处的安全放牧地区。彻底清除病羊舍的粪便及污物，用 10%~20% 生石灰水或 2% 苛性钠严格消毒。对于饲槽、水桶及其他日常用具，应用开水或热草木灰水处理，将粪便堆集起来，进行生物热消毒。

当羊群或牧场发生本病时，应当宣布为疫群或疫场，采取一定的限制措施。在最后一只病羊痊愈后 30 天，并进行预防消毒的情况下，才可解除限制措施。在常发病地区，应该有计划地进行死菌苗或鸡胚化菌苗或多价浓缩菌苗注射，免疫期可达一年。

治疗期间，隔离病羊给予充分休息，饲喂绿色饲料和多汁饲料，经常供给饮水。避免受直射阳光的长期照射。根据病因，用

高免血清、抗生素（青霉素、链霉素、土霉素、金霉素）或
"九一四"进行治疗。对症治疗，可给予缓泻剂（便秘时）、利
尿剂乌洛托品（肾脏患病时）或强心剂（心脏衰弱时），同时进
行补液（静脉注射 20% 葡萄糖溶液或葡萄糖氯化钠溶液）。

十三、肉毒梭菌中毒症

本病又称腐肉中毒，是由肉毒梭菌所产生的毒素引起的一种
中毒性疾病。其特征是唇、舌、咽喉等发生麻痹。常发生于雨量
较多的时期，一般都是因为吃了腐败的青贮饲料或发霉腐烂的谷
物、干草、蔬菜而受到感染。在土壤中缺乏钙、磷的地区，羊只
容易发生异食癖，舔食野外有毒尸体而患病。

【症状】病的潜伏期变化颇大，由几小时到几天不等。羊患
病以后，表现有最急性、急性和慢性三种类型。

最急性不表现任何症状而突然发生死亡。

急性突然发生吞咽困难，卧地不起，头向侧弯，颈部、腹部
和大腿肌内松弛，然后食欲及饮欲消失，舌尖露于口外，口流黏
性唾液，多数发生便秘，但体温正常，知觉和反射活动仍存在。
病情发展快者 1 天之内死亡，慢者可延至4 ~ 5 天。

慢性除有急性型的症状外，常并发肺炎，最后常因极度消瘦
而死亡。

各型病例死亡率都很高，但也有少数自愈的。

【防治】该病以预防为主。不用腐败发霉的饲料喂羊，制作
青贮饲料时不可混入动物（鼠、兔、鸟类等）尸体。经常清除
牧场、羊舍和其周围的垃圾和尸体。

在常发病地区，可以进行类毒素的预防注射，如果发生可疑
病例，应立即停喂可能受污染的饲料，必要时可变换牧场。治疗
时可用每毫升含 1 万单位的抗毒素血清，静脉或肌肉注射 6 万 ~
10 万单位，可使早期病羊治愈。采用各种方法帮助排出体内的

毒素，例如投服泻剂或皮下注射槟榔素，进行温水灌肠，静脉输液，用胃管灌服普通水等。病的初期，可以静脉注射"九一四"，根据体重大小不同，剂量为 0.3~0.5g，溶于 10ml 灭菌蒸馏水中应用。在采用上述方法的同时，还应根据病情变化随时进行对症治疗。

十四、羊沙门氏菌病

羊沙门氏菌病包括绵羊流产和羔羊副伤寒两病，主要是由鼠伤寒沙门氏菌、都柏林沙门氏菌和羊流产沙门氏菌引起的，以羔羊急性败血症和下痢、母羊怀孕后期流产为主要特征的急性传染病。病原菌革兰氏染色阴性，对外界的抗力较强，在水、土壤和粪便中能存活数月。一般消毒药物可将其迅速杀死。

【症状】流产型多在怀孕的最后 2 个月发生流产或死产。病羊体温升高，不食、精神沉郁，部分羊有腹泻症状。病羊产出的活羔多极度衰弱，并常有腹泻，一般 1~7 天死亡。发病母羊也可在流产后或无流产的情况下死亡。羊群暴发 1 次，一般可持续 10~15 天，流产率和病死率均很高。

下痢型多见羊羔，体温升达 40~41℃，食欲减少腹泻，排黏性带血稀粪，有恶臭。精神沉郁，虚弱，低头弓背，继而卧地，病程 1~5 天死亡，有的经 2 周后可恢复。发病率一般为 30%，病死率 25% 左右。

【防治】对病羊隔离治疗，流产胎儿、胎衣及污染物进行销毁，污染场地全面消毒处理。对可能受威胁的羊群，注射相应菌苗预防。

病初用抗血清较为有效。药物治疗应首选氯霉素，其次是新霉素、土霉素和呋喃唑酮等。一次治疗不应超过 5 天，每次最好选用一种抗菌药物，如无效立即改用其他药物。在抗菌消炎的同时，还应进行对症治疗（氯霉素：羔羊每日 30~50mg/kg 体重，分3次供羊内服；成羊10~30mg/kg体重，肌内或静脉注射，每日2次。硫酸新霉素：5~10mg/kg体重，内服，1日2次。呋喃唑酮（痢特灵）：5~10mg/kg体重，内服，1日2~3次）。

十五、羊弯杆菌病

羊弯杆菌病原名"弧菌病"，是由弯杆菌属的细菌引起的多种动物罹患的传染病。羊弯杆菌病在临床上主要表现为暂时性不育、流产等症状。

【症状】患病羊和带菌动物是传染源，主要经消化道感染。绵羊流产常呈地方性流行，在一个地区或一个羊场流行1~2年或更长一些时间后，可停息1~2年，然后又重新发生流行。怀孕母羊多与孕期的第四、第五个月份发生流产，娩出死胎、死羔或弱羔。流产母羊一般只有轻度先兆——流出少量阴道分泌物，易被忽视。流产后阴道排出黏性或脓性分泌物。大多数流产母羊很快痊愈，少数母羊由于死胎滞留而发生子宫炎、腹膜炎或子宫朋毒症，最后死亡。病死率不高，约为5%。流产胎儿皮下水肿，肝脏有坏死灶。病死羊可见子宫炎、腹膜炎和子宫积脓。

【防治】严格执行兽医卫生防疫措施。产羔季节流产母羊应严格隔离并进行治疗。流产胎儿、胎衣以及污染物要彻底销毁；粪便、垫草等要及时清除并进行无害化处理；流产地点及时消毒除害。染疫羊群中的羊不得出售，以免扩大传染。本病流行区可用当地分离的菌株制备弯杆菌多价灭活菌苗，对绵羊进行免疫接种，可有效预防流产。

发病羊用四环素、氯霉素和呋喃唑酮内服治疗。四环素按每千克体重日服20~50mg，分2~3次服完。氯霉素按每千克体重日服30~50mg，2~3次服完。呋喃唑酮按每千克体重日服5~10mg，分2~3次服完。上述药物可连用2~3天。早期治疗能减少流产损失。

十六、羊链球菌病

羊链球菌病俗称"嗓喉病"，藏语称"吾娃"，是由兽疫链球菌引起的一种急性、热性、败血性传染病。本病菌以颌下淋巴结和咽喉肿胀、大叶性肺炎、呼吸异常困难、各脏器出血、胆囊肿大为特征。

【症状】病羊体温升高至41℃，呼吸困难，精神不振，食欲低下，反刍停止。眼结膜充血，流泪，常见流出脓性分泌物；口流涎水，并混有泡沫；鼻孔流出浆液性、脓性分泌物。咽喉肿胀，颌下淋巴结肿大，部分病例舌体肿大。粪便松软，带有黏液或血液。有些病例可见眼睑、口唇、面颊以及乳房部位肿胀。怀孕羊可发生流产。病羊死前常有磨牙、呻吟和抽搐现象。病程一般2~5天。

【防治】未发病地区勿从疫区引入种羊、购进羊肉或皮毛产品，加强防疫检疫工作。常发病地区坚持免疫接种，每年发病季节到来之前，用羊链球菌氢氧化铝甲醛菌苗进行预防接种。大小羊只一律皮下注射3ml，3月龄以下羔羊，2~3周后重复接种1次，免疫期可维持半年以上。加强饲养管理，抓膘、保膘，做好防寒保暖工作，消除各种促进疾病发生的因素。疫区要搞好隔离消毒工作，羊群在一定时间内勿进发过病的"老圈"。

发病早期可选用青霉素或磺胺类药物进行治疗。每次肌肉注射青霉素80万~160万单位，每日2次，连用2~3日。内服碘胺嘧啶每次5~6g（小羊减半），用药1~3次；或口服复方新诺明，每次每千克体重25~30mg，1日2次，连用3天。

十七、羊黑疫

羊黑疫又称传染性坏死肝炎，由B型诺维氏梭菌引起。本病主要引起2~4岁、营养好的绵羊发病，山羊也可发病。该病的发生与肝片吸虫的感染程度密切相关。主要发生于低洼、潮湿地区，以春夏季多发。

【症状】病羊主要呈急性反应，通常来不及表现临床症状即突然死亡。少数病例呈慢性经过，主要表现为食欲废绝，反刍停止，精神不振，呼吸急促，体温升高达41.5℃，最后昏睡而死。

【防治】首先要控制肝片吸虫的感染。定期用羊厌气菌病五联苗皮下注射或肌肉注射，每次5ml。将羊圈建在干燥处，也可用抗诺维氏梭菌血清早期预防，皮下或肌肉注射15ml，必要时可重复一次。该病由于病程短促，往往来不及治疗。病程较长者，可肌肉注射青霉素80万～160万国际单位，每天2次；或静脉、肌肉注射抗诺维氏梭菌血清，每次50～80ml，注射1～2次。

十八、羊传染性脓疱病

羊传染性疱病是脓疱病毒引起的羊的一种接触性传染病。其主要特征性病变是在嘴唇、口角、鼻孔周围等处的皮肤、黏膜上形成丘疹、水疱、脓疱，破溃后形成疣状厚痂，故又称羊口疮。本病世界各地都有发生。对成年羊危害轻，对羔羊危害重，死亡率为1%～15%。病羊康复后发育迟缓。

【症状】本病潜伏期为4～7天。发生部位主要在嘴唇、口角、鼻孔周围，其次是乳房、外阴及蹄部。发病后首先出现丘疹，继而形成水疱、脓疱，破溃流黄水，最后结痂，形成褐色或黑色的疣状物，揭开痂皮可见黄水或脓样物质。病羊患处发痒，嘴头不断在建筑物或树木上强行摩擦，严重时采食困难，精神不振，体温升高，采食和反刍减少，最后因机体衰竭而死亡。

【防治】使用消毒、杀菌、抗感染药物。揭去痂皮，用温盐水或0.1%高锰酸钾溶液、1%～3%硫酸铜溶液、明矾溶液等清洗创口，然后涂抹碘甘油或2%龙胆紫、鱼石脂软膏、尿素软膏等。同时，每只羊内服或肌注病毒灵0.4～0.6g，每天2次，连用3～5天。蹄部可用3%克辽林或3%来苏尔溶液洗净，擦干再涂松馏油。乳房部用2%～3%硼酸水冲洗，涂氧化锌鱼肝油软膏。

十九、口蹄疫

口蹄疫是由口蹄疫病毒引起的偶蹄类动物共患的急性、热性、高度接触性传染病。其临床特征是患病动物口腔黏膜、蹄部和乳房发生水疱和溃疡，民间俗称"口疮"、"蹄癀"。

【症状】病畜口腔黏膜、齿龈、唇部、舌部及趾间等发生水疱或糜烂。起初水疱只有豌豆到蚕豆大，继而融合增大或连成片状，1～2天破溃后，形成红色烂斑。很多病例出现条状、高低不平的水疱（波浪式），用手抓取时，常能大片地脱落。少数病例在鼻镜、角基及乳房上发生水疱。发生口腔水疱后或同时在蹄冠、蹄踵和趾间发生水疱和烂斑，若破溃后被细菌污染，则跛行严重。

【防治】无病地区严禁从有病地区（或国家）购进动物及其产品、饲料、生物制品等。来自无病地区的动物及其产品也应进行检疫。发生疫情时，立即上报，按国家有关规定，严格实行划区封锁，紧急预防接种，搞好消毒工作。口蹄疫流行的地区和划定的封锁区应禁止人畜及畜产品的流动。本病一般不允许治疗，要就地捕杀，实行无害化处理。

二十、绵羊痘

绵羊痘又名绵羊"天花"，是由绵羊花痘病毒引起的一种急性、热性、接触性传染病。本病以无毛或少毛部位皮肤、黏膜发生痘疹为特征。典型绵羊痘病程一般初为红斑、丘疹，后变为水疱、脓疱，最后干结成痂，脱落而痊愈。

【症状】潜伏期平均 6～8 天。流行初期只有个别羊发病，以后逐渐蔓延至全群。病羊体温升高达 41～42℃，精神不振，食欲减退，并伴有可视黏膜卡他性、脓性炎症。经 1～4 天后，开始发痘。痘疹多发生于皮肤、黏膜，无毛或少毛部位，如眼周围、唇、鼻、颊、四肢内侧、尾内面、阴唇、乳房、阴囊以及包皮上。开始为红斑，1～2 天后形成丘疹，突出于皮肤表面，坚实而苍白。随后，丘疹逐渐扩大变为灰白色或淡红色半球状隆起的结节。结节在 2～3 天内变成水疱，水疱内容物逐渐增多，中央凹陷呈脐状。在此期间，体温稍有下降。由于白细胞的渗入，水疱变为脓性，不透明，成为脓痘。化脓期间体温再度升高。如无继发感染，则几日内干缩成为褐色痂块，脱落后遗留微红色或苍白的瘢痕，经 3～4 周痊愈。

【防治】第一，加强饲养管理，勿从疫区引进羊和购入羊肉、皮毛产品。抓膘保膘，冬春季节适当补饲，注意防寒保暖。第二，疫区坚持免疫接种，使用羊痘鸡胚化弱毒疫苗，大小羊只一律尾部或股内侧皮内注射 0.5ml，4～6 天产生免疫力，保护期 1 年。第三，发生疫情时，划区封锁，立即隔离病羊，彻底消毒环境，病死羊尸体深埋。疫区和受威胁区未发病羊用鸡胚化弱毒疫苗紧急免疫接种。第四，治疗应在严格隔离的条件下进行，防止病原扩散，皮肤上的痘疱涂碘酊和紫药水；黏膜上的病灶用 0.1% 高锰酸钾溶液充分冲洗后，涂拭碘甘油或紫药水。继发感染时，肌肉注射青霉素 80 万～160 万单位，连用 2～3 天；也可用 10% 磺胺嘧啶钠 10～20ml，肌肉注射 1～3 次。有条件时可用羊痘免疫血清治疗，每只羊皮下注射 10～20ml，必要时重复用药 1 次。

二十一、蓝舌病

蓝舌病是一种急性传染病，主要见于绵羊。临床上以发热、白细胞减少，口和唇糜烂性炎症，蹄冠炎和肌炎为特征。致病羊发育不良，并带来死亡、羊毛损坏等造成很大的经济损失。

【症状】潜伏期为 3～8 天。病初体温升高达 40.5～41.5℃，持续 2～3 天。在体温升高后不久，表现厌食，精神沉郁，落群。上唇肿胀、水肿可延至面耳部，口流涎，口腔黏膜充血、呈青紫色，随即可显示唇、齿龈、颊、舌黏膜糜烂，致使吞咽困难。口腔黏膜受溃疡损伤，局部渗出血液，唾液呈红色。继发感染后可引起局部组织坏死，口腔恶臭。鼻流脓性分泌物，结痂后阻塞空气流通，可致呼吸困难和鼻鼾声。蹄冠和蹄叶发炎，出现跛行、膝行、卧地不动。病羊消瘦、衰弱、便秘或腹泻，有时下痢带血。早期出现白细胞减少症。病程一般为 6～14 天，至 6～8 周后蹄部病变可恢复。发病率 30%～40%，病死率 2%～30%，高者达 90%。多并发肺炎和胃肠炎而死亡。怀孕 4～8 周母羊，如用活疫苗或免疫感染，其分娩的羔羊中约有 20% 发育畸形，如脑积水、小脑发育不足、脑回过多等。

【防治】该病目前尚无有效的治疗方法，主要是加强营养，精心护理，对症治疗。口腔用清水、食醋或 0.1% 的高锰酸钾水冲洗，再用 1%～3% 硫酸铜或碘甘油涂于糜烂面，或用冰硼散外用治疗。蹄部患病时可先用 3% 克辽林或 3% 来苏尔洗净，再用土霉素软膏涂抹。注射抗生素，预防继发感染。比较严重的病例可补液强心，5% 糖盐水加 10% 安钠咖 10ml 静脉注射，每日 1 次。

二十二、痒病

痒病又称慢性传染性脑炎，又名驴跑病、瘙痒病，震颤病、摩擦病或摇摆病，是由痒病朊病毒引起的成年绵羊和山羊的一种慢性发展的中枢神经系统变性疾病。主要表现为高度发痒，进行性的运动失调、衰弱和麻痹。通常都经过数月而死亡，因此，很少见于 18 个月以下的羊只。

【症状】病的发展为隐性，潜伏期为 18 ~ 42 个月。症状是在不知不觉中发展。初期症状为不安、兴奋、震颤及磨牙，但如不仔细观察，不容易发现。最特殊的症状是搔痒：病羊在硬物上摩擦身体，或用后蹄搔痒。当用手抓其背部时，表现摇尾和缩动唇部。不断摩擦、蹄搔和口咬引起胁腹部及后躯发生脱毛，造成羊毛的大量损失。有时还会出现大小便失禁。病初食欲良好，体温正常。随着发痒变为剧烈，可使进食和反刍受到破坏。由于疾病的发展，神经症状加重，行动的不协调现象逐渐增强。当走动时，病羊四肢高抬，步伐很快。当前腿快行时，后腿常一起运动。最后消瘦衰弱，以致卧地不起，终归死亡。但在实验病例亦有恢复健康的。病程为 6 周到 8 个月，甚至更长。

【防治】本病尚无有效疗法，主要是要作好预防。但因此病为隐性性质，而且潜伏期很长，故普通检查和检疫无效。要有效地控制本病，必须采取以下各种坚决措施：对发病羊群进行屠杀、隔离、封锁、消毒等措施，并进行疫情监测；从病群引进羊只的羊群，在 42 个月以内应严格进行检疫，受染羊只及其后代坚决屠杀；从可疑地区或可疑羊群引进羊只的羊群，应该每隔 6 个月检查一次，连续施行 42 个月。病尸常用的消毒方法焚烧，5% ~ 10% 氢氧化钠溶液作用 1 小时，0.5% ~ 1% 次氯酸钠溶液作用 2 小时，浸入 3% 十二烷基磺酸钠溶液煮沸 10 分钟。

二十三、梅迪病和维斯纳病

梅迪病和维斯纳病是由同一种病毒引起而临床和病理表现不同的两种病型。梅迪病呈现慢性进行性间质性肺炎，病羊消瘦，呼吸困难，最后死亡；维斯纳病则表现慢性脑膜炎和脑脊髓白质炎。其病原为梅迪—维斯纳病毒。

【症状】该病潜伏期 2 ~ 3 年。梅迪病患羊首先表现为放牧时掉群，并出现干咳；呼吸困难日渐加重，特别是在运动时明显；逐渐消瘦，病羊呈现慢性间质性肺炎症状，呈进行性加重，最终死亡。维斯纳病病羊最初表现步样异常，运动失调和轻瘫，特别是后肢，轻瘫逐渐加重而成为截瘫；有时头部也有异常表现，唇部震颤，头偏向一侧。病情缓慢地进展并恶化，最后陷入对称性麻痹而死亡。

【防治】本病目前尚无疫苗和有效的治疗方法，因此防制本病的关键在于防止健康羊接触病羊。加强进口检疫。引进种羊应来自非疫区，新进的羊必须隔离观察，经检疫认为健康时可混群。避免与病情不明羊群共同放牧。每6个月对羊群做一次血清学检查。凡从临床和血清学检查发现病羊时，最彻底的办法是将感染群绵羊全部捕杀。病尸和污染物应销毁或用石灰掩埋。圈舍、饲管用具应用2%氢氧化钠或4%碳酸钠消毒。严格隔离饲养，羔羊产出后立即与母羊分开，实行严格隔离饲养，禁止吃母乳，喂以健康羊乳或消毒乳。经过几年的检疫和效果观察，认为能培育出健康羔羊。

第三节 主要寄生虫病和防治方法

一、常见内寄生虫病和防治方法

1. 肝片吸虫病

肝片吸虫病是肝片吸虫、大片吸虫寄生于牛、羊等反刍动物的肝脏、胆管内，引起慢性或急性肝炎、胆管炎，同时伴发全身中毒现象及营养障碍等病症的寄生虫病。危害相当严重，尤其可引起幼畜和绵羊的大批死亡。常流行于河流、山川小溪和低洼、潮湿沼泽地带，特别是在多雨季节，北方以8~9月，南方以9~11月感染最严重。

【症状】急性型：多因短期感染大量囊蚴所致。病羊初期发热，不食，精神不振，衰老易疲劳，排黏液性血便，全身颤抖，严重者多在几天内死亡。慢性型：主要表现消瘦，贫血，黏膜苍白或黄染，食欲不振，异嗜，被毛粗乱无光，步行缓慢；在眼睑、颌下、胸腹下出现水肿，便秘与下痢交替发生，最后因极度衰竭而死亡。

【防治】预防措施：一是定期驱虫，根据本地区流行情况，每年可进行 1～2 次驱虫，第一次可在秋末冬初 10～11 月，第二次可在 4～5 月。二是对畜粪及时清理堆积发酵，杀死虫卵。三是要注意饮水及饲草卫生，避开有锥实螺的地方放牧，以防感染囊蚴。给羊饮水最好使用自来水、井水。

药物治疗：通常可采用以下方法：①丙硫咪唑按每 10kg 体重 1ml，1 次灌服；②丙硫苯咪唑（肠虫清）按每千克体重 15～25mg，1 次灌服；③肝蛭净（三氯苯唑）按每千克体重 10mg，1 次灌服。以上三种方法可任选一方，辅以维生素 B_{12} 每天 4～5 支，连用 4～5 天。治疗同时，加强饲养管理，每日喂给柔软青粗饲料、配合饲料。

2. 双腔吸虫病

双腔吸虫病又称复腔吸虫病，是由双腔吸虫寄生于胆管和胆囊内所引起的，由于虫体比肝片吸虫小得多，故有些地方称之为小型肝蛭。本病在我国分布很广，特别是在西北及内蒙各牧区流行比较广泛，感染率和感染强度远较片形吸虫为高，绵羊和山羊都可发生，对养羊业带来的损害很大。人也可被感染。

【症状】病羊表现因感染强度不同而有差异。轻度感染时，通常无明显症状。严重感染时，黏膜发黄，颌下水肿，消化反常，腹泻与便秘交替，逐渐变为消瘦，最后因极度衰竭而死亡。

【防治】以定期驱虫为主，同时加强饲养管理，以提高羊的抵抗力，并采取轮牧消灭中间宿主和预防性驱虫。消灭中间宿主可采用下列各种办法：①发动群众检捉蜗牛，或养鸡消灭蜗牛和蚂蚁；②铲除杂草、清除石子，消灭蜗牛及蚂蚁的滋生地。③化学药品消灭蜗牛：用氯化钾 20～25g，能够杀死蜗牛 60%～90%。对粪便进行堆肥发酵处理，以杀灭虫卵。

治疗可选用：①海涛林按 0.05g/kg 体重计算，配成 1/15 的水溶液，每只羊灌服 20～40ml。驱虫率可达 100%，而且安全，因而被认为是治疗双腔吸虫病的理想药物；②六氯对甲苯配成 30% 悬浮液，经口投服；③吡喹酮 65～80mg/kg 体重，口服；④噻苯唑 150～200mg/kg 体重，口服；⑤盐酸吐根素按 0.003g/kg 体重，配成 1%～2% 的溶液，皮下或静脉注射。

3. 羊前后盘吸虫

前后盘吸虫病又名同端吸盘虫病、胃吸虫病或瘤胃吸虫病，是指由前后盘科的吸虫寄生于瘤胃引起的疾病，因而称为瘤胃吸虫病。成虫寄生在羊的瘤胃和网胃壁上，危害不大；幼虫则因在发育过程中移行于真胃、小肠、胆管和胆囊，可造成较严重的疾病，甚至导致死亡。该病遍及全国各地，南方较北方更为多见。这是绵羊的一种急性寄生虫病，早期以十二指肠炎与腹泻为特征。

【症状】在童虫大量入侵十二指肠期间，病羊精神沉郁，厌食，消瘦，数天后发生顽固性拉稀。粪便呈粥状或水样，恶臭，混有血液。以致病羊急剧消瘦，高度贫血，黏膜苍白，血液稀薄，红细胞在 3×10^{12} 左右，血红蛋白含量降到 40% 以下。白细胞总数稍增高，出现核左移现象。体温一般正常。病至后期，精神委靡，极度虚弱，眼睑、颌下、胸腹下部水肿，最后常因恶病质而死亡。成虫引起的症状也是消瘦、贫血、下痢和水肿，但经过缓慢。

【防治】预防可参照肝片吸虫病，并根据当地的具体情况和条件，制定以前期驱虫为主的预防措施。治疗可选用下列药物：①氯硝柳胺（灭绦灵），该药对驱童虫疗效良好。剂量按每千克体重 75 ~ 80mg，口服；②硫双二氯酚，驱成虫疗效显著，驱童虫亦有较好的效果。剂量按每千克体重 80 ~ 100mg，口服；③溴羟替苯胺，驱成虫、童虫均有较好的疗效。剂量按每千克体重 65mg，制成悬浮液，灌服。

4. 东毕吸虫

是由东毕属的吸虫寄生在牛、羊等反刍动物和其他多种动物的门静脉、肠系膜静脉内，引起贫血、消瘦与营养障碍等疾患的一种寄生虫病。其尾蚴也可引起人的皮肤炎症，但不能在体内发育。

【症状】牛、羊患病多呈慢性经过。只有当突然大量感染尾蚴才急性发病，表现体温升高，似流感症状，食欲减退，精神沉郁，呼吸急促，有浆液性鼻漏，下痢，消瘦等，常可造成大批死亡；一经耐过则转为慢性。慢性病例一般呈现黏膜苍白黄染、下颌及腹下水肿。腹围增大，消化不良、便硬或下痢。幼羊发育停滞，母羊不发情、不孕或流产。

【防治】预防同肝片吸虫病。治疗常用药物如下：①吡喹酮每千克体重 60 ~ 80mg，分两次内服；②硝硫氰胺按每千克体重 4mg，配成 2% 水悬液，颈静脉一次注射；③六氯对二甲苯按每千克体重 700mg，分 7 天 7 次内服；④敌百虫按绵羊每千克体重 70 ~ 100mg，山羊每千克体重 50 ~ 70mg，1 次内服。也可应用敌百虫、硫酸铜等药物杀灭水源内的毛蚴、尾蚴，以防止牛、羊被感染。

5. 脑多头蚴病

羊脑多头蚴病又称脑包虫病，是寄生脑部引起的一系列神经症状的严重寄生虫病。

【症状】感染初期由于幼虫移行可引起羊脑和脑膜的急性炎症，病羊常表现离群，目光无神，减食，行动迟缓，运动和姿势异常。其症状表现还取决于虫体的寄生部位和大小；虫体如寄生于某一侧脑半球表面，病羊将头倾向患侧，并向患侧作圆圈运动，个别出现癫痫发作，而对侧的眼常失明；虫体寄生在脑的前部（额叶）时，病羊头部低垂，抵于胸前，步行时高抬前支或向前方猛冲，遇到障碍物时倒地或静立不动；虫体在小脑寄生时，病羊表现感觉过敏，容易惊恐，行走时出现急促步样或蹒跚步态，以后逐渐严重而衰竭卧地，视觉障碍，磨牙，流涎，痉挛；虫体在腰部脊髓寄生时，引起渐进性后躯麻痹，病羊不吃不喝，离群，最后高度消瘦；当虫体在脑表面寄生时，颅骨萎缩甚至穿孔，触诊时容易发现，压迫患部有疼痛感。

【防治】预防：①要防止犬等食肉兽食入带多头蚴的脑、脊髓，对病羊的脑和脊髓应烧毁或作深埋处理；②对护羊犬和家犬可应用下列药物定期（4 次）驱虫；吡喹酮，按每千克体重 5～10mg，1 次灌服；氢溴酸槟榔碱，按每千克体重 1.5～2mg，1 次灌服；③对野犬、狼、狐、猪等终末宿主应予以捕杀。

治疗：①手术疗法。患部定位后，局部剃毛，消毒，将皮肤做"U"形切口，打开术部颅骨，先用注射器吸出囊液，再摘除囊体，然后对伤口做一般外科处理；术后 3 天内连续注射青霉素防止细菌感染。也可不做切口，直接用注射针头从外面刺入囊内抽出囊液，再注入 75% 的酒精 1ml；②药物疗法。口服吡唑酮，剂量为 50ml/kg 体重，连用 5 天。

6. 棘虫蚴病

棘球蚴病也叫囊虫病或包虫病，俗称肝包虫病。患该病的猪俗称"米猪"。所有哺乳动物都可受到棘球蚴的感染而发生棘球蚴病。绵羊和山羊都是中间宿主。它不但侵害家畜，而且使人畜遭受侵袭后，引起严重的病害。因此，本病是一种人畜共患的绦虫蚴病，它不仅危害畜牧业，而且对公共卫生有很大影响。羊只发生本病以后，可使幼羊发育缓慢，成年羊的毛、肉、奶的数量减少、质量降低，患病的肝脏和肺脏大批废弃，因而造成严重的经济损失。

【症状】严重感染时，有长期慢性的呼吸困难和微弱的咳嗽。叩诊肺部，可以在不同部位发现局限性半浊音病灶；听诊病灶时，肺泡呼吸音特别微弱或完全没有。当肝脏受侵袭时，叩诊可发现浊音区扩大；触诊浊音区时，羊表现疼痛。当肝脏容积极度增加时，可观察右侧腹部稍有膨大。绵羊严重感染时，营养不良、被毛逆立、容易脱落；有特殊的咳嗽，当咳嗽发作时，病羊躺在地上。绵羊对本病比较敏感，死亡率比牛高。

【防治】尚无有效疗法。患棘球蚴病畜的脏器一律进行深埋或烧毁，以防被犬或其他肉食兽吃入；做好饲料、饮水及圈舍的清洁卫生工作，防止犬粪污染。

驱除犬的绦虫，要求每个季度进行一次。驱虫药用氢溴酸槟榔碱时，按每千克体重 1～4mg，绝食 12～18 小时后口服；或吡喹酮按每千克体重 5～10mg 口服。服药后，犬应拴留一昼夜，并将所排出的粪便及垫草等全部烧毁或深埋处理，以防病原扩散传播。

7. 绦虫病

羊绦虫病是羊的重要寄生虫病，目前有发生趋重的态势。该病是由主要寄生于羊小肠内的莫尼茨绦虫、曲子官绦虫和无卵黄腺绦虫等数种绦虫引起的。该虫尤其对羔羊危害严重，甚至造成成批死亡。

【症状】感染绦虫的病羊一般表现为食欲减退、饮欲增加、精神不振、虚弱、发育迟滞，严重时病羊下痢、粪便中混有成熟绦虫节片，病羊迅速消瘦、贫血，有时出现痉挛或回旋运动或头部后仰的神经症状，有的病羊因虫体成团引起肠阻塞产生腹痛甚至肠破裂，因腹膜炎而死亡。病末期，常因衰弱而卧地不起，多将头折向后方，经常作咀嚼运动，口周围有许多泡沫，最后死亡。

【防治】①采取圈养的饲养方式，以免羊吞食地螨而感染；②避免在低湿地放牧，尽可能地避免在清晨、黄昏和雨天放牧，以减少感染；③定期驱虫。舍饲改放牧前对羊群驱虫，放牧一个月内第二次驱虫。一个月后第三次驱虫。可分别用丙硫咪唑10mg/kg体重；氯硝柳胺（驱绦灵）100mg/kg体重；硫双二氯酚75～150mg/kg体重；④驱虫后的羊粪便要及时集中堆积发酵或沤肥，至少2～3个月才能杀灭虫卵；⑤经过驱虫的羊群，不要到原地放牧，及时地转移到清净的安全牧场，可有效地预防绦虫病的发生。

8. 羊消化道线虫病

寄生于羊胃肠道的线虫种类较多，且多为混合感染。其中以捻转血矛线虫危害最为严重，每年春秋季节多发，是引起羊只大批死亡的重要原因之一。

【症状】消化紊乱，胃肠道发炎，拉稀，消瘦；眼结膜苍白，贫血；严重病例下颌间隙水肿，机体发育受阻；少数病例体温升高，呼吸、脉搏频数及心音减弱，最终羊可因身体极度衰竭而死亡。

【防治】预防：①定期进行预防性驱虫：从春末到秋末期间，每只羊每天给硫化二苯胺0.5～1g，均匀混入食盐或精料中喂给。②尽量避免在潮湿低洼地带和早、晚及雨后或幼虫活跃的时间放牧。③加强饲养管理，注意给羊以全价营养以增强机体抵抗力；对羊群应饮用自来水、井水或干净的流水；加强粪便管理，对羊群的粪便必须经过堆积发酵处理，以杀死其中虫卵。

治疗：①精制敌百虫：绵羊按每千克体重80～100mg、山羊按每千克体重50～70mg，配成水溶液1次灌服；②驱虫净（四咪唑）：按每千克体重10～20mg 1次灌服；或按每千克体重10～12mg制成5%溶液，肌肉注射；③左旋咪唑：按每千克体重5mg，皮下或肌肉注射，或1次灌服；④噻苯哒唑：按每千克体重50～100mg，配成10%悬浮液灌服；⑤丙硫苯咪唑：按每千克体重5～10mg，均匀拌入饲料中喂服，或配成10%混悬液灌服；⑥甲氧啶：按每千克体重200mg，1次皮下注射。

9. 羊肺线虫病

羊肺线虫病是由网尾科和原圆科的线虫寄生在气管、支气管、细支气管乃至肺实质引起的以支气管炎和肺炎为主要症状的疾病。其中网尾科线虫较大，为大型肺线虫，致病力强，在春乏季节常呈地方性流行，可造成羊尤其是羔羊大批死亡。原圆科线虫较小，为小型肺线虫，危害相对较轻。肺线虫病在我国分布广泛，是羊常见的蠕虫病之一。

【症状】羊群遭受感染时，首先个别羊干咳，继而成群咳嗽，运动时和夜间更为明显，此时呼吸声亦明显粗重，如拉风箱。在频繁而痛苦的咳嗽时，常咳出含有成虫、幼虫及虫卵的黏液团块；咳嗽时伴发罗音和呼吸促迫，鼻孔中排出黏稠分泌物，干涸后形成鼻痂，从而使呼吸更加困难。病羊常打喷嚏，逐渐消瘦、贫血，头、胸及四肢水肿，被毛粗乱。羔羊症状严重死亡率也高，羔羊轻度感染或成年羊感染则症状表现较轻。小型肺线虫单独感染时，病情表现亦比较缓慢，只是在病情加剧或接近死亡时，才明显表现为呼吸困难、干咳或呈暴发性咳嗽。

【防治】该病流行区内，每年应对羊群进行1～2次普遍驱虫。驱虫治疗期应收集粪便进行生物热处理；羔羊与成年羊应分群放牧，并饮用流动水或井水；有条件的地区，可实行轮牧，避免在低湿沼泽地区牧羊；冬季羊应适当补饲。补饲期间，每隔1日可在饲料中加入硫化二苯胺，按成年羊1g、羔羊0.5g计，让羊自由采食，能大大减少病原的感染。

治疗可选用下列药物：①丙硫咪唑按每千克体重5～15mg口服。这种药对各种肺线虫均有良效；②苯硫咪唑按每千克体重5mg，口服；③左旋咪唑按每千克体重7.5～12.0mg，口服；④氰乙酰肼按每千克体重 17mg，口服；或每千克体重 15mg，皮下或肌肉注射。该药对缪勒线虫无效；⑤枸橼酸乙胺嗪（海群生）按每千克体重 200mg，口服。该药适合对感染早期童虫的治疗。

10. 羊脑脊髓丝虫病

是由寄生于牛腹腔的指型丝状线虫和唇乳突丝状线虫的幼虫迷路移行后童虫寄生于羊的脑脊髓，而引起的以脑髓炎和脑脊髓实质破坏为特征的疾病。

【症状】急性：病羊突然卧倒，不能站立。眼球上转，呈现兴奋、骚乱及喊叫等精神症状。有时可见全身肌肉强直，完全不能站立。由于卧地不起，头部又来回抽搐，导致眼皮受到摩擦而充血，引发结膜炎，甚至发生外伤性角膜炎。慢性：主要表现腰部无力，走路摇摆，或卧地不起，但食欲及精神均正常。时间久时，逐渐发生褥疮，食欲逐渐下降，病羊消瘦、贫血，最终死亡。

【防治】消灭蚊虫是最有效的预防方法。搞好环境卫生，消灭蚊虫滋生地。在蚊虫飞翔季节经常使用灭蚊药物喷洒羊舍或用拟除虫菊酯类药物或松叶等进行烟熏灭蚊。

治疗：①海群生每千克体重 10mg，一天分 2~3 次内服，连用 2 天；也可以每千克体重 20mg 计量，1 天 1 次，连用 6~8 天注射或内服；②酒石酸锑钾按每千克体重 8mg 配成 4% 溶液，1 次静脉注射，隔天 1 次，共 3~4 次。

11. 羊梨形虫病

羊梨形虫病是由泰勒科和巴贝斯科的各种原虫引起的血液原虫病。其中绵羊泰勒虫和绵羊巴贝斯虫是绵羊和山羊致病的主要病原体；由硬蜱吸血时传播。该病在我国甘肃、青海和四川等地均有发生，常造成羊大批死亡，危害严重。

【症状】①感染泰勒虫，病羊主要表现为病初体温升高到 40~42℃，呈稽留热型；脉搏加快，呼吸促迫，鼻发鼾声，心律不齐；食欲减退，便秘或腹泻；精神沉郁，四肢僵硬，喜卧地；眼结膜初为充血，继而苍白，并轻度黄染；畜体消瘦；体表淋巴结肿大，肩前淋巴结肿大尤为显著，可由核桃大至鸭蛋大，触之有痛感；②感染巴贝斯虫病羊的主要症状为，体温升高至41～42℃，稽留数日或至死亡；呼吸浅表，脉搏加速，精神委顿，食欲减退乃至废绝；黏膜苍白，显著黄染；时而可见血红蛋白尿，并出现腹泻；红细胞减少至每立方毫米200万～400万，大小不匀。

【防治】该病可在发病季节对羊进行药物预防注射。做好灭蜱工作，防止蜱叮咬羊传病。对输入的羊，经隔离检疫后再合群。

治疗可选用下列药物：①贝尼尔按每千克体重7～10mg，以蒸馏水配成2%溶液，肌肉注射1～2次；②阿卡普林按每千克体重用配制的5%水溶液0.02ml，皮下或肌肉注射。脉搏加快时，可将总量分3次注射，每两小时1次。必要时，24小时后可重复用药；③黄色素按每千克体重3mg，配成0.5%～1%水溶液，静脉注射。注射时药物不可漏出血管外。注射后数天内需避免强烈阳光照射，以免灼伤。症状未见减轻时，间隔24～48小时再注射1次。治疗时应辅以强心、补液等措施，并加强管护，以使患畜早日治愈。

12. 羊球虫病

羊球虫病是由艾美科艾美耳属的球虫寄生于羊肠道所引起的一种原虫病。发病羊只呈现下痢、消瘦、贫血、发育不良等症状，严重者导致死亡，主要危害羔羊。

【症状】病的潜伏期为2～3周，临床症状可分为温和型、急性型和最急性型。温和型，病羊食欲减退，慢性腹泻。由于球虫对肠上皮细胞和血管的破坏，可引起出血性肠炎，以致粪便中含有黏液和血液；急性型，病羔排出暗红色血痢，甚至含有血凝块。初期排便时努责时间较长，后期随着下痢次数增多，而排便失禁。后躯被粪便污染，有些羊发生直肠脱出。病羊精神委顿，由于脱水而迅速消瘦，最后因极度衰竭而死亡；最急性型：表现最急性综合症状，于 24 小时内死亡，看不到消化紊乱症状。

【防治】预防应采取隔离、卫生和预防性治疗等综合防治措施：①成年羊是球虫的散播者，最好将羔羊隔离饲养管理；②羊球虫以孢子化卵囊对外界的抵抗力很强，一般消毒药很难将其杀死。故对圈舍和用具，最好用 70 ~ 80℃ 以上热水或热碱水（3% 消毒），经常保持圈舍及周围环境的卫生，通风干燥，每天清除粪便，进行堆积生物热消毒；③也可采取提前使用抗球虫药物进行预防。

治疗：①呋喃唑酮（痢特灵）：按每千克体重 7 ~ 10mg，口服，连用 7 天；②磺胺二甲嘧啶：按每千克体重第 1 天为 0.2g，以后改为 0.1g，连用 3 ~ 5 天，对急性病例有效；③磺胺与甲氧嘧啶加增效剂：按 5:1 比例配合，按每天每千克体重 0.1g 剂量内服，连用两天有治疗效果；④磺胺喹噁啉：按每千克体重 12.5mg，配成 10% 溶液灌服，每天 2 次，连用 3 ~ 4 天；⑤氨丙啉：按每天每千克体重 20mg，连用 5 天；⑥鱼石脂 20g，乳酸 2ml 与 80ml 水，配成溶液内服，每次每只羊 5ml，每天 2 次；⑦硫化二苯胺：每千克体重 0.2 ~ 0.4g，每天 1 次，内服，使用 3 天后间隔 1 天；⑧氯霉素：按每天每千克体重 0.33 ~ 1mg，连用 2 ~ 3 周有效。

二、常见外寄生虫病和防治方法

1. 硬蜱

是寄生于各种家畜和多种野生动物体表的吸血性外寄生虫。硬蜱除直接侵袭、危害畜体外，还是家畜各种梨形虫病和某些传染病的传播媒介。

【症状】硬蜱侵袭羊体后,由于吸血时口器刺入皮肤可造成局部损伤,组织水肿,出血,皮肤肥厚。有的还可继发细菌感染引起化脓、肿胀和蜂窝组织炎等。当幼羊被大量硬蜱侵袭时,由于过量吸血,加之硬蜱的唾液内的毒素进入机体后破坏造血器官、溶解红细胞、形成恶性贫血,使血液有形成分急剧下降。此外,由于硬蜱唾液内的毒素作用,有时还可出现神经症状及麻痹,造成"蜱瘫痪"。

【防治】人工捕捉或用器械清除羊体表寄生的蜱。消灭圈舍内的蜱,对栖息在圈舍的墙壁、缝隙、洞穴中的蜱,可选用药物喷洒或粉刷后,再用水泥、石灰等堵塞。消灭大自然中的蜱,根据具体情况可采取轮牧,相隔 1~2 年时间牧地上的成虫即可灭亡。

治疗:①可皮下注射阿维菌素,剂量 0.2ml/kg 体重;②可选用 0.05% 的双甲脒、0.1% 的马拉硫磷、0.1% 的新硫磷、0.05% 的毒死蜱、0.05% 的地亚农、1% 的西维因、0.0015% 的溴氰菊酯、0.003% 氟苯醚菊酯;③药液喷涂可使用 1% 的马拉硫磷、0.2% 辛硫酸、0.25 倍的硫磷等乳剂喷涂畜体,羊每次 200ml,每隔 3 周处理 1 次。

2. 螨病

羊螨病又称"疥癣病",是一种由螨虫寄生在羊皮肤表面而发生的一种慢性体外寄生虫病。螨虫种类很多,有疥螨、痒螨等。疥螨对山羊危害严重,而痒螨最易感染绵羊;改良后的细毛和半细毛杂交羊,因其毛密毛长,更易发生此病。

【症状】羊嘴唇、口角附近,鼻边缘、眼圈及耳根等处极易发生疥癣,发病后患羊精神很不安定,患处皮肤发红、剧痒,常在木桩和墙上摩擦;继而出现丘疹、水疱、脓疱和痂皮。绵羊感染此病,出现全身及局部脱毛,皮肤起痂皮,颈后如干涸的石灰,故有"石灰头"之称。羊感染螨病后不仅破坏了皮毛、引

236

起脱毛，而且羊体日渐消瘦，并可导致死亡，造成严重的经济损失。

【防治】坚持预防为主，是防治本病的关键。对厩舍、牧具要经常消毒，消灭感染源；平时要加强科学的饲养管理，羊群膘肥体壮，皮肤结构紧密，皮质代谢协调，抗感染力强，不易感染此病；每年秋冬及早春对病羊污染过的羊圈、用具等要进行彻底消毒；同时在剪毛后用杀螨药物进行两次预防性药浴，基本能控制本病的发生。

发病后要及时治疗，以防蔓延。局部用药和全身药浴是治疗本病的基本方法。药液配制方法：选用0.5%敌百虫（按1∶200的比例，将敌百虫溶于水中）；或0.04%林丹乳油（每千克水加入20%林丹乳油2ml，充分搅拌，充分溶解），或石硫合剂（生石灰3kg，硫磺粉5kg，用适量水拌成糊状后加水60kg煮沸，静置取上清液加入温水20kg即成）均可用于药浴。药液温度为20~30℃，浸泡至全身毛湿透为止。对已患病的羊只，可隔7~10天进行1次药浴，两次为1个疗程。病羊数量较多时，可以修建药浴池，按上述比例配药液药浴。药浴应在剪毛两周后选择晴天，浴前应停牧半日，给以充足的饮水。农家养羊数量较少时，可进行缸浴或桶浴。但无论采取何种药浴方法，3个月内的羔羊应禁止药浴；泌乳母羊药浴后要用温水洗净乳房周围药液，才能让羔羊接触母羊吃奶，以防羔羊中毒。

采用中草药治疗羊疥癣，也有较好疗效。①"乳矾散"局部涂擦。配方为：乳香25g、枯矾100g，混合磨成细面，制成"乳矾散"。用时，以1份乳矾散加入2份植物油（麻油、芝麻油、花生油、菜籽油、葵花油均可）混合加热后涂于患处，连涂数次即可治愈；②烟草水药浴。取烟草末15kg与50kg水一并煮沸90分钟，过滤后加入苛性钠1kg，再加水至250kg进行药浴。此外，还可用桃树根、苦参根皮等熬水洗浴患处，亦能收到良好效果。

3. 羊鼻蝇蛆病

羊鼻蝇蛆病是由羊鼻蜗牛幼虫寄生在羊的鼻腔及附近腔窦内所引起的疾病。在我国西北、东北、华北地区较为常见。羊鼻蝇主要危害绵羊，对山羊危害较轻。病羊表现为精神不安，体质消瘦，甚至发生死亡。

【症状】 羊鼻蝇幼虫进入羊鼻腔、额窦及鼻窦后，在其移行过程中，由于体表小刺和口前钩损伤黏膜引起鼻炎，可见羊流出多量鼻液。鼻液初为浆液性，后为黏液性和脓性，有时混有血液。当大量鼻漏干涸在鼻周围形成硬痂时，使羊发生呼吸困难、表现不安，打喷嚏，时常摇头，摩鼻，眼睑浮肿，流泪，食欲减退，日渐消瘦。症状表现可因幼虫在鼻腔内的发育期不同而持续数月。通常感染不久呈急性表现，以后逐渐好转，到幼虫寄生的晚期，则疾病表现更为剧烈。有时，当个别幼虫进入颅腔损伤的脑膜或因鼻窦发炎而波及脑膜时，可引起神经症状，病羊表现为运动失调，旋转动动，头弯向一侧或发生麻痹；最后病羊食欲废绝，因极度衰竭而死亡。

【防治】 防治该病应以消灭第一期幼虫为主要措施。各地可根据不同气候条件和羊鼻蝇的发育情况，确定防治的时间，一般在每年 11 月份进行为宜。

可选用如下药物：①精制敌百虫：口服剂量按每千克体重 0.12g，配成 2% 溶液，灌服；取精制敌百虫 60g，加 95% 酒精 31ml，在瓷器内加热溶解后，加入 31ml 蒸馏水，再加热到 60~65℃，待药完全溶解后，加水至总量 100ml，经药棉过滤后肌肉注射。剂量按羊体重 10~20kg 用 0.5ml；体重 20~30kg 用 1ml；体重 30~40kg 用 1.5ml；体重 40~50kg 用 2ml；体重 50kg 以上用 2.5ml；②敌敌畏：口服剂量按每千克体重 5mg，每天 1 次，连用两天；烟雾法，常用于羊群的大面积防治，药量按熏蒸场所每立方米空间使用 80% 敌敌畏 0.5～1.0ml。吸雾时间应根据小群羊的安全试验和驱虫效果而定，一般不超过 1 小时为宜；气雾法，亦适合于大群羊的防治，可用超低量电动喷雾器或气雾枪使药液雾化，药液的用量及吸雾时间与烟雾法相同；涂药法，对个别良种羊，可在成蝇飞翔季节将 1% 敌敌畏软膏涂擦在羊的鼻孔周围，每 5 天 1 次，可杀死雌虫产下的幼虫。

第四节　羊的主要常见病和防治方法

一、口炎

羊口炎是羊的口腔黏膜表层和深层组织的炎症。其病演过程有单纯性局部炎症和继发性全身反应。有卡他性口炎、水泡性口炎和溃疡性口炎三种。

【症状】病羊表现食欲减少，口内流涎，咀嚼缓慢，欲吃而不敢吃，当继发细菌时有口臭。卡他性口炎：病羊表现口黏膜发红、充血、肿胀、疼痛，特别在唇内、齿龈、颊部明显；水疱性口炎：病羊的上下唇内有很多大小不等的充满透明或黄色液体的水疱；溃疡性口炎：在黏膜上出现有溃疡性病灶，口内恶臭，体温升高。上述各类型口炎可以单独出现，也可相继或交错发生。在临床上以卡他性（黏膜的表层）口炎较为多见。继发性口炎常伴有关疾病的其他症状。

【防治】加强管理。防止外伤性原发口炎，传染病并发口炎，应隔离消毒。饲槽、饲草可用 2% 的碱水刷洗消毒。

治疗：①喂给柔软富含营养易消化的草料，要补喂牛奶、羊奶；②轻度口炎的病羊可选用 0.1% 高锰酸钾、0.1% 雷夫奴尔水溶液、3% 硼酸水、10% 浓盐水、2% 明矾水、鲁格液等反复冲洗口腔；洗毕后涂碘甘油，每天 1～2 次，直至痊愈为止；③口腔黏膜溃疡时，可用 5% 碘酊、碘甘油、龙胆紫溶液、磺胺软膏、四环素软膏等涂拭患部；④病羊体温升高，继发细菌感染时，可用青霉素 40 万 ~80 万单位，链霉素 100 万单位，肌肉注射，每天 2 次，连用 2 ~3 天；或服用或注射碘胺类药物。

二、食道阻塞

食道阻塞是羊食道内腔被食物或异物堵塞而发生的以咽下障碍为特征的疾病。

【症状】往往采食中突然发病，停止采食，恐惧不安，张口缩脖，伸颈、流涎，具有泡沫，连连咳嗽，不断作呕吐和吞咽动作。通过视诊、触诊和探诊可以确诊。食道探诊时，顺胃管外流黏液泡沫，并呈现剧烈疼痛和不易前进现象。若阻塞物是金属或骨片，或未确诊阻塞物性质时，不宜用胃管探诊，以免食管破裂。羊发生食道阻塞时，由于嗳气停止，瘤胃中的气体不能排出，便迅速发生瘤胃膨气。若发生不完全阻塞时，上述症状较轻，液体或稀糊状物质还可或多或少咽下，往往不见反流。

【防治】①吸取法——阻塞物属草料食团可将羊保定好，将阻塞物送入胃管后用橡皮球吸取水注入胃管，在阻塞物上部或前部软化阻塞物，反复冲洗，边注入水边吸出。反复操作，直至食道畅通；②胃管探送法——阻塞物在近贲门部位时可先将 2% 普鲁卡因溶液 5ml、石蜡油 30ml 混合后，用胃管送至阻塞物部位；待 10 分钟后，再用硬质胃管推送阻塞物进入瘤胃中；③砸碎法——当阻塞物易碎、表面圆滑并阻塞在颈部食道可在阻塞物两侧垫上布鞋底，将一侧固定，在另一侧用木槌或拳头打砸（用力要均匀），使其破碎后咽入瘤胃。治疗中若继发瘤胃膨气，可施行瘤胃放气术，以防病羊发生窒息。

为了预防该病的发生，应防止羊偷食未加工的块根饲料，补喂家畜生长素制剂或饲料添加剂，清理牧场、厩舍周围的废弃杂物。

三、前胃弛缓

羊前胃弛缓是前胃兴奋性和收缩力量降低导致的疾病。临床特征为正常的食欲、反刍、嗳气扰乱，胃蠕动减弱或停止，可继发酸中毒。

【症状】急性前胃弛缓表现食欲废绝，反刍停止，瘤胃蠕动力量减弱或停止；瘤胃内容物腐败发酵，产生多量气体，左腹增大，叩触不坚实。慢性前胃弛缓表现病畜精神沉郁、倦怠无力、喜卧地、被毛粗乱、体温、呼吸、脉搏无变化，食欲减退、反刍缓慢。瘤胃蠕动力量减弱、次数减少。

【防治】原则上要改善饲养管理，排除病因，增强体液调节功能，防止脱水和自体中毒。

治疗：①消除病因，缓泻、止酵兴奋瘤胃的蠕动。可采用饥饿疗法，先禁食 1~2 天，每天人工按摩瘤胃数次，每次 10~20 分钟，并给以少量易消化的多汁饲料；②当瘤胃内容物过多时，可投服缓泻剂，内服硫酸镁 20~30g 或石蜡油 100~200ml。为加强胃肠蠕动、恢复胃肠功能，可用瘤胃兴奋剂：病初用 10% 氯化钠溶液 20~50ml，静脉注射；还可内服吐酒石 0.2~0.5g、番木鳖酊 1~3ml，或用 2% 毛果芸香碱 1ml 皮下注射等前胃兴奋剂。为防止酸中毒，可加服碳酸氢钠 10~15g。后期可选用各种健胃剂，如灌服人工盐 20~30g 或用大蒜酊 20ml、龙胆末 10g、豆蔻酊 10ml，加水适量 1 次内服，以便尽快促进食欲的恢复。

四、瘤胃积食

多因饲养管理不当，过食饲料（谷实类和豆类）或采食大量干草后饮水不足等引起；此外，腹部顶伤、瓣胃阻塞等可严重影响瘤胃的蠕动机能，而继发本病。

【症状】本病一般在采食后不久发生。病初表现食欲、反刍由减少继而停止。鼻镜干燥，口舌赤红，后期青紫，粪干、色暗。有时排少量稀软恶臭的粪便。患羊拱腰低头，四肢集于腹下或张开、摇尾，有时顾腹不安，用后肢或角撞击腹部，腹围膨大、左肷充满。触诊瘤胃，患羊表现疼痛，内容物呈面团状，以拳压迫所发生之压痕，恢复较慢。病初瘤胃蠕动音增强，然后减弱或消失。病情严重时，呈现呼吸困难，结膜发红，脉搏加快。若无并发症，体温一般正常。病的末期，体力衰竭，四肢无力，战栗，步样不稳，有时卧地呈昏睡状态。过食大量豆类精料，通常呈急症，主要表现为中枢神经兴奋性增高，视觉障碍，辐卧，脱水及酸中毒。故又称中毒性积食。

【防治】治疗原则以排除积食、抑制发酵、兴奋瘤胃、恢复机能为佳，若病情严重、用药难于消除者，可施行手术疗法。

治疗：①洗胃疗法：用开口器使羊开口，将胃管慢慢从口腔插入食道，待胃管进入瘤胃内，此时将羊低头，胃内容物即会流出。等不流时，将管口抬高接上漏斗，慢慢灌入大量温水，并多次抽动胃管，再将管口放低，稀释的内容物即可流出。按上法冲洗数次。最后再灌入大量温水，并加入碳酸氢钠 20～50g，食盐 10～20g，灌入温水和药物后，将胃管抽出。此法心脏衰弱者慎用！②药物疗法：主要应用瘤胃兴奋剂和泻剂。可酌情选择下列疗法：静脉滴注 10% 氯化钠 60～100ml，兴奋瘤胃；肌肉注射开胃消食或吡噻可灵等，促使瘤胃蠕动；肌肉注射亚硒酸钠注射液 0.2～0.25mg/kg 体重，兴奋胃肠平滑肌；液体石蜡 200～500ml 灌服；5% 碳酸氢钠 250～500ml，5% 葡萄糖 250～500ml，生理盐水 250～500ml，点滴或口服；25% 甘露醇 50ml，口服；40% 乌洛托品 25ml，25% 葡萄糖 50ml，口服。

五、急性瘤胃臌气

急性瘤胃臌气是草料在瘤胃发酵、产生大量气体，致使瘤胃体积迅速增大，过度膨胀并出现嗳气障碍为特征的一种疾病。常发生于春、夏季，绵羊和山羊均可患病。本病可分为原发性瘤胃臌气（泡沫性臌气）和继发性瘤胃臌气（非泡沫性或自由气体性臌气）两种。

【症状】病羊站立不动，背拱起，头常弯向腹部。不久腹部迅速胀大，左边更为明显，皮肤紧张，叩之如鼓。由于第一胃向胸腔挤压，引起呼吸困难，病羊张口伸舌，表现非常痛苦。呼吸困难的原因除由于胃内气体积蓄之外，同时也因为第一胃能够迅速吸收二氧化碳及一氧化碳。膨胀严重时，病羊的结膜及其他可见黏膜呈紫红色，不吃、不反刍，脉搏快而弱，间有嗳气或食物反流现象。有时直肠垂脱，病羊十分窘迫，站立不稳，最后倒卧地上、痉挛而死。病程常在 1 小时左右。

【防治】此病大都与放牧不小心和饲养不当有关。因此，为了预防臌气，必须做到以下各点：①春初放牧时，每日应限定时间，有危险的植物不能让羊任意采食；一般在生长良好的苜蓿地放牧时间，不可超过 20 分钟。第一次苜蓿地放牧时，时间更要尽量缩短（不可超过 10 分钟），以后逐渐增加，即不会发生大问题；②放牧青嫩的豆科草以前，应先喂些富含纤维质的干草；③在饲喂新饲料或变换放牧场时，应该严加看管，借以及早发现症状；④放牧人员要带上木棒、套管针（或大针头、小刀子）或药物，以适应急需，因为急性膨胀往往可以在 30 分钟以内引起死亡；⑤不要喂给霉烂的饲料，也不要喂给大量容易发酵的饲料。雨后及早晨露水未干以前不要放牧。

瘤胃鼓气疗法如下所述。

1. 轻度气胀

可强迫喂给食盐颗粒 25g 左右，或者灌给植物油 100ml 左右。也可以用酒、醋各 50ml，加温水适量灌服。

2. 剧烈气胀

可将羊的前腿提起，放在高处，给口内放以树枝或木棒使口张开，同时有规律地按压左胁腹部，以排除胃内气体。

然后采用以下方法防止继续发酵：①福尔马林溶液或来苏尔2.0～5.0ml，加水200～300ml一次灌服；②松节油或鱼石脂5ml薄荷油，3ml石蜡油，80～100ml加水适量灌服，若半小时以后效果不显著，可再灌服一次；③从口中插入橡皮管放出气体，同时由此管灌入油类60～90ml；④灌服氧化镁：氧化镁是最容易中和酸类并吸收二氧化碳的药物，对治疗臌气的效果很好。一般小羊用4～6g，大羊为8～12g；⑤植物油（或石蜡油）100ml芳香亚醑10ml松节油（或鱼石脂）5ml酒精，30ml一次灌服。或二甲基硅油0.5～1ml，或2％聚合甲基硅香油25ml，加水稀释，一次灌服。

3. 病势非常严重

迅速施行瘤胃穿刺术。方法是使羊站立，一人抓定头颈部，另一人按以下步骤进行：①部位：穿刺术只能在左肷部进行，不需要作局部麻醉。由髂骨外角向最后肋骨引出一水平线，此线的中央即为刺入的位置。或者是从左肷部膨胀最高之处刺入；②准备：刺入之前先将术部剪毛，涂以碘酒，用小刀在皮肤上划个十字形小口，然后刺入套管针。如果套针的尖端非常锐利，即不需要切开皮肤；③方向：将套管针（或大号针头）由后上方向下方朝向对侧（右侧）肘部刺入，直到感觉针尖没有抵抗力时为止，方为依次穿透了皮肤、疏松结缔组织、腹黄膜、腹内外斜肌、腹横肌、腹横筋膜、腹膜壁层和瘤胃壁；④放气：抽出套针，让气体跑出。在放气过程中，应该用手指不时遮盖套管的外孔，慢慢地间歇性地放出气体，以免放气太快引起脑贫血。泡沫性臌气时，放气比较困难，应即时注入食用油50～100ml，杀灭泡沫，使气体容易放出，很快消胀。如果套管被食块堵塞，必须插入探针或套针疏通管腔；⑤预防再发：当臌胀消失，气体已经停止大量排出时，必须通过套管向瘤胃腔内注入5%的克辽林溶液10～20ml，或者注入0.5%～1%福尔马林溶液30ml左右。不应将套管停留的时间太长，以免发生危险；同时如果已将制酵剂注入瘤胃腔，停留套管也是多余的；⑥拔出套管：先将套针插入套管，然后将套针和套管一齐慢慢拔出，使创口易于收缩；⑦最后用碘酒涂搽伤口，再用棉花纱布遮盖，抹以火棉胶，将伤口封盖起来。如果当时没有套管针或针头，也可以用小刀子从左肷刺入放气。在遵守无菌规则及上述操作技术的情况下，瘤胃穿刺术是简单而安全的手术，在必要时不可踌躇不定而耽误治疗。在气体消除以后，应减少饲料喂量，只给少量清洁的干草，3天之内不要给青饲。必要时可用健胃剂及瘤胃兴奋药。

六、瓣胃阻塞

瓣胃阻塞又称瓣胃秘结，在中兽医称为"百叶干"，是由于羊瓣胃收缩力量减弱，食物排出不充分，通过瓣胃的食糜积聚、充满于瓣叶之间，水分被吸收、内容物变干而致病。其临床特征为瓣胃容积增大、坚硬，腹部胀满，不排粪便。

【症状】病的初期与前胃弛缓症状相似，瘤胃蠕动减弱，瓣胃蠕动消失，可继发瘤胃臌气和瘤胃积食。排粪干少，色泽暗黑，后期排粪停止。触压病羊右侧7～9肋间之肩关节水平线，羊表现痛苦不安，有时可以在右肋骨弓下摸到阻塞的瓣胃。如病程延长，瓣胃小叶发炎或坏死，常可继发败血症——可见病羊体温升高，呼吸和脉搏加快，全身衰弱，卧地不起，最后死亡。

【防治】①病的初期：可用硫酸钠或硫酸镁80～100g，加水1 500～2 000ml，一次内服；或石蜡油500～1 000ml，一次内服。同时静脉注射促反刍注射液200～300ml，增强前胃神经兴奋性，促进前胃内容物的运转与排除；②顽固性瓣胃阻塞：可用瓣胃注射疗法。具体方法：于右侧第九肋间隙和肩关节水平线交界处，选用 12 号 7cm 长针头，向对侧肩关节方向刺入约 4cm 深；刺入后可先注入 20ml 生理盐水，感到有较大压力，并有草渣流出，表明已刺入；然后注入 25% 硫酸镁溶液 30～40ml、石蜡油 100ml（交替注入瓣胃）。于第二日再重复注射 1 次。瓣胃注射后，可用 10% 氯化钙 10ml、10% 氯化钠 50～100ml、5% 葡萄糖生理盐水 150～300ml，混合 1 次静脉注射。待瓣胃松软后，皮下注射 0.1% 氨甲酰胆碱 0.2～0.3ml，兴奋胃肠运动机能，促进积聚物排出；③内服中药：大黄 9g、枳壳 6g、二丑 9g、玉片 3g、当归 12g、白芍 2.5g、番泻叶 6g、千金子 3g、山栀 2g，煎水一次内服。

七、创伤性网胃腹膜炎及心包炎

创伤性网胃腹膜炎及心包炎是由于异物刺伤网胃壁而发生的一种疾病。其临床特征为急性前胃弛缓，胸壁疼痛，间歇性臌气。实验室检验，白细胞总数增加，白细胞分类计数核左移等。本病多见于奶山羊。

【症状】创伤性网胃腹膜炎症状病羊精神沉郁，食欲减少，反刍缓慢或停止，鼻镜干燥，行动谨慎，表现疼痛，拱背，不愿急转弯或走下坡路。触诊用手冲击网胃区及心区，或用拳头顶压剑状软骨区时，病畜表现疼痛、呻吟、躲闪。肘头外展，肘肌颤动。前胃弛缓，慢性瘤胃臌气。血液检查，白细胞总数每立方毫米高达 14 000～20 000，白细胞分类初期核左移，嗜中性白细胞高达 70%，淋巴细胞则降至 30% 左右。创伤性网胃心包炎症状病羊心动过速，每分钟 80～120 次；颈静脉怒张、粗如手指，颌下及胸前水肿；听诊心音区扩大，出现心包摩擦音及拍水音。病的后期，常发生腹膜粘连，心包积脓和脓毒败血症。根据临床症状和病史，结合进行金属探测仪及 X 光透视拍片检查，即可确诊。

【防治】治疗：确诊后可行瘤胃切开术，清理排除异物。如病程发展到心包积脓阶段，病羊应予淘汰。对症治疗，消除炎症，可用青霉素 40 万～80 万单位、链霉素 50 万单位，1 次肌肉注射。亦可用磺胺嘧啶钠 5～8g、碳酸氢钠 5g，加水内服，每日 1 次，连用 1 周以上。亦可用健胃剂、镇痛剂。预防：需清除饲料中异物，在饲料加工设备中安装磁铁，以排除铁器；并严禁在牧场或羊舍内堆放铁器。饲喂人员勿带尖细的铁器用具进入羊舍，以防止混落在饲料中被羊食入。

八、真胃阻塞

真胃阻塞也叫真胃积食。根据真胃积食成分不同分饮食性真胃阻塞和泥沙性真胃阻塞。是由于真胃内积聚过多只的粉碎饲料和泥沙，致使机体脱水、电解质平衡失调、碱中毒和进行性消瘦为特征的一种严重疾病。

【症状】该病发展缓慢，初期似前胃弛缓症状，病羊食欲减退，排粪量少，以至停止排粪，粪便干燥，其上附有多量黏液或血丝；右腹真胃区增大，病胃充满液体，冲击真胃可感觉到坚硬的真胃体。但应注意与瓣胃阻塞相区别。

【防治】应先给病羊输液，可使用 25% 硫酸镁溶液 50ml、甘油 30ml、生理盐水 100ml、混合作真胃注射；10 小时后，可选用胃肠兴奋剂，如氨甲酰胆碱注射液（每千克体重 0.05mg）等，少量多次皮下注射。加强饲养管理去除致病因素，尤其对饲料的品质、加工等要特别注意；定时定量喂料，供给充足清洁的饮水。

九、羊肠扭转

肠扭转是由于肠管位置发生改变，引起肠孔机械性闭塞，继而肠管出血、麻痹、坏死的重剧性腹痛病；如不及时恢复肠管位置，可造成患羊急性死亡，死亡率常达100%。该病平时少见，多发生于剪毛后，故有的地方称其为"剪毛病"。

【症状】发病初期：病羊精神不安，回头顾腹，伸腰或拧腰，起卧，口唇有少量白沫，两肋内吸，后肢弹腹或踢蹄，不时摇尾和翘唇，不排粪，不排尿；瘤胃蠕动音先增强、后减弱，肠音增强；体温正常或略高；呼吸浅而快，每分钟25～35次；心跳快而有力，每分钟80～100次。有的病羊瘤胃蠕动音和肠音在听诊部位互换位置。随着时间延长，症状逐渐加剧，病羊急起急卧，腹围逐渐增大，叩之如鼓；卧地时呈昏睡状，起立后前冲后撞，肌肉震颤，结膜发绀，腹壁触诊敏感；使用镇痛剂腹痛症状也不能明显减弱；瘤胃蠕动音及肠音减弱或消失；体温40.5～41.8℃；呼吸急促，每分钟60～80次；心跳快而弱，节律不齐，每分钟108～120次。后期：病羊腹部严重臌气，精神委靡，结膜苍白，食欲废绝，拱腰呆立或卧地不起，强迫行走时步态蹒跚；瘤胃蠕动音及肠音废绝；体温37℃以下，呼吸微弱而浅，每分钟70～80次；心跳慢而弱，节律不齐，每分钟60次以下；腹腔穿刺时，有息肉水样流体留出。一般病程6～18小时。

【防治】治疗以整复法为主，药物镇痛为辅。体位整复法，由助手用两手抱住病肉羊胸部。将其提起，使肉羊臀部着地，背部紧挨助手腹部和腿部。让肉羊腹部松弛。呈人伸腿坐地状。术者蹲于肉羊前方，两手置羊两侧腰部、适度晃动；随后再分别提起羊的一侧前后肢，背着地面右右摆动十余次。放下肉羊让其站立，持鞭驱赶。使肉羊奔跑运动8～10分钟。然后观察结果。若整复法不能达到目的，应立刻进行部腹控诊，查明扭转部位，整理扭转的肠管使之复位。

十、胃肠炎

胃肠炎是胃肠黏膜及其深层组织的出血性或坏死性炎症。临床表现以食欲减退或废绝，体温升高，腹泻，脱水，腹痛和不同积蓄的自体中毒为特征。

【症状】初期病羊多呈现急性消化不良的症状，其后逐渐或迅速转为胃肠炎。病羊表现食欲减少或废绝，口腔干燥发臭，舌有黄厚苔或薄苔，伴有腹痛；肠音初期增强，其后减弱或消失，排稀粪或水样便，排泄物腥臭或恶臭，粪中混有血液、黏液、坏死脱落的组织片；脱水严重，少尿，眼球下陷，皮肤弹性降低，消瘦、腹围紧缩。当虚脱时，病羊卧地，脉搏微细，心力衰竭。体温在整个病程中升高。病至后期，因循环和微循环障碍，病羊四肢冷凉，昏睡，搐搦而死。慢性胃肠炎病程较长，病势缓慢，主要症状同急性胃肠炎，也可引起恶病质。

【防治】消炎：可用磺胺咪 4～8g、小苏打 3～5g，加水适量，1 次内服。亦可用药用炭 7g、萨罗尔 24g、次硝酸铋 3g，加水适量，1 次内服；或用黄连素片 15 片、链霉素片 2 片（每片 0.5g）、红根草粉 15g，加水适量，1 次内服；或用泻速宁 2 号 30g，加水内服；或用青霉素 40 万～80 万单位，链霉素 50 万～100 万单位，蒸馏水 10ml 溶解，1 次肌肉注射，连用 5 日；或用土霉素或四环素 0.5g，溶解于生理盐水 100ml 中，1 次静脉注射；或用氯霉素注射液 10ml，1 次肌肉注射。

脱水严重的宜补液。可用 5% 葡萄糖溶液 300ml、生理盐水 200ml、5% 碳酸氢钠溶液 100ml，混合后 1 次静脉注射，必要时可以重复应用。下泻严重者可用 1% 硫酸阿托品注射液皮下注射 2ml。急性胃肠炎可用白头翁 12g、秦皮 9g、黄连 2g、黄芩 3g、大黄 3g、山栀 3g、茯苓 6g、泽泻 6g、玉金 9g、木香 2g、山楂 6g，水煎，1 次内服。亦可用白头翁葛根芩连汤：葛根 12g、黄芩 9g、黄柏 9g、黄连 6g、白头翁 15g、银花 15g、连翘 15g、秦皮 15g、赤芍 9g、丹皮 6g，加水煎煮，1 次内服。

十一、小叶性肺炎及肺脓肿

小叶性肺炎是支气管与肺小叶或肺小叶群同时发生炎症。其临床特征为，病羊呼吸困难，呈现弛张热；叩诊胸部有局灶性浊音区；听诊肺区有捻发音。肺脓肿常由小叶性肺炎继发。

【症状】小叶性肺炎初期呈急性支气管炎的症状，即咳嗽，体温升高，呈弛张热型，高达 40℃以上；呼吸浅表、增数，呈混合性呼吸困难。呼吸困难的程度，随肺脏发炎的面积大小而不同，发炎面积越大，呼吸越困难，呈现低弱的痛咳。胸部叩诊，出现不规则的半浊音区。浊音则多见于肺下区的边缘，其周围健康部的肺脏叩诊音高朗。听诊肺区肺泡音减弱或消失，初期出现干罗音，中期出现湿罗音、捻发音。

肺脓肿常呈现散在性的特点，是小叶性肺炎没有治愈、化脓菌感染的结果。病羊呈现间歇热，体温升高至 41.5℃；咳嗽，呼吸困难。肺区叩诊，常出现固定的似局灶性浊音区，病区呼吸音消失。其他基本同小叶性肺炎。血液检查白细胞总数增加，每毫升达 1.5 万；白细胞分类嗜中性白细胞占 70%，核分叶增多。根据病羊的临床表现即可确诊。但应注意与大叶性肺炎、咽炎、牙齿和副鼻窦的疾病加以区别。

【防治】加强饲养管理，保持圈舍卫生，防止羊吸入灰尘。不要使羊受寒感冒，杜绝传染病发生。插胃管时防止误插入气管中。治疗：①消除炎症。每千克羊体重用青霉素 3 万~5 万国际单位，或链霉素 15~20mg，或庆大霉素 3~4mg，肌肉注射，每天 2 次，连用 3~5 天；或每只羊用 10%增效磺胺嘧啶钠注射液 20~30ml 肌肉注射，每天 1~2 次，连用 3~5 天；②对症治疗。止咳，每只病羊用氯化铵 3~4g、酒石酸锑钾 0.3~0.4g、杏仁

水 2ml，或咳必清 40 ~ 50ml，加适量水混合后灌服，每天 2 ~ 3
次；炎性分泌物堵塞支气管且病羊呼吸困难时，每千克羊体重用
氨茶碱 3 ~ 4mg 肌肉注射，每天 2 次；补液强心，每只病羊用
5% 葡萄糖溶液 500ml、10% 安钠咖 3 ~ 4ml、5% 维生素 C 6 ~
8ml，混合后静脉注射，每天 1 次。

十二、吸入性肺炎

吸入性肺炎是羊偶将药物、食糜渣液、植物油类误咽入气
管、支气管和肺部而引起的炎症。其临床特征为，咳嗽、气喘和
流鼻涕，肺区有捻发音。

【症状】病羊精神沉郁，食欲大减或废绝；体温升高，达
40 ~ 41℃，弛张热，日差平均 1.1℃；脉搏加速，呼吸频数，且
呼吸困难，以复试呼吸占优势，腹部扇动显著。初期，病羊常呈
干咳，随着分泌增加可表现为湿咳。鼻流浆性或黏浆性鼻液。病
程中期，流灰白色带细胞泡沫的鼻液，落地如花点状。咳嗽低
哑，呈阵发性，连续 7 ~ 8 声；咳时伸颈低头，声音嘶哑。

【防治】对该病采取青霉素为主的综合疗法。青霉素 80 万
单位肌肉注射，每日 1 ~ 2 次，连续 4 ~ 7 天，同时用青霉素 40
万单位、0.5% 普鲁卡因 2 ~ 3ml 气管注射，每天或隔天 1 次，注
射 2 ~ 5 次。并配合应用泻肺平喘、镇咳祛痰等重药，对咳嗽严
重不能投水的病羊，做成添加剂投服。肺水肿时，可用 10% 磺
胺注射液 20ml，静脉滴注；或改用四环素 0.5g，加入输液中，
静脉注射。

十三、羔羊白肌病（硒缺乏症）

白肌病是羔羊的一种急性或亚急性代谢病，临诊上以运动障
碍和循环衰竭为特征，病理学上以骨骼肌和心肌变性坏死为特
征。白肌病是因母绵羊在妊娠和泌乳期间代谢性硒缺乏所引起。

【症状】①急性患羔生前无任何症状而突然死亡；病程稍长些的，开始表现后肢走步不灵活，有拖曳现象，渐次发展到喜卧、不愿站立，精神委顿，扶助站立，四肢颤抖，并拢于腹下，身体前倾，步行蹒跚，磨牙，似有痛感。病羔体温不高，仍有饮食欲及反刍现象。严重病羔无力站立，匍卧于地，四肢有知觉，当发展到食欲废绝、反刍停止时，头偏于一侧，口流白沫呈昏睡状，多数死亡；②个别病羔出现腹泻，有的在下颌间隙、鼻、背、胸前出现水肿。病羔被毛易脱落并伴有食毛、舔食水泥墙基等异食现象。

【防治】预防该病，关键在于加强对妊娠母羊、哺乳期母羊和羔羊的饲养管理。尤其是在冬春季节，可在其饲料中添加含硒和维生素 E 的预混料，或每只母羊在产羔前 1 个月肌肉注射 0.1% 的亚硒酸钠维生素 E 合剂 5ml，即可起到很好的预防作用。也可在羔羊出生后第三天肌肉注射亚硒酸钠维生素 E 合剂 2ml，断奶前再注射 1 次（3ml）。治疗该病，对急性病例常用 0.1% 的亚硒酸钠注射液肌肉或皮下注射，羔羊每次 2~4ml，间隔 10~20 天重复注射 1 次；维生素 E 肌肉注射，羔羊 10~15mg，每天 1 次，连用 5~7 天为一个疗程。对慢性病例可采用在饲料中添加药物的办法。

十四、羊酮尿病

孕羊酮尿病是发生在绵羊或乳山羊妊娠后期和临产期的一种代谢紊乱疾病。绵羊多发生在冬末春初；乳山羊一年四季均可发生，没有严格的季节性。营养不足是本病的主要原因。

【症状】初期见病羊不跟群，视力减退，当听到音响或生人走近时，只是转头面向而不知躲避。后期意识紊乱，有的视力丧失。耳、唇震颤，下颌做虚咀嚼运动，口流出泡沫状唾液。头向后仰，或向一侧偏斜。有时做转圈运动或忽然倒地，痉挛过后仍可站立。食欲减退，瘤胃及肠蠕动减弱，粪干而少。呼出气及尿有丙酮的甜臭味。病程为 6 ~ 7 天。

【防治】治疗本病首先给予含蛋白质和糖类较高的饲料。每天 1 ~ 2 次静脉注射 25% 葡萄糖液 50 ~ 100ml，连用 3 ~ 5 天。为促进氧化还原过程，恢复已破坏的机能，可内服柠檬酸或醋酸钠每天 15g，连服 4 ~ 5 天。据报道，本病采用 5% 碳酸氢钠注射液 200 ~ 300ml 静脉注射，每天早晚各 1 次或口服碳酸氢钠片 20 ~ 30 片，每天 2 ~ 3 次，效果亦明显。

十五、绵羊食毛症（硫缺乏症）

食毛症是绵羊的一种异食癖，尤以引进纯种肉羊及其与本地杂交和羊羔羊多发，以互相啃咬被毛，或舔食脱落的羊毛为特征。饲料中矿物质、维生素和蛋白质缺乏，特别是饲料中含硫的氨基酸缺乏是发病的主要原因。

【症状】羊发病初期互相啃咬股、腹、尾等处被粪便污染的被毛，或舔食散落在地上的羊毛。有的羔羊出生后即舔食母羊乳房周围的被毛，还时常舔食土块、垫草、灰渣等异物。病羊被毛粗乱、焦黄，大片脱毛，食欲减退，常伴有腹泻、消瘦、贫血等症状。若羔羊发生真胃阻塞或肠道阻塞，则食欲废绝，排粪停止，肚胀，磨牙空嚼，流涎，气喘，咩叫，拱背，回顾腹部等。触摸腹部可摸到真胃或肠内有枣核大小的圆形硬物。

【防治】预防：延长离乳羔羊的放牧时间，要合理制定饲养计划，饲喂要做到定时、定量，防止羔羊暴食；注意分娩母羊和圈舍内的清洁卫生，分娩母羊产出羔羊后，要先将乳房周围、乳头长毛和腿部的污毛剪掉，然后用 2% ~ 5% 来苏尔消毒擦净，再让新生羔羊吮乳；畜舍内脱落混在草内的羊毛，要勤打扫，保证饲草饲料不混羊毛；选择优质的青干草绑成把吊起，让羔羊自由采食或戏食，并在日粮中要配有骨粉和食盐，适当补喂胡萝卜、麸皮等饲料。治疗：对病羊应注意清理胃肠，维持心脏机能，防止病情恶化。

治疗：隔离正在啃毛的羊，整群羊供营养添砖自由采食；平时饲料中矿物质添预混料；患羊肌肉注射或者口服的形式补充微量元素硫、硒和锌；食用碘盐30kg、石粉20kg、氯化钴30g、硫酸锰10g、硫酸亚铁1.5kg、硫酸铜100g混合一起，每只每天喂50g，混入精料中喂饲，连喂45天。

十六、羔羊摇摆病（铜缺乏症）

羔羊摇摆病又称摆腰病、地方性运动失调、蹒跚病，是微量元素铜缺乏的典型病症。本病具有明显的地区性，是一种慢性地方性疾病，多见于放牧羊只。

【病因】本病与各地土壤和牧草中铜、硒、锌、碘缺乏，以及氟、钼、铁高有关，是一种条件性铜、硒缺乏综合征。或饲料中虽然含有足量的铜，但如果同时含有过多的钼和硫，会抑制机体对铜的吸收和利用；氟摄入过量也影响体内铜的利用；另外，磷、氮及镍、锰、钙、铁、锌、硼和抗坏血酸等都是铜的拮抗因子，这些元素的过量也不利于铜的吸收，易导致铜缺乏病的出现。

【临床症状和诊断】运动失调、步态不稳是牧区羔羊缺铜性摇摆症的典型症状。绵羊还出现被毛褪色、毛质下降：被毛色泽变浅，毛的卷曲减少乃至消失，弹性下降。羔羊后躯摇摆（共济失调），严重者后躯瘫痪，最后饥饿死亡。耐过的3～4月龄羔羊若可以存活，但留有摆腰的后遗症。病羔体弱消瘦，被毛粗乱，缺乏光泽，食欲、饮欲减少，精神沉郁，步态无力、不稳。根据病史和临床症状可作出初步诊断。确诊需进行饲料、血液和组织的微量元素测定。

【防治】预防：妊娠母羊饲喂全价营养饲料，补饲胡萝卜，以保证胎羔的正常发育和母羊产后有足够的乳汁哺乳羔羊。在低铜的地区，在饲草上喷洒硫酸铜溶液以增加羊只铜的摄入量，或在圈舍投放含铜盐砖，让羊自由舔食。

治疗：对有症状的羊只口服硫酸铜（10%溶液），15mg/kg体重，每两周灌服一次，连用 2 次；同时皮下注射 0.1% 的亚硒酸钠，3mg/kg体重，每月一次，连用 3 次。

十七、羊地方性消瘦病（钴缺乏症）

羊地方性消瘦病是钴缺乏症的一种病症，又称钴营养不良症，临床上以食欲减退、贫血、消瘦为特征，多发于 6~12 月龄的羔羊，成年绵羊、山羊和牛等反刍动物也有发生。

【病因】主要是由于土壤中含钴量太低，羊吃到的饲料中钴不能满足需要。钴是动物体内维生素 B_{12} 合成必须的一种微量元素。钴虽然在羊体内含量不超过两万分之一，但在维持机体的正常生长和健康上都具有非常重要的作用。当饲料中钴含量缺乏，羊瘤胃内微生物合成维生素 B_{12} 受到阻。维生素 B_{12} 不仅是反刍动物的必需维生素，而且是瘤胃微生物的必需维生素。当维生素 B_{12} 合成不足，直接影响瘤胃微生物的生长繁殖，从而影响纤维素的消化，导致反刍动物能量代谢障碍，使动物消瘦和虚弱。

【临床症状和诊断】渐进性消瘦和衰弱是该病最明显的临床特征。本病一般呈慢性过程，常不被重视，只有当病羊病情严重、衰弱而卧地不起时才被发现。病羊可视黏膜苍白，皮肤变薄，肌肉乏力、松弛，被毛无光泽，消瘦，贫血和腹下水肿等。羔羊生长发育缓慢，体重减轻，随着饮欲和食欲的废绝，反刍减少、瘤胃蠕动减弱，便秘或腹泻。严重者重度贫血，急剧衰竭而死亡。妊娠母羊流产，或产出弱羔、死羔。测定血样可见，血清总蛋白含量明显降低，红细胞数减少，血浆中钴含量低于正常量。剖解可见，各个消化器官壁变薄，脏器萎缩、皮下脂肪消失，体躯肌肉色淡。根据上述症状和血液检测结果，再通过补钴诊断性治疗结果，即可确诊。

【防治】预防：在缺钴的地区，每只羊每月给予一次250mg的钴，具有显著的预防效果，或在饲料中以 0.07 ~ 0.8μg/kg 干物质量添加的氯化钴、硫酸钴，以保证羊只对钴的最低需要量。

治疗：对于病羊，可通过持续口服氯化钴、硫酸钴溶液（10 ~ 20mg/天），或肌肉注射维生素 B_{12} 进行治疗。在补钴的同时应注意锰、镁、铁的补饲。一般情况下，钴缺乏的土壤中锰、铁和镁的含量也会减少。

十八、羊青草抽搐症（镁缺乏症）

羊青草抽搐症是低镁血症的特征性病症，是一种由镁缺乏引起的镁、钙、磷的比例失调而导致的以全身肌肉搐溺为特征的营养代谢性疾病。本病常见于羊，且以春、秋两季多发。羊青草抽搐症发病率虽低，但死亡率可超过70%。

【病因】饲料特别是青嫩饲草中矿物质元素镁缺乏；或胃肠道疾病、胆道疾病导致消化机能障碍，使镁的吸收减少或排出增加，可致使血液中镁急剧下降；土壤中的镁缺乏又是导致牧草镁含量降低的主要原因。

【临床症状和诊断】在新疆，该病多发于 5 ~ 6 月。初期羊只表现精神不振、步态不稳。病情缓慢者仅出现沉郁、步态摇晃。数周后逐渐出现运动障碍，兴奋性增高，最后惊厥、抽搐而死亡。急性病例在放牧时突然表现出惊恐不安，四肢震颤，摇摆，磨牙，头颈后仰而倒地，如不及时抢救，则很快呼吸衰竭而死亡。该病的诊断比较困难，应根据发病季节、临床症状、当地土壤和牧草矿物质的检测进行综合性分析。此外要注意与破伤风、牧草、农药中毒相区别。

【防治】预防：了解当地土壤矿物质的含量。在土壤缺镁的地区，羊群在春夏季放牧时，每周以 5~10g/只的剂量在补饲饲料中添加氧化镁或碳酸镁 1 次；或放牧前先饲喂少量干草，减少青嫩草采食量。

治疗：用钙镁合剂 20~40ml 静脉注射，同时再用 25% 硫酸镁溶液 20ml 肌肉注射；或将 2g 硫酸镁溶于 5% 葡萄糖溶液 100ml 中，缓慢静脉注射。症状好转后可用 20% 硫酸镁或氯化镁 10~20ml 皮下注射，同时内服氧化镁 3g，连服 1 周；出现惊厥时，肌肉注射苯巴比妥钠 1g，可迅速缓解神经症状。

十九、羊增生性皮炎与脱毛症（锌缺乏症）

锌是机体蛋白合成、代谢必需的多种酶的重要组成成分，对维持皮肤、黏膜的完整性和正常功能具有重要作用。锌缺乏将导致机体正常生理功能障碍，严重影响羊只的正常发育和生长。

【病因】锌缺乏的原因主要有锌的储存、摄入减少，如饲草、饲料中锌含量过低；锌的吸收受抑制，如饲料中钙、镉、铜、铁、铬、钼、锰、磷、碘等配合比例失当影响锌的吸收；肠炎症造成锌的吸收不良或丢失过多。

【临床症状和诊断】该病自然病例的特征性症状是皮肤增厚，产生皱纹、脱毛。病羊皮肤角化不全，皲裂、增厚、弹性减退、脱毛。病变和脱毛部位尤以鼻端、耳部、颈部、尾尖、阴囊最为明显；后肢弯曲、关节肿胀、僵硬。母羊繁殖机能紊乱，发情延迟、不发情或发情配种不孕。公羊精液量和精子减少，活力降低，性功能减弱。依据临床症状和血清锌水平降低可以确诊。

【防治】预防：在缺锌的地区，将饲料中的钙含量严格控制在 0.5%~0.6% 以内，同时在饲料中以每吨 25~50g 的比例补加硫酸锌。

治疗：对于疑似缺锌病羊，每只羊口服硫酸锌 1g，每周一次；或以 100mg/kg 体重剂量连续服用硫酸锌 3～4 周。

二十、佝偻病（钙缺乏症）

羊佝偻病是羔羊钙、磷代谢障碍引起骨组织发育不良的一种非炎性疾病。维生素 D 缺乏在本病的发生中起着重要作用。

【症状】病羊轻者主要表现为生长迟缓，异嗜；喜卧不活泼，卧地起立缓慢，往往出现跛行，行走步态摇摆，四肢负重困难，触诊关节有疼痛反应。病程稍长则关节肿大，以腕关节、关节、球关节较明显；长骨弯曲，四肢可以展开，形如青蛙。患病后期，病羔以腕关节着地爬行，躯体后部不能抬起；重症者卧地，呼吸和高产奶牛则表现为"翻蹄亮掌，拉弓射箭"。

【防治】加强怀孕母羊和泌乳母羊的饲养管理，饲料中应含有较丰富的蛋白质、维生素 D 和钙、磷，并注意钙、磷配合比例。供给充足的青绿饲料和青干草，补喂骨粉，增加运动和日照时间；羔羊饲养更应注意，有条件的喂给干苜蓿、胡萝卜、青草等青绿多汁的饲料，并按需要量添加食盐、骨粉、各种微量元素等。治疗时用维生素 A、维生素 D 注射液 3ml 肌肉注射；精制鱼肝油 3ml 灌服或肌肉注射。补充钙制剂可用 10% 的葡萄糖酸钙注射液 5～10ml。

二十一、尿结石

尿结石是尿中盐类在肾盂、膀胱、输尿管及尿道等处形成的凝结物。其形状有圆形、椭圆形、多角形或砂子状。大小有粟粒大至豌豆大或更大。本病在母羊较少发生，公羊因其尿道细长，又有"S"形弯曲及尿道突，故易发生阻塞，尤以舍饲强度育肥后期细毛公羔为甚。

【症状】尿结石常因发生的部位不同而症状也有差异。尿道结石，常因结石完全或不完全阻塞尿道，引起尿闭、尿痛、尿频时，才被发现。病羊排尿努责，痛苦咩叫，尿中混有血液。尿道结石可致膀胱破裂，尿道破裂，还可以引起腹部水肿。膀胱结石在不影响排尿时，不显临床症状，常在死后才被发现。肾盂结石有的生前不显临床症状，而在死后剖检时，才被发现有大量的结石。肾盂内多量较小的结石进入输尿管，引起输尿管阻塞，致使肾盂扩张，可使羊发生疝痛症状。当尿闭时，常可发生尿毒症。对尿液减少或尿闭，或有肾炎、膀胱炎、尿道炎病史的羊，不应忽视可能发生尿结石的可能。长期舍饲养殖的绵羊也频频出现群体尿结石的病例。

【防治】注意经常检查和平衡日粮钙磷比例是预防尿结石的根本措施。控制谷物、麸皮、甜菜块根的喂量、饮水要清洁。药物治疗一般无效果。种羊患尿道结石时可施行尿道切开术，取出结石。肾盂和膀胱结石可因小块结石随尿液落入尿道而形成尿道阻塞，故在施行肾盂及膀胱结石摘出术时要慎重。

二十二、光敏症

羊光敏症是由于羊吃进了光动力物质，然后分布于皮肤中，或直接经皮肤吸收了光动力物质，使浅色皮肤对太阳的照射反应过强而造成皮肤损伤的一种疾病。

【症状】患光敏症的羊在太阳光下，会产生惧光现象，表现辗转不停、不安，挠擦暴露的浅色皮肤区，如面部、耳朵、眼睑和鼻端，使皮肤迅速出现红斑并很快水肿，如继续暴露于阳光下，可见血浆明显渗出，皮肤结痂坏死；患肝源性光敏症的羊，黏膜出现黄疸。

【防治】对光敏症继续发展的羊，应将其饲养在庇荫处，只在晚上供食。早期注射肾上腺皮质激素或苯海拉明（每次40mg）有效，体表喷洒1%的高锰酸钾溶液。为减少血浆渗出，可使用2%~3%的明矾溶液冷敷患部皮肤和静注10%的葡萄糖酸钙溶液。如水疱已被细菌感染，可使用高锰酸钾溶液冲洗后，涂以氧化锌软膏或消炎软膏，并配合青霉素、链霉素肌肉注射。此外，还应防止蝇类袭扰。

二十三、氢氰酸中毒

羊氢氰酸中毒是由于羊采食或饲喂了含有氰甙配糖体的植物而引起的中毒病。

【症状】病羊初期咳嗽，体温升高，呈弛张热型，高达40℃以上；呼吸浅表、增数，呈混合性呼吸困难。叩诊胸部有局灶性浊音区；听诊肺区有捻发音。呈现间歇热，体温升高至41.5℃；咳嗽、呼吸困难。

【防治】禁止在含有氰甙作物的地方放牧。用含有氰甙的高粱苗、玉米苗、胡麻苗等作饲料时，应经过水浸或发酵后再喂饲，要少喂勤喂，一次不喂过多。发病后应立即应用亚硝酸钠0.1~0.2g配成5%的溶液，静脉注射。然后再注射3%~10%的硫代硫酸钠溶液20~60ml。

二十四、有机磷中毒

羊有机磷农药中毒是羊接触、吸入或采食了有机磷制剂及携带这种制剂的食物所引起的一种中毒性病理过程。以体内胆碱酯酶活性受到抑制，导致神经生理机能紊乱为特征。

【症状】有机磷中毒在临床上可以分为三类症候群：①毒蕈碱样症状：表现为食欲不振，流涎，呕吐，腹泻，腹痛，多汗，尿失禁，瞳孔缩小，可视黏膜苍白，呼吸困难，肺水肿，以及发绀等；②烟碱样症状：表现为肌纤维性震颤，血压升高，脉搏频数，麻痹；③中枢神经系统症状：表现为兴奋不安，体温升高，抽搐，昏睡等，中毒羊兴奋不安、冲撞蹦跳，全身震颤，渐而步态不稳，以至倒地不起，在麻痹下窒息死亡。

【防治】预防：严格农药管理制度和使用方法，不在喷洒农药地区放牧，拌过农药的种子不得喂羊。

治疗：①灌服盐类泻剂，尽快清除胃内毒物。可用硫酸镁或硫酸钠 30～40g，加水适量一次内服；②应用特效解毒剂解毒。可用解磷定、氯磷定，按每千克体重 15～30mg，溶于 5% 葡萄糖溶液 100ml 内，静脉注射，以后每 2～3 小时注射一次，剂量减半。根据症状缓解情况，可在 48 小时内重复注射；或用双解磷、双复磷，其剂量为解磷定的一半，用法相同；或用硫酸阿托品，按每千克体重 10～30mg，肌肉注射。症状不减轻可重复应用解磷定和硫酸阿托品。

二十五、子宫炎

本病是因分娩、助产、子宫脱、阴道脱、胎衣不下、腹膜炎、胎儿死于腹中等导致细菌感染而引起的子宫黏膜炎症。

【症状】①急性病例初期病羊食欲减少，精神欠佳，体温升高；因有疼痛反应而磨牙、呻吟。可表现前胃弛缓，拱背、努责，常作排尿姿势；阴户内流出污红色内容物。②慢性病例病情较急性轻微，病程长，子宫分泌物少。如不及时治疗可发展为子宫坏死，继而全身状况恶化，引发败血症或脓毒败血症；有时可继发羊腹膜炎、肺炎、膀胱炎、乳房炎等。

【防治】预防：①注意保持母羊圈舍和产房的清洁卫生；助产时要注意消毒，不要损伤产道；对产道损伤、胎衣不下及子宫脱出的病羊要及时治疗，防止感染发炎。②产后 1 周内，对母羊要经常检查，尤其要注意阴道排出物有无异常变化，如有臭味或排出的时间延长，更应仔细检查，及时治疗。③定期检查种公羊的生殖器官是否有传染疾病，防止公羊在配种时传播感染。

治疗：①净化清洗子宫：用 0.1% 高锰酸钾溶液或排出灌入子宫内的消毒溶液，每天 1 次，可连做 3～4 次；②消炎：可在冲洗后给羊子宫内注入碘甘油3ml，或投放土霉素（0.5g）胶囊；亦可用青霉素80万单位、链霉素50万单位，肌肉注射，每天早晚各1次；③解毒：自体中毒可应用10%葡萄糖液10ml、林格液100ml、5%碳酸氢钠溶液30～50ml，1次静脉注射；或肌肉注射维生素C 200mg。

二十六、乳房炎

羊乳房炎是乳腺、乳池、乳头局部的炎症，多见于泌乳期的绵羊、山羊。特征为乳腺发生各种不同性质的炎症，乳房发热、红肿、疼痛，影响泌乳机能和产乳量。

【症状】本病按病程可分为急性和慢性两种：①急性乳房炎。患病乳区增大、发热、疼痛。乳房淋巴结肿大，乳汁变稀并混有絮状或粒状物。重症时，乳汁可呈淡黄色水样或带有红色水样黏性液。同时可出现不同程度的全身症状，表现食欲减退或废绝，瘤胃蠕动和反刍停滞；体温高达41～42℃；呼吸和心搏加快，眼结膜潮红。严重时眼球下陷，精神委顿。患病羊起卧困难，有时站立不愿卧地，有时体温升高持续数天而不退，急剧消瘦，常因败血症而死亡；②慢性乳房炎。多因急性型未彻底治愈而引起。一般没有全身症状，患病乳区组织弹性降低、僵硬；触诊乳房时，发现大小不等的硬块；乳汁稀、清淡，泌乳量显著减少，乳汁中混有粒状或絮状凝块。

【防治】预防：①改善羊圈的卫生条件，扫除圈舍污物，使乳房经常保持清洁；对病羊要隔离饲养，单独挤乳，防止病菌扩散；定期消毒棚圈；②每次挤奶前要用温水将乳房及乳头洗净，用干毛巾擦干；挤完奶后，应用0.2%～0.3%氯胺T溶液或0.05%新洁尔灭浸泡或擦拭乳头；③枯草季节要适当补喂草料，避免严寒和烈日暴晒，乳用羊要定时挤奶，一般每天挤奶3次为宜；产奶特别多而羔羊吃不完时，可人工将剩奶挤出和减少精料；④怀孕后期不要停奶过急，停奶后将抗生素注入每个乳头管内；⑤分娩前如乳房过度肿胀，应减少精料及多汁饲料。

治疗：可用庆大霉素 8 万单位，或青霉素 40 万单位，蒸馏水 20ml，用乳头管针头通过乳头两次注入，每天两次，注射前应用酒精棉球消毒乳头，并挤出乳房内乳汁，注射后要按摩乳房；或青霉素 80 万单位，0.5% 普鲁卡因 40ml，在乳房基底部或腹壁之间，用封闭针头进针 4～5cm，分 3～4 次注入，每两天封闭 1 次。乳房炎初期可用冷敷，中后期用热敷；也可用 10% 鱼石脂酒精或 10% 鱼石脂软膏外敷。除化脓性乳房炎外，外敷前可配合乳房按摩。初期乳房炎可用蒲公英 100g，中期用鹿角霜 40g，后期用鹿角霜 40g、红花 10g，水煎后分两次灌服。对乳房极度肿胀，发高热的全身性感染者，应及时用庆大霉素、卡那霉素、青霉素等抗生素进行全身治疗。

附件1 《中国肉羊饲养标准》
(NY/T 816—2004)

表1　生长肥育绵羊羔羊每日营养需要量表

体重 (kg)	日增重 (kg/d)	DMI (kg/d)	DE (MJ/d)	ME (MJ/d)	粗蛋白质 (g/d)	钙 (g/d)	总磷 (g/d)	食用盐 (g/d)
4	0.1	0.12	1.92	1.88	35	0.9	0.5	0.6
4	0.2	0.12	2.8	2.72	62	0.9	0.5	0.6
4	0.3	0.12	3.68	3.56	90	0.9	0.5	0.6
6	0.1	0.13	2.55	2.47	36	1.0	0.5	0.6
6	0.2	0.13	3.43	3.36	62	1.0	0.5	0.6
6	0.3	0.13	4.18	3.77	88	1.0	0.5	0.6
8	0.1	0.16	3.10	3.01	36	1.3	0.7	0.7
8	0.2	0.16	4.06	3.93	62	1.3	0.7	0.7
8	0.3	0.16	5.02	4.60	88	1.3	0.7	0.7
10	0.1	0.24	3.97	3.60	54	1.4	0.75	1.1
10	0.2	0.24	5.02	4.60	87	1.4	0.75	1.1
10	0.3	0.24	8.28	5.86	121	1.4	0.75	1.1
12	0.1	0.32	4.60	4.14	56	1.5	0.8	1.3
12	0.2	0.32	5.44	5.02	90	1.5	0.8	1.3
12	0.3	0.32	7.11	8.28	122	1.5	0.8	1.3
14	0.1	0.4	5.02	4.60	59	1.8	1.2	1.7
14	0.2	0.4	8.28	5.86	91	1.8	1.2	1.7
14	0.3	0.4	7.53	6.69	123	1.8	1.2	1.7

（续表）

体重 （kg）	日增重 （kg/d）	DMI （kg/d）	DE （MJ/d）	ME （MJ/d）	粗蛋白质 （g/d）	钙 （g/d）	总磷 （g/d）	食用盐 （g/d）
16	0.1	0.48	5.44	5.02	60	2.2	1.5	2.0
16	0.2	0.48	7.11	8.28	92	2.2	1.5	2.0
16	0.3	0.48	8.37	7.53	124	2.2	1.5	2.0
18	0.1	0.56	8.28	5.86	63	2.5	1.7	2.3
18	0.2	0.56	7.95	7.11	95	2.5	1.7	2.3
18	0.3	0.56	8.79	7.95	127	2.5	1.7	2.3
20	0.1	0.64	7.11	8.28	65	2.9	1.9	2.6
20	0.2	0.64	8.37	7.53	96	2.9	1.9	2.6
20	0.3	0.64	9.62	8.79	128	2.9	1.9	2.6

注：①表中日粮干物质进食量（DMI）、消化能（DE）、代谢能（ME）、粗蛋白质（CP）、钙、总磷、食用盐每日需要量推荐数值参考自内蒙古自治区地方标准《细毛羊饲养标准》（DB 15/T 30—92）。②日粮中添加的食用盐应符合 GB 5461 中的规定

表2 育成母绵羊每日营养需要量表

体重 （kg）	日增重 （kg/d）	DMI （kg/d）	DE （MJ/d）	ME （MJ/d）	粗蛋白质 （g/d）	钙 （g/d）	总磷 （g/d）	食用盐 （g/d）
25	0	0.8	5.86	4.60	47	3.6	1.8	3.3
25	0.03	0.8	6.70	5.44	69	3.6	1.8	3.3
25	0.06	0.8	7.11	5.86	90	3.6	1.8	3.3
25	0.09	0.8	8.37	6.69	112	3.6	1.8	3.3
30	0	1.0	6.70	5.44	54	4.0	2.0	4.1
30	0.03	1.0	7.95	6.28	75	4.0	2.0	4.1
30	0.06	1.0	8.79	7.11	96	4.0	2.0	4.1
30	0.09	1.0	9.20	7.53	117	4.0	2.0	4.1
35	0	1.2	7.95	6.28	61	4.5	2.3	5.0
35	0.03	1.2	8.79	7.11	82	4.5	2.3	5.0
35	0.06	1.2	9.62	7.95	103	4.5	2.3	5.0
35	0.09	1.2	10.88	8.79	123	4.5	2.3	5.0

（续表）

体重 （kg）	日增重 （kg/d）	DMI （kg/d）	DE （MJ/d）	ME （MJ/d）	粗蛋白质 （g/d）	钙 （g/d）	总磷 （g/d）	食用盐 （g/d）
40	0	1.4	8.37	6.69	67	4.5	2.3	5.8
40	0.03	1.4	9.62	7.95	88	4.5	2.3	5.8
40	0.06	1.4	10.88	8.79	108	4.5	2.3	5.8
40	0.09	1.4	12.55	10.04	129	4.5	2.3	5.8
45	0	1.5	9.20	8.79	94	5.0	2.5	6.2
45	0.03	1.5	10.88	9.62	114	5.0	2.5	6.2
45	0.06	1.5	11.71	10.88	135	5.0	2.5	6.2
45	0.09	1.5	13.39	12.10	80	5.0	2.5	6.2
50	0	1.6	9.62	7.95	80	5.0	2.5	6.6
50	0.03	1.6	11.30	9.20	100	5.0	2.5	6.6
50	0.06	1.6	13.39	10.88	120	5.0	2.5	6.6
50	0.09	1.6	15.06	12.13	140	5.0	2.5	6.6

注：①表中日粮干物质进食量（DMI）、消化能（DE）、代谢能（ME）、粗蛋白质（CP）、钙、总磷、食用盐每日需要量推荐数值参考自内蒙古自治区地方标准《细毛羊饲养标准》（DB 15/T 30—92）；②日粮中添加的食用盐应符合 GB 5461 中的规定。

表3　育成公绵羊营养需要量表

体重 （kg）	日增重 （kg/d）	DMI （kg/d）	DE （MJ/d）	ME （MJ/d）	粗蛋白质 （g/d）	钙 （g/d）	总磷 （g/d）	食用盐 （g/d）
20	0.05	0.9	8.17	6.70	95	2.4	1.1	7.6
20	0.10	0.9	9.76	8.00	114	3.3	1.5	7.6
20	0.15	1.0	12.20	10.00	132	4.3	2.0	7.6
25	0.05	1.0	8.78	7.20	105	2.8	1.3	7.6
25	0.10	1.0	10.98	9.00	123	3.7	1.7	7.6
25	0.15	1.1	13.54	11.10	142	4.6	2.1	7.6
30	0.05	1.1	10.37	8.50	114	3.2	1.4	8.6
30	0.10	1.1	12.20	10.00	132	4.1	1.9	8.6
30	0.15	1.2	14.76	12.10	150	5.0	2.3	8.6

（续表）

体重 （kg）	日增重 （kg/d）	DMI （kg/d）	DE （MJ/d）	ME （MJ/d）	粗蛋白质 （g/d）	钙 （g/d）	总磷 （g/d）	食用盐 （g/d）
35	0.05	1.2	11.34	9.30	122	3.5	1.6	8.6
35	0.10	1.2	13.29	10.90	140	4.5	2.0	8.6
35	0.15	1.3	16.10	13.20	159	5.4	2.5	8.6
40	0.05	1.3	12.44	10.20	130	3.9	1.8	9.6
40	0.10	1.3	14.39	11.80	149	4.8	2.2	9.6
40	0.15	1.3	17.32	14.20	167	5.8	2.6	9.6
45	0.05	1.3	13.54	11.10	138	4.3	1.9	9.6
45	0.10	1.3	15.49	12.70	156	5.2	2.9	9.6
45	0.15	1.4	18.66	15.30	175	6.1	2.8	9.6
50	0.05	1.4	14.39	11.80	146	4.7	2.1	11.0
50	0.10	1.4	16.59	13.60	165	5.6	2.5	11.0
50	0.15	1.5	19.76	16.20	182	6.5	3.0	11.0
55	0.05	1.5	15.37	12.60	153	5.0	2.3	11.0
55	0.10	1.5	17.68	14.50	172	6.0	2.7	11.0
55	0.15	1.6	20.98	17.20	190	6.9	3.1	11.0
60	0.05	1.6	16.34	13.40	161	5.4	2.4	12.0
60	0.10	1.6	18.78	15.40	179	6.3	2.9	12.0
60	0.15	1.7	22.20	18.20	198	7.3	3.3	12.0
65	0.05	1.7	17.32	14.20	168	5.7	2.6	12.0
65	0.10	1.7	19.88	16.30	187	6.7	3.0	12.0
65	0.15	1.8	23.54	19.30	205	7.6	3.4	12.0
70	0.05	1.8	18.29	15.00	175	6.2	2.8	12.0
70	0.10	1.8	20.85	17.10	194	7.1	3.2	12.0
70	0.15	1.9	24.76	20.30	212	8.0	3.6	12.0

注：①表中日粮干物质进食量（DMI）、消化能（DE）、代谢能（ME）、粗蛋白质（CP）、钙、总磷、食用盐每日需要量推荐数值参考自内蒙古自治区地方标准《细毛羊饲养标准》（DB 15/T 30—92）；②日粮中添加的食用盐应符合 GB 5461 中的规定

表4 育肥羊每日营养需要量

体重 （kg）	日增重 （kg/d）	DMI （kg/d）	DE （MJ/d）	ME （MJ/d）	粗蛋白质 （g/d）	钙 （g/d）	总磷 （g/d）	食用盐 （g/d）
20	0.10	0.8	9.00	8.40	111	1.9	1.8	7.6
20	0.20	0.9	11.30	9.30	158	2.8	2.4	7.6
20	0.30	1.0	13.60	11.20	183	3.8	3.1	7.6
20	0.45	1.0	15.01	11.82	210	4.6	3.7	7.6
25	0.10	0.9	10.50	8.60	121	2.2	2	7.6
25	0.20	1.0	13.20	10.80	168	3.2	2.7	7.6
25	0.30	1.1	15.80	13.00	191	4.3	3.4	7.6
25	0.45	1.1	17.45	14.35	218	5.4	4.2	7.6
30	0.10	1.0	12.00	9.80	132	2.5	2.2	8.6
30	0.20	1.1	15.00	12.30	178	3.6	3	8.6
30	0.30	1.2	18.10	14.80	200	4.8	3.8	8.6
30	0.45	1.2	19.95	16.34	351	6.0	4.6	8.6
35	0.10	1.2	13.40	11.10	141	2.8	2.5	8.6
35	0.20	1.3	16.90	13.80	187	4.0	3.3	8.6
35	0.30	1.3	18.20	16.60	207	5.2	4.1	8.6
35	0.45	1.3	20.19	18.26	233	6.4	5.0	8.6
40	0.10	1.3	14.90	12.20	143	3.1	2.7	9.6
40	0.20	1.3	18.80	15.30	183	4.4	3.6	9.6
40	0.30	1.4	22.60	18.40	204	5.7	4.5	9.6
40	0.45	1.4	24.99	20.30	227	7.0	5.4	9.6
45	0.10	1.4	16.40	13.40	152	3.4	2.9	9.6
45	0.20	1.4	20.60	16.80	192	4.8	3.9	9.6
45	0.30	1.5	24.80	20.30	210	6.2	4.9	9.6
45	0.45	1.5	27.38	22.39	233	7.4	6.0	9.6
50	0.10	1.5	17.90	14.60	159	3.7	3.2	11.0
50	0.20	1.6	22.50	18.30	198	5.2	4.2	11.0
50	0.30	1.6	27.20	22.10	215	6.7	5.2	11.0
50	0.45	1.6	30.03	24.38	237	8.5	6.5	11.0

注：①表中日粮干物质进食量（DMI）、消化能（DE）、代谢能（ME）、粗蛋白质（CP）、钙、总磷、食用盐每日需要量推荐数值参考自新疆维吾尔自治区企业标准《新疆细毛羔舍饲肥育标准》（1985）；②日粮中添加的食用盐应符合 GB 5461 中的规定

表 5   妊娠母绵羊每日营养需要量

妊娠阶段	体重(kg)	DMI(kg/d)	DE(MJ/d)	ME(MJ/d)	粗蛋白质(g/d)	钙(g/d)	总磷(g/d)	食用盐(g/d)
前期 a	40	1.6	12.55	10.46	116	3.0	2.0	6.6
	50	1.8	15.06	12.55	124	3.2	2.5	7.5
	60	2.0	15.90	13.39	132	4.0	3.0	8.3
	70	2.2	16.74	14.23	141	4.5	3.5	9.1
后期 b	40	1.8	15.06	12.55	146	6.0	3.5	7.5
	45	1.9	15.90	13.39	152	6.5	3.7	7.9
	50	2.0	16.74	14.23	159	7.0	3.9	8.3
	55	2.1	17.99	15.06	165	7.5	4.1	8.7
	60	2.2	18.83	15.90	172	8.0	4.3	9.1
	65	2.3	19.66	16.74	180	8.5	4.5	9.5
	70	2.4	20.92	17.57	187	9.0	4.7	9.9
后期 c	40	1.8	16.74	14.23	167	7.0	4.0	7.9
	45	1.9	17.99	15.06	176	7.5	4.3	8.3
	50	2.0	19.25	16.32	184	8.0	4.6	8.7
	55	2.1	20.50	17.15	193	8.5	5.0	9.1
后期 c	60	2.2	21.76	18.41	203	9.0	5.3	9.5
	65	2.3	22.59	19.25	214	9.5	5.4	9.9
	70	2.4	24.27	20.50	226	10.0	5.6	11.0

注：①表中日粮干物质进食量（DMI）、消化能（DE）、代谢能（ME）、粗蛋白质（CP）、钙、总磷、食用盐每 Et 需要量推荐数值参考自内蒙古自治区地方标准《细毛羊饲养标准》（DB 15/T 30—92）；②日粮中添加的食用盐应符合 GB 5461 中的规定；a 指妊娠期的第 1 个月至第 3 个月；b 指母羊怀单羔妊娠期的第 4 个月至第 5 个月；c 指母羊怀双羔妊娠期的第 4 个月至第 5 个月

表6 泌乳母绵羊每日营养需要量

体重 (kg)	日泌乳量 (kg/d)	DMI (kg/d)	DE (MJ/d)	ME (MJ/d)	粗蛋白质 (g/d)	钙 (g/d)	总磷 (g/d)	食用盐 (g/d)
40	0.2	2.0	12.97	10.46	119	7.0	4.3	8.3
40	0.4	2.0	15.48	12.55	139	7.0	4.3	8.3
40	0.6	2.0	17.99	14.64	157	7.0	4.3	8.3
40	0.8	2.0	20.5	16.74	176	7.0	4.3	8.3
40	1.0	2.0	23.01	18.83	196	7.0	4.3	8.3
40	1.2	2.0	25.94	20.92	216	7.0	4.3	8.3
40	1.4	2.0	28.45	23.01	236	7.0	4.3	8.3
40	1.6	2.0	30.96	25.10	254	7.0	4.3	8.3
40	1.8	2.0	33.47	27.20	274	7.0	4.3	8.3
50	0.2	2.2	15.06	12.13	122	7.5	4.7	9.1
50	0.4	2.2	17.57	14.23	142	7.5	4.7	9.1
50	0.6	2.2	20.08	16.32	162	7.5	4.7	9.1
50	0.8	2.2	22.59	18.41	180	7.5	4.7	9.1
50	1.0	2.2	25.10	20.50	200	7.5	4.7	9.1
50	1.2	2.2	28.03	22.59	219	7.5	4.7	9.1
50	1.4	2.2	30.54	24.69	239	7.5	4.7	9.1
50	1.6	2.2	33.05	26.78	257	7.5	4.7	9.1
50	1.8	2.2	35.56	28.87	277	7.5	4.7	9.1
60	0.2	2.4	16.32	13.39	125	8.0	5.1	9.9
60	0.4	2.4	19.25	15.48	145	8.0	5.1	9.9
60	0.6	2.4	21.76	17.57	165	8.0	5.1	9.9
60	0.8	2.4	24.27	19.66	183	8.0	5.1	9.9
60	1.0	2.4	26.78	21.76	203	8.0	5.1	9.9
60	1.2	2.4	29.29	23.85	223	8.0	5.1	9.9
60	1.4	2.4	31.8	25.94	241	8.0	5.1	9.9
60	1.6	2.4	34.73	28.03	261	8.0	5.1	9.9
60	1.8	2.4	37.24	30.12	275	8.0	5.1	9.9
70	0.2	2.6	17.99	14.64	129	8.5	5.6	11.0
70	0.4	2.6	20.50	16.70	148	8.5	5.6	11.0
70	0.6	2.6	23.01	18.83	166	8.5	5.6	11.0
70	0.8	2.6	25.94	20.92	186	8.5	5.6	11.0
70	1.0	2.6	28.45	23.01	206	8.5	5.6	11.0
70	1.2	2.6	30.96	25.10	226	8.5	5.6	11.0
70	1.4	2.6	33.89	27.61	244	8.5	5.6	11.0
70	1.6	2.6	36.40	29.71	264	8.5	5.6	11.0
70	1.8	2.6	39.33	31.80	284	8.5	5.6	11.0

注：①表中日粮干物质进食量（DMI）、消化能（DE）、代谢能（ME）、粗蛋白质（CP）、钙、总磷、食用盐每日需要量推荐数值参考自内蒙古自治区地方标准《细毛羊饲养标准》（DB 15/T 30—92）；②日粮中添加的食用盐应符合 GB 5461 中的规定

表7 肉用绵羊对日粮硫、维生素、微量矿物质元素需要量（以干物质为基础）

体重阶段	生长羔羊 4~20kg	育成母羊 25~50kg	育成公羊 20~70kg	育肥羊 20~50kg	妊娠母羊 40~70kg	泌乳母羊 40~70kg	最大耐受浓度
硫 (g/d)	0.24~1.2	1.4~2.9	2.8~3.5	2.8~3.5	2.0~3.0	2.5~3.7	
维生素A (IU/d)	188~940	1 175~2 350	940~3 290	940~2 350	1 880~3 948	1 880~3 434	
维生素D (IU/d)	26~132	137~275	111~389	111~278	222~440	222~380	
维生素E (IU/d)	2.4~12.8	12~24	12~29	12~23	18~35	26~34	
钴 (mg/kg)	0.018~0.096	0.12~0.24	0.21~0.33	0.2~0.35	0.27~0.36	0.3~0.39	10
铜 (mg/kg)	0.97~5.2	6.5~13	11~18	11~19	16~22	13~18	25
碘 (mg/kg)	0.08~0.46	0.58~1.2	1.0~1.6	0.94~1.7	1.3~1.7	1.4~1.9	50
铁 (mg/kg)	4.3~23	29~58	50~179	47~83	65~86	72~94	500
锰 (mg/kg)	2.2~12	14~29	25~140	23~41	32~44	36~47	500
硒 (mg/kg)	0.016~0.08	0.11~0.22	0.19~0.30	0.18~0.31	0.24~0.31	0.27~0.35	2
锌 (mg/kg)	2.7~14	18~36	50~79	29~52	53~71	50~77	750

注：表中维生素A、维生素D、维生素E每日需要量数据参考自NRC（1985），维生素A最低需要量：47IU/kg体重；早期断奶羔羊最低需要量为5.55IU/kg体重；其他生产阶段绵1mgβ-胡萝卜素效价相当：681IU 维生素A_0。维生素D 的最低需要量为6.66IU/kg体重，1IU 维生素D 相当于0.025μg胆钙化醇。维生素E需要量：体重低于20kg的羊对维生素D的最低需要量为20IU/kg 干物质进食量；体重大于20kg的各生产阶段绵羊对维生素E 的最低需要量为15IU/kg羔羊对维生素E的最低需要量为1mgDα-生育酚醋酸酯干物质进食量，1IU 维生素E 效价相当于1mgDα-生育酚醋酸酯

a 当日粮中钼含量大于3.0mg/kg时，铜的添加量需要在表中推荐值基础上增加1倍
b 参考自NRC（1985）提供的估计数据

表 8 中国羊常用饲料成分及营养价值表

序号	中国饲料号 CFN	饲料名称 FeedName	饲料描述 Description	干物质 DM (%)	消化能 (MJ/kg)	代谢能 (MJ/kg)	粗蛋白 CP (%)	粗脂肪 EE (%)	粗纤维 CF (%)	无氮浸出物 NFE (%)	中洗纤维 NDF (%)	酸洗纤维 ADF (%)	钙 Ca (%)	总磷 P (%)
1	1-05-0024	苜蓿干草 alfalfa hay	等外品	88.7	7.67	6.29	11.6	1.2	43.3	25.0	53.5	39.6	1.24	0.39
2	1-05-0064	沙打旺 erect ilkvetch	盛花期，晒制	92.4	10.46	8.58	15.7	2.5	25.8	41.1			0.36	0.18
3	1-05-0607	黑麦草 ryegrass	冬黑麦	87.8	10.42	8.54	17.0	4.9	20.4	34.3			0.39	0.24
4	1-05-0615	谷草 straw grass	粟茎叶，晒制	90.7	6.33	5.19	4.5	1.2	32.6	44.2	67.8	46.1	0.34	0.03
5	1-05-0622	苜蓿干草 alfalfa hay	中苜蓿2号	92.4	9.79	8.03	16.8	1.3	29.5	34.5	47.1	38.3	1.95	0.28
6	1-05-0644	羊草 Chinese wild-rye hay	禾本科为主晒制	92.0	9.56	7.84	7.3	3.6			57.5	32.8	0.22	0.14
7	1-05-0645	羊草 chinese wildrye hay	禾本科为主晒制	91.6	8.78	7.20	7.4	3.6	29.4	46.6	56.9	34.5	0.37	0.18
8	1-06-0009	稻草 rice straw	晚稻，成熟	89.4	4.84	3.97	2.5	1.7	24.1	48.8	77.5	48.8	0.07	0.05

（续表）

序号	中国饲料号 CFN	饲料名称 FeedName	饲料描述 Description	干物质 DM (%)	消化能 (MJ/kg)	代谢能 (MJ/kg)	粗蛋白 CP (%)	粗脂肪 EE (%)	粗纤维 CF (%)	无氮浸出物 NFE (%)	中洗纤维 NDF (%)	酸洗纤维 ADF (%)	钙 Ca (%)	总磷 P (%)
9	1-06-0802	稻草 rice straw	晒干，成熟	90.3	4.64	3.80	6.2	1.0	27.0	37.3	67.5	45.4	0.56	0.17
10	1-06-0062	玉米秸 corn straw	收获后茎叶	90.0	5.83	4.78	5.9	0.9	24.9	50.2	59.5	36.3		
11	1-06-0100	甘薯蔓 sweet potato vine	成熟期，80%茎	88.0	7.53	6.17	8.1	2.7	28.5	39.0			1.55	0.11
12	1-06-0622	小麦秸 wheat traw	春小麦	89.6	4.28	3.51	2.6	1.6	31.9	41.1	72.6	52.0	0.05	0.06
13	1-06-063	大豆秸 soy straw	枯黄期，老叶	85.9	8.49	6.96	11.3	2.4	28.8	36.9			1.31	0.22
14	1-06-0636	花生蔓 peanut vine	成熟期，伏花生	91.3	9.48	7.77	1.0	1.5	29.6	41.3			2.46	0.04
15	1-08-0800	大豆皮 soya bean hull	晒干，成熟	91.0	11.25	9.23	18.8	2.6	25.4	39.4				0.35
16	1-10-0031	向日葵仁饼 SLIrflflower meal（exp.）	壳仁比为35：65，NY/T3级	88.0	8.79	7.21	29.0	2.9	20.4	31.0	41.4	29.6	0.24	0.87

（续表）

序号	中国饲料号 CFN	饲料名称 FeedName	饲料描述 Description	干物质 DM（%）	消化能（MJ/kg）	代谢能（MJ/kg）	粗蛋白 CP（%）	粗脂肪 EE（%）	粗纤维 CF（%）	无氮浸出物 NFE（%）	中洗纤维 NDF（%）	酸洗纤维 ADF（%）	钙 Ca（%）	总磷 P（%）
17	3-03-0029	玉米青贮	乳熟期，全株	23.0	2.21	1.81	2.8	0.4	8.0	9.0			0.18	0.05
18	4-07-0278	玉米 corn grain	成熟，高蛋白，优质	86.0	14.23	11.67	9.4	3.1	1.2	71.1			0.02	0.27
19	4-07-0279	玉米 corn grain	成熟，GB/T 17890—1999 1级	86.0	14.27	11.70	8.7	3.6	1.6	70.7	9.3	2.7	0.02	0.27
20	4-07-0280	玉米 corn grain	成熟，GB/T 17890—1999 2级	86.0	14.14	11.59	7.8	3.5	1.6	71.8	8.2	2.9	0.02	0.27
21	4-07-0272	高粱 sorghum grain	成熟，NY/T1级	86.0	13.05	10.70	9.0	3.4	1.4	70.4	17.4	8.0	0.13	0.36
22	4-07-0270	小麦 wheat grain	混合小麦，成熟 NY/T2级	87.0	14.23	11.67	13.9	1.7	1.9	67.6	13.3	3.9	0.17	0.41
23	4-07-0274	大麦（裸）naked barley grain	裸大麦，成熟 NY/T2级	87.0	13.43	11.01	13.0	2.1	2.0	67.7	10.0	2.2	0.04	0.39
24	4-07-0277	大麦（皮）barley grain	皮大麦，成熟 NY/T1级	87.0	13.22	10.84	11.0	1.7	4.8	67.1	18.4	6.8	0.09	0.33

（续表）

序号	中国饲料号 CFN	饲料名称 FeedName	饲料描述 Description	干物质 DM (%)	消化能 (MJ/kg)	代谢能 (MJ/kg)	粗蛋白 CP (%)	粗脂肪 EE (%)	粗纤维 CF (%)	无氮浸出物 NFE (%)	中洗纤维 NDF (%)	酸洗纤维 ADF (%)	钙 Ca (%)	总磷 P (%)
25	4-07-0281	黑麦 rye	籽粒，进口	88.0	14.18	11.63	11.0	1.5	2.2	71.5	12.3	4.6	0.05	0.30
26	4-07-0273	稻谷 paddy	成熟，晒干 NY/T2级	86.0	12.64	10.36	7.8	1.6	8.2	63.8	27.4	28.7	0.03	0.36
27	4-07-0276	糙米 rough rice	良，成熟，未去米糠	87.0	14.27	11.70	8.8	2.0	0.7	74.2	13.9		0.03	0.35
28	4-07-0275	碎米 broken rice	良，加工精米后的副产品	88.0	14.35	11.77	10.4	2.2	1.1	72.7	1.6		0.06	0.35
29	4-07-0479	粟（谷子）millet grain	合格，带壳，成熟	86.5	12.55	10.29	9.7	2.3	6.8	65.0	15.2	13.3	0.12	0.30
30	4-04-0067	木薯干 cassava tuber flake	木薯干片，晒干 NY/T合格	87.0	12.51	10.26	2.5	0.7	2.5	79.4	8.4	6.4	0.27	0.09
31	4-04-0068	甘薯干 sweet potato tuber flake	甘薯干片，晒干 NY/T合格	87.0	13.68	11.22	4.0	0.8	2.8	76.4			0.19	0.02
32	4-08-0003	高粱糠 sorghum grain bran	籽粒 Jiu T-后的壳副产品	91.1	14.02	11.50	9.6	9.1	4.0	63.5			0.07	0.81

（续表）

序号	中国饲料号 CFN	饲料名称 FeedName	饲料描述 Description	干物质 DM (%)	消化能 DE (MJ/kg)	代谢能 ME (MJ/kg)	粗蛋白 CP (%)	粗脂肪 EE (%)	粗纤维 CF (%)	无氮浸出物 NFE (%)	中洗纤维 NDF (%)	酸洗纤维 ADF (%)	钙 Ca (%)	总磷 P (%)
33	4-08-0104	次粉 wheat middling and reddog	黑面，黄粉，下面 NY/T1级	88.0	13.89	11.39	15.4	2.2	1.5	67.1	18.7	4.3	0.08	0.48
34	4-08-0105	次粉 wheat middling and reddog	黑面，黄粉，下面 NY/T2级	87.0	13.60	11.15	13.6	2.1	2.8	66.7	31.9	10.5	0.08	0.48
35	4-08-0069	小麦麸 wheat bran	传统制粉工艺 NY/T1级	87.0	12.18	9.99	15.7	3.9	6.5	56.0	37.0	13.0	0.11	0.92
36	4-08-0070	小麦麸 wheat bran	传统制粉工艺 NY/T2级	87.0	12.10	9.92	14.3	4.0	6.8	57.1			0.10	0.93
37	4-08-0070	玉米皮 corn hull	籽粒加工后的壳副产品	87.9	10.12	8.30	10.2	4.9	13.8	57.0	44.8	14.9		
38	4-08-0041	米糠 rice bran	新鲜，不脱脂 NY/T2级	87.0	13.77	11.29	12.8	16.5	5.7	44.5	22.9	13.4	0.07	1.43
39	5-09-0127	大豆 soybean	黄大豆，成熟 NY/T2级	87.0	16.36	13.42	35.5	17.3	4.3	25.7	7.9	7.3	0.27	0.48

(续表)

序号	中国饲料号 CFN	饲料名称 FeedName	饲料描述 Description	干物质 DM (%)	消化能 (MJ/kg)	代谢能 (MJ/kg)	粗蛋白 CP (%)	粗脂肪 EE (%)	粗纤维 CF (%)	无氮浸出物 NFE (%)	中洗纤维 NDF (%)	酸洗纤维 ADF (%)	钙 Ca (%)	总磷 P (%)
40	5-09-0128	全脂大豆 full-fat soybean	湿法膨化,生大豆为NY/T2级	88.0	16.99	13.93	35.5	18.7	4.6	25.2	17.2	11.5	0.32	0.40
41	4-10-0018	米糠粕 rice bran meal (s01.)	浸提或预压浸提,NY/T1级	87.0	10.00	8.20	15.1	2.0	7.5	53.6			0.15	1.82
42	4-10-002	米糠饼 rice bran meal (exp.)	未脱脂,机榨 NY/T1级	88.0	11.92	9.77	14.7	9.0	7.4	48.2	27.7	11.6	0.14	1.69
43	4-10-0026	玉米胚芽饼 corn germ meal (exp.)	玉米湿磨后的胚芽,机榨	90.0	12.45	10.21	16.7	9.6	6.3	50.8			0.04	1.45
44	4-10-0244	玉米胚芽粕 corn germ meal (s01.)	玉米湿磨后的胚芽,浸提	90.0	11.56	9.48	20.8	2.0	6.5	54.8			0.06	1.23
45	4-11-0612	糖蜜 molasses	糖用甜菜	75	15.97	13.10	11.8	0.4			0.08	0.08		

(续表)

序号	中国饲料号 CFN	饲料名称 FeedName	饲料描述 Description	干物质 DM (%)	消化能 (MJ/kg)	代谢能 (MJ/kg)	粗蛋白 CP (%)	粗脂肪 EE (%)	粗纤维 CF (%)	无氮浸出物 NFE (%)	中洗纤维 NDF (%)	酸洗纤维 ADF (%)	钙 Ca (%)	总磷 P (%)
46	5-10-0241	大豆饼 soybean meal (exp.)	机榨 NY/T 2级	89.0	14.10	11.56	41.8	5.8	4.8	30.7	18.1	15.5	0.31	0.50
47	5-10-010	大豆粕 soybean meal (sol.)	去皮，浸提或预压浸提 NY/T1级	89.0	14.31	11.73	47.9	1.0	4.0	31.2	8.8	5.3	0.34	065
48	5-10-0102	大豆粕 soybean meal (sol.)	浸提或预压浸提 NY/T2级	89.0	14.27	11.70	44.0	1.9	5.2	31.8	13.6	9.6	0.33	0.62
49	5-10-0118	棉籽饼 cottonseed meal (exp.)	机榨 NY/T2级	88.0	13.22	10.84	36.3	7.4	12.5	26.1	32.1	22.9	0.21	0.83
50	5-10-0119	棉籽粕 cottonseed meal (sol.)	浸提或预压浸提 NY/T1级	90.0	13.05	10.70	47.0	0.5	10.2	26.3			0.25	1.10
51	5-10-0117	棉籽粕 cottonseed meal (sol.)	浸提或预压浸提 NY/T2级	90.0	12.47	10.23	43.5	0.5	10.5	28.9	28.4	19.4	0.28	1.04

（续表）

序号	中国饲料号 CFN	饲料名称 FeedName	饲料描述 Description	干物质 DM (%)	消化能 DE (MJ/kg)	代谢能 ME (MJ/kg)	粗蛋白 CP (%)	粗脂肪 EE (%)	粗纤维 CF (%)	无氮浸出物 NFE (%)	中洗纤维 NDF (%)	酸洗纤维 ADF (%)	钙 Ca (%)	总磷 P (%)
52	5-10-0183	菜籽饼 rapeseed meal (exp.)	机榨 NY/T2级	88.0	13.14	10.77	35.7	7.4	11.4	26.3	33.3	26.0	0.59	0.96
53	5-10-0121	菜籽粕 rapeseed meal (sol.)	浸提或预压浸提 NY/T2级	88.0	12.05	9.88	38.6	1.4	11.8	28.9	20.7	16.8	0.65	1.02
54	5-10-0116	花生仁饼 peanut meal (exp.)	机榨 NY/T2级	88.0	14.39	11.80	44.7	7.2	5.9	25.1	14.0	8.7	0.25	0.53
55	5-10-0115	花生仁粕 peanut meal (sol.)	浸提或预压浸提 NY/T2级	88.0	13.56	11.12	47.8	1.4	6.2	27.2	15.5	11.7	0.27	0.56
56	5-10-0242	向日葵仁粕 sunflower meal (sol.)	壳仁比为16:84，NY/T2级	88.0	10.63	8.72	36.5	1.0	10.5	34.4	14.9	13.6	0.27	1.13
57	5-10-0243	向日葵仁粕 sunflower meal (sol.)	壳仁比为24:76，NY/T2级	88.0	8.54	7.00	33.6	1.0	14.8	38.8	32.8	23.5	0.26	1.03

（续表）

序号	中国饲料号 CFN	饲料名称 FeedName	饲料描述 Description	干物质 DM（%）	消化能 DE（MJ/kg）	代谢能 ME（MJ/kg）	粗蛋白 CP（%）	粗脂肪 EE（%）	粗纤维 CF（%）	无氮浸出物 NFE（%）	中洗纤维 NDF（%）	酸洗纤维 ADF（%）	钙 Ca（%）	总磷 P（%）
58	5-10-0119	亚麻仁饼 linseed meal（exp.）	机榨 NY/T2级	88.0	13.39	10.98	32.2	7.8	7.8	34.0	29.7	27.1	0.39	0.88
59	5-10-0120	亚麻仁粕 linseed meal（sol.）	浸提或预压浸提 NY/T2级	88.0	12.51	10.26	34.8	1.8	8.2	36.6	21.6	14.4	0.42	0.95
60	5-10-0246	芝麻饼 sesame meal（exp.）	机榨，CP 40%	92.0	14.69	12.05	39.2	10.3	7.2	24.9	18.0	13.2	2.24	1.19
61	5-11-0001	玉米蛋白粉 corn gluten meal	玉米去胚芽，淀粉后的面筋部分	90.1	18.37	15.06	63.5	5.4	1.0	19.2	8.7	4.6	0.07	0.44
62	5-11-0002	玉米蛋白粉 corn gluten meal	同上，中等蛋白产品，CP 50%	91.2	15.86	13.01	51.3	7.8	2.1	28.0	10.1	7.5	0.06	0.42
63	5-11-0003	玉米蛋白饲料 corn gluten feed	玉米去胚芽，淀粉后的含皮残渣	88.0	13.39	10.98	19.3	7.5	7.8	48.0	33.6	10.5	0.15	0.70
64	5-11-0004	麦芽根 barley malt sprouts	大麦芽副产品，干燥	89.7	11.42	9.36	28.3	1.4	12.5	41.4			0.22	0.73

（续表）

序号	中国饲料号 CFN	饲料名称 FeedName	饲料描述 Description	干物质 DM (%)	消化能 (MJ/kg)	代谢能 (MJ/kg)	粗蛋白 CP (%)	粗脂肪 EE (%)	粗纤维 CF (%)	无氮浸出物 NFE (%)	中洗纤维 NDF (%)	酸洗纤维 ADF (%)	钙 Ca (%)	总磷 P (%)
65	5-11-0005	啤酒糟 brewers dried grain	大麦酿造副产品	88.0			24.3	5.3	13.4	40.8	39.4	24.6	0.32	0.42
66	5-11-0007	DEGS com distiller's grainswith soluble	玉米啤酒糟及可溶物，脱水	90.0	14.64	12.00	28.3	13.7	7.1	36.8			0.20	0.74
67	5-11-0008	玉米蛋白粉 cord gluten meal	同上，中等蛋白产品，CP40%	89.9	15.19	12.46	44.3	6.0	1.6	37.1	33.3			
68	5-11-0009	蚕豆粉浆蛋白粉 broad bean glut ~ meal	蚕豆去皮制粉丝后的浆液，脱水	88.0			66.3	4.7	4.1	10.3				0.59
69	7-15-0001	啤酒酵母 brewers dried yeast	啤酒酵母菌粉，QB/T 1940~94	91.7	13.43	11.01	52.4	0.4	0.6	33.6			0.16	1.02
70	8-16-0099	尿素 urea		95.0	0	0	267							

注：① "—"表示数据不详或暂无此测定数据；②表中代谢能值是根据消化能乘以 0.82 估算

表 9 常用矿物质中矿物元素的含量（以饲喂状态为基础）

序号	中国饲料号 CFN	饲料名称 Feed Name	化学分子式 Chemical formula	钙 Ca (%)	磷 P (%)	磷利用率 (%)	钠 Na (%)	氯 Cl (%)	钾 K (%)	镁 Mg (%)	硫 S (%)	铁 Fe (%)	锰 Mn (%)
1	6-14-0001	糖酸钙、饲料级轻质	$CaCO_3$	38.42	0.02		0.08	0.02	0.08	1.610	0.08	0.06	0.02
2	6-14-0002	碳酸氢钙、无水	$CaHPO_4$	29.60	22.77	95-100	0.18	0.47	0.15	0.800	0.80	0.79	0.14
3	6-14-0003	碳酸氢钙、2 个结晶水	$CaHPO_4 \cdot 2H_2O$	23.29	18.00	95-100							
4	6-14-0004	磷酸二氢钙	$Ca(H_2PO_4)_2 \cdot H_2O$	15.90	24.58	100	0.20		0.16	0.900	0.80	0.75	0.01
5	6-14-0005	磷酸三钙（磷酸钙）	$Ca_3(PO_4)_2 \cdot H_2O$	38.76	20.0								
6	6-14-0006	石粉、石灰石、方解石		35.84	0.01		0.06	0.02	0.11	2.060	0.04	0.35	0.02
7	6-14-0010	磷酸氢铵	$(NH_4)_2HPO_4$	0.35	23.48	100	0.20		0.16	0.750	1.50	0.41	0.01
8	6-14-0011	磷酸二氢铵	$NH_4H_2PO_4$		26.93	100							
9	6-14-0012	磷酸氢二钠	Na_2HPO_4	0.09	21.82	100	31.04						
10	6-14-0013	磷酸二氢钠	NaH_2PO_4		25.81	100	19.17	0.02	0.01	0.010			
11	6-14-0015	碳酸氢钠	$NaHCO_3$	0.01			27.00		0.01				

（续表）

序号	中国饲料号 CFN	饲料名称 Feed Name	化学分子式 Chemical formula	钙 Ca (%)	磷 P (%)	磷利用率 (%)	钠 Na (%)	氯 Cl (%)	钾 K (%)	镁 Mg (%)	硫 S (%)	铁 Fe (%)	锰 Mn (%)
12	6-14-0016	氯化钠	NaCl	0.30			39.50	29.00		0.005	0.20	0.01	
13	6-14-0017	氯化镁	$MgCl_2 \cdot 6H_2O$							11.950			
14	6-14-0018	碳酸镁	$MgCO_3 \cdot MgOH_2$	0.02						34.000			0.001
15	6-14-0019	氧化镁	MgO	1.69					0.02	55.000	0.10	1.06	
16	6-14-0020	硫酸镁，7个结晶水	$MgSO_4 \cdot 7H_2O$	0.02				0.01		9.860	13.01		
17	6-14-0021	氯化钾	KCl	0.05			1.00	47.56	52.44	0.230	0.32	0.06	0.001
18	6-14-0022	硫酸钾	K_2SO_4	0.15			0.09	1.50	44.87	0.600	18.40	0.07	0.001

注：①数据来源《中国饲料学》（2000，张子仪主编），一般采用原料供给的分析结果；②饲料中使用的矿物质添加剂一般不是化学纯化合物，其组成成分的变异较大，如果能得到，一般采用一些磷酸二氢钙，而磷酸二氢钙中含有一些磷酸氢钙。a 在大多数来源的磷酸氢钙，磷酸二氢钙，磷酸三钙，脱氧磷钙，碳酸钙和方解石石粉中，估计钙的生物学利用率为 90%～100%。在大多数来源的磷酸氢钙或磷酸二氢钙中磷的生物学效价较低，为 50%～80%。

b 生物学效价估计值通常以相对于磷酸氢钠或磷酸氢钙中磷的生物学效价值表示。

c 大多数方解石石粉中含有 38%或更高于表中所示的钙，在高镁含量的白云石石粉中磷的生物学效价较低，示的钙和低于表中所示的镁

附件2 《NRC 肉羊饲养标准》（2007）

1. 成年母绵羊、公绵羊和1岁绵羊维持和哺乳的营养需要

类型/年龄/其他	体重a (kg)	初生重或产奶量b (kg)	体增重c (g/d)	日粮中能量浓度d (kcal/kg)	日粮干物质采食量e (kg)	(%BW)	能量需要f TDN (kg/d)	ME (Mcal/d)	蛋白需要g CP 20% UIP (g/d)	CP 40% UIP (g/d)	CP 60% UIP (g/d)	MP (g/d)	DIP (g/d)	矿物质需要h Ca (g/d)	P (g/d)	维生素需要i 维生素A (RE/d)	维生素E (IU/d)
成年母绵羊																	
仅维持																	
	40	0	0	1.91	0.77	1.93	0.41	1.48	59	56	54	40	53	1.8	1.3	1 256	212
	50	0	0	1.91	0.91	1.83	0.49	1.75	69	66	63	47	63	2.0	1.5	1 570	265
	60	0	0	1.91	1.05	1.75	0.56	2.01	79	76	72	53	72	2.2	1.8	1 884	318
	70	0	0	1.91	1.18	1.68	0.62	2.25	89	85	81	60	71	2.4	2.0	2 198	371
	80	0	0	1.91	1.30	1.63	0.69	2.49	98	94	90	66	90	2.6	2.2	2 512	424

（续表）

类型/年龄/其他	体重a (kg)	初生重或产奶量b (kg)	体增重c (g/d)	日粮中能量浓度d (kcal/kg)	日粮干物质采食量e (kg)	日粮干物质采食量e (%BW)	能量需要f TDN (kg/d)	能量需要f ME (Mcal/d)	蛋白需要g CP20% UIP (g/d)	蛋白需要g CP40% UIP (g/d)	蛋白需要g CP60% UIP (g/d)	蛋白需要g MP (g/d)	蛋白需要g DIP (g/d)	矿物质需要h Ca (g/d)	矿物质需要h P (g/d)	维生素A (RE/d)	维生素E (IU/d)
成年母绵羊																	
仅维持																	
	90		0	1.91	1.42	1.58	0.75	2.72	107	103	98	72	98	2.8	2.5	2 826	477
	100		0	1.91	1.54	1.54	0.82	2.94	116	111	106	78	106	3.0	2.7	3 140	530
	120		0	1.91	1.76	1.47	0.94	3.37	134	128	123	90	122	3.3	3.1	3 768	636
	140		0	1.91	1.97	1.41	1.05	3.79	151	145	138	102	136	3.7	3.5	4 396	742
配种																	
	40			1.91	0.85	2.13	0.45	1.63	69	66	63	46	59	2.1	1.5	1 256	212
	50			1.91	1.01	2.01	0.53	1.92	81	77	74	55	69	2.4	1.8	1 570	265
	60			1.91	1.15	1.92	0.61	2.21	93	89	85	62	80	2.6	2.1	1 884	318
	70			1.91	1.30	1.85	0.69	2.48	104	99	95	69	89	2.9	2.4	2 198	371
	80			1.91	1.43	1.79	0.76	2.74	115	110	105	77	99	3.1	2.7	2 512	424
	90			1.91	1.56	1.74	0.83	2.99	126	120	115	85	108	3.4	2.9	2 826	477
	100			1.91	1.69	1.69	0.90	3.24	137	130	125	92	117	3.6	3.2	3 140	530
	120			1.91	1.94	1.62	1.03	3.71	157	150	144	106	134	4.0	3.7	3 768	636
	140			1.91	2.18	1.56	1.15	4.16	177	169	162	119	150	4.5	4.2	4 396	742

（续表）

类型/年龄/其他	体重 a (kg)	初生重或产奶量 b (kg)	体增重 c (g/d)	日粮中能量浓度 d (kcal/kg)	日粮干物质采食量 e (kg)	(% BW)	能量需要 f TDN (kg/d)	ME (Mcal/d)	蛋白需要 g CP 20% UIP (g/d)	CP 40% UIP (g/d)	CP 60% UIP (g/d)	MP (g/d)	DIP (g/d)	矿物质需要 h Ca (g/d)	P (g/d)	维生素需要 i 维生素A (RE/d)	维生素E (IU/d)
成年母绵羊																	
妊娠前期（单胎；体重3.9~7.5kg）																	
40	3.9	18	1.91	0.99	2.47	0.52	1.89	82	79	75	55	68	3.4	2.4	1 256	212
50	4.4	21	1.91	1.16	2.32	0.61	2.21	96	91	87	64	80	3.8	2.8	1 570	265
60	4.8	27	1.91	1.31	2.19	0.70	2.51	108	103	99	73	91	4.2	3.2	1 884	318
70	5.2	30	1.91	1.46	2.09	0.78	2.80	120	114	110	81	101	4.5	3.5	2 198	371
80	5.6	33	1.91	1.61	2.01	0.85	3.08	132	126	120	89	111	4.9	3.9	2 512	424
90	6.0	35	1.91	1.75	1.95	0.93	3.35	143	137	131	96	121	5.2	4.2	2 826	477
100	6.3	41	1.91	1.89	1.89	1.00	3.61	154	147	141	104	130	5.5	4.5	3 140	530
120	7.0	46	1.91	2.15	1.79	1.14	4.11	176	168	161	118	148	6.1	5.1	3 768	636
140	7.5		1.91	2.39	1.71	1.27	4.58	196	187	179	132	165	6.7	5.7	4 396	742

（续表）

成年母绵羊

妊娠前期（两胎：体重 3.4~6.6kg）

类型/年龄/其他 体重a (kg)	初生重或产奶量b (kg)	体增重c (g/d)	日粮中能量浓度d (kcal/kg)	日粮干物质采食量e (kg)	(%BW)	能量需要f TDN (kg/d)	ME (Mcal/d)	蛋白需要g CP 20% UIP (g/d)	CP 40% UIP (g/d)	CP 60% UIP (g/d)	MP (g/d)	DIP (g/d)	矿物质需要h Ca (g/d)	P (g/d)	维生素A (RE/d)	维生素E (IU/d)i
40	3.4	30	1.91	1.15	2.87	0.61	2.20	100	95	91	67	79	4.8	3.2	1 256	212
50	3.8	35	1.91	1.31	2.62	0.70	2.51	112	107	103	76	90	5.4	3.7	1 570	265
60	4.2	40	1.91	1.51	2.52	0.80	2.89	129	124	118	87	104	5.9	4.2	1 884	318
70	4.6	45	1.91	1.69	2.41	0.89	3.22	144	137	131	97	116	6.5	4.6	2 198	371
80	4.9	50	1.91	1.84	2.30	0.98	3.52	157	150	143	105	127	7.0	5.1	2 512	424
90	5.2	55	1.91	2.00	2.22	1.06	3.82	170	162	155	114	138	7.4	5.5	2 826	477
100	5.5	59	1.91	2.15	2.15	1.14	4.10	182	174	167	123	148	7.9	5.9	3 140	530
120	6.1	68	1.91	2.44	2.03	1.29	4.66	207	198	189	139	168	8.7	6.6	3 768	636
140	6.6	76	1.91	2.71	1.94	1.44	5.18	231	220	211	155	187	9.5	7.3	4 396	742

（续表）

类型/年龄/其他	体重[a] (kg)	初生重或产奶量[b] (kg)	体增重[c] (g/d)	日粮中能量浓度[d] (kcal/kg)	日粮干物质采食量[e] (kg)	日粮干物质采食量[e] (%BW)	能量需要[f] TDN (kg/d)	能量需要[f] ME (Mcal/d)	蛋白需要[g] CP 20% UIP (g/d)	蛋白需要[g] CP 40% UIP (g/d)	蛋白需要[g] CP 60% UIP (g/d)	蛋白需要[g] MP (g/d)	蛋白需要[g] DIP (g/d)	矿物质需要[h] Ca (g/d)	矿物质需要[h] P (g/d)	维生素A (RE/d)	维生素E (IU/d)
成年母绵羊																	
妊娠前期（三胎；体重2.9~5.7kg）																	
40	2.9	39	2.39	1.00	2.51	0.67	2.40	103	98	94	69	86	5.4	3.3	1 256	212
50	3.3	46	1.91	1.46	2.92	0.77	2.79	129	123	117	86	101	6.5	4.4	1 570	265
60	3.6	52	1.91	1.65	2.74	0.87	3.15	144	137	131	97	113	7.1	4.9	1 884	318
70	3.9	59	1.91	1..82	2.61	0.97	3.49	159	152	145	107	126	7.8	5.4	2 198	371
80	4.2	65	1.91	2.00	2.50	1.06	3.82	174	166	159	117	138	8.3	5.9	2 512	424
90	4.5	71	1.91	2.17	2.41	1.15	4.14	188	180	172	127	149	8.9	6.3	2 826	477
100	4.7	77	1.91	2.32	2.32	1.23	4.43	201	192	183	135	160	9.4	6.7	3 140	530
120	5.2	88	1.91	2.63	2.19	1.39	5.02	228	217	208	153	181	10.4	7.6	3 768	636
140	5.7	99	1.91	2.92	2.09	1.55	5.59	254	242	232	171	202	11.4	8.4	4 396	742

（续表）

类型/年龄/其他	体重ª (kg)	初生重或产奶量ᵇ (kg)	体增重ᶜ (g/d)	日粮中能量浓度ᵈ (kcal/kg)	日粮干物质采食量ᵉ (kg)	(% BW)	能量需要ᶠ TDN (kg/d)	ME (Mcal/d)	蛋白需要ᵍ CP 20% UIP (g/d)	CP 40% UIP (g/d)	CP 60% UIP (g/d)	MP (g/d)	DIP (g/d)	矿物质需要ʰ Ca (g/d)	P (g/d)	维生素A (RE/d)	维生素E需要ⁱ (IU/d)
成年母绵羊																	
妊娠前期（单胎；体重 3.9~7.5kg）																	
40	3.9	71	1.91	1.00	2.49	0.66	2.38	101	96	92	68	86	4.3	2.6	1 256	224
50	4.4	84	1.91	1.45	2.89	0.77	2.76	126	120	115	85	100	5.1	3.5	1 570	280
60	4.8	97	1.91	1.63	2.71	0.86	3.11	141	134	129	95	112	5.7	4.0	1 884	336
70	5.2	109	1.91	1.80	2.58	0.96	3.45	156	149	142	105	124	6.1	4.4	2 198	392
80	5.6	120	1.91	1.98	2.47	1.05	3.78	170	163	155	114	136	6.6	4.8	2 512	448
90	6.0	131	1.91	2.15	2.38	1.14	4.10	185	176	169	124	148	7.1	5.2	2 826	560
100	6.3	142	1.91	2.30	2.30	1.22	4.40	198	189	180	133	158	7.5	5.5	3 140	560
120	7.0	163	1.91	2.61	2.17	1.38	4.99	224	214	205	151	180	8.3	6.3	3 768	672
140	7.5	183	1.91	2.89	2.06	1.53	5.52	248	237	226	167	199	9.0	6.9	4 396	784

（续表）

类型/年龄/其他	体重a (kg)	初生重或产奶量b (kg)	体增重c (g/d)	日粮中能量浓度d (kcal/kg)	日粮干物质采食量e (kg)	日粮干物质采食量e (%BW)	能量需要f TDN (kg/d)	能量需要f ME (Mcal/d)	蛋白需要g CP20% UIP (g/d)	蛋白需要g CP40% UIP (g/d)	蛋白需要g CP60% UIP (g/d)	蛋白需要g MP (g/d)	蛋白需要g DIP (g/d)	矿物质需要h Ca (g/d)	矿物质需要h p (g/d)	维生素需要i 维生素A (RE/d)	维生素需要i 维生素E (IU/d)
成年母绵羊																	
妊娠后期（两胎；体重3.4~3.6kg）																	
	40	3.4	119	2.87	1.06	2.66	0.85	3.05	128	123	117	86	110	6.3	3.4	1 820	224
	50	3.8	141	2.39	1.47	2.93	0.97	3.50	155	148	141	104	126	7.3	4.3	2 270	280
	60	4.2	161	2.39	1.65	2.75	1.09	3.94	173	165	158	116	142	8.1	4.8	2 730	336
	70	4.6	181	2.39	1.83	2.61	1.21	4.37	192	183	175	129	158	8.8	5.3	3 185	392
	80	4.9	200	1.91	1.99	2.48	1.32	4.75	208	198	189	139	171	9.4	5.8	3 640	448
	90	5.2	218	1.91	2.68	2.97	1.42	5.12	241	230	220	162	185	10.7	7.2	4 095	504
	100	5.5	236	1.91	2.87	2.87	1.52	5.48	258	246	236	173	198	11.3	7.7	4 550	560
	120	6.1	271	1.91	3.24	2.70	1.72	6.19	291	278	266	196	223	12.5	8.6	5 460	672
	140	6.6	304	1.91	3.57	2.55	1.89	6.83	321	307	293	216	246	13.6	9.5	6 370	784

（续表）

类型/年龄/其他	体重[a] (kg)	初生重或产奶量[b] (kg)	体增重[c] (g/d)	日粮中能量浓度[d] (kcal/kg)	日粮干物质采食量[e] (kg)	(%BW)	能量需要[f] TDN (kg/d)	ME (Mcal/d)	蛋白需要[g] CP20% UIP (g/d)	CP40% UIP (g/d)	CP60% UIP (g/d)	MP (g/d)	DIP (g/d)	矿物质需要[h] Ca (g/d)	P (g/d)	维生素A (RE/d)	维生素E需要[i] (IU/d)
成年母绵羊																	
妊娠后期（三胎或三胎以上；体重 2.9~5.7kg)																	
	40	2.9	155	2.87	1.22	3.04	0.97	3.49	150	144	137	101	126	7.7	4.1	1 820	224
	50	3.3	183	2.87	1.41	2.81	1.12	4.03	173.	165	158	116	145	8.7	4.7	2 275	280
	60	3.6	210	2.87	1.57	2.61	1.25	4.50	192	183	175	129	162	9.5	5.2	2 730	336
	70	3.9	235	2.39	2.07	2.96	1.37	4.95	222	212	203	149	178	10.8	6.4	3 185	392
	80	4.2	260	2.39	2.26	2.82	1.50	5.40	241	230	220	162	195	11.6	6.9	3 640	448
	90	4.5	284	2.39	2.44	2.71	1.62	5.83	261	249	238	175	210	12.3	7.4	4 095	504
	100	4.7	307	2.39	2.59	2.59	1.72	6.20	276	263	252	185	223	13.0	7.9	4 550	560
	120	5.2	352	2.39	2.92	2.43	1.93	6.97	310	296	283	209	251	14.4	8.8	5 460	672
	140	5.7	396	1.91	4.04	2.89	2.14	7.73	371	355	339	250	279	16.7	11.2	6 370	784

（续表）

成年母绵羊
妊娠前期（单胎：产奶量 0.71~1.32kg/d）

类型/年龄/其他 体重a (kg)	初生重或产奶量b (kg)	体增重c (g/d)	日粮中能量浓度d (kcal/kg)	日粮干物质采食量e (kg)	(%BW)	能量需要f TDN (kg/d)	ME (Mcal/d)	蛋白需要g CP 20% UIP (g/d)	CP 40% UIP (g/d)	CP 60% UIP (g/d)	MP (g/d)	DIP (g/d)	矿物质需要h Ca (g/d)	P (g/d)	维生素需要i 维生素A (RE/d)	维生素E (IU/d)
40	0.71	-14	2.39	1.09	2.73	0.72	2.61	156	149	143	105	94	4.1	3.4	1 182	224
50	0.79	-16	2.39	1.26	2.51	0.83	3.00	177	169	161	119	108	4.6	3.9	2 275	280
60	0.87	-17	1.91	1.77	2.96	0.94	3.39	210	200	191	141	122	5.4	5.0	2 730	336
70	0.94	-19	1.91	1.96	2.80	1.04	3.75	229	219	209	154	135	5.9	5.5	3 185	392
80	1.00	-20	1.91	2.13	2.67	1.13	4.08	248	237	226	167	147	6.3	5.9	3 640	448
90	1.06	-21	1.91	2.30	2.56	1.22	4.41	266	254	243	179	159	6.7	5.9	4 095	504
100	1.12	-22	1.91	2.47	2.47	1.31	4.73	284	272	260	191	170	7.1	6.4	4 550	560
120	1.22	-24	1.91	2.78	2.32	1.47	5.32	317	303	290	213	192	7.8	6.8	5 460	672
140	1.32	-26	1.91	3.08	2.20	1.63	5.89	349	333	319	235	212	8.5	7.6	6 370	784

（续表）

类型 年龄 其他[a]	体重[a] (kg)	初生重或 产奶量[b] (kg)	体增重[c] (g/d)	日粮中能 量浓度[d] (kcal/kg)	日粮干物质 采食量[e] (kg)	(% BW)	能量需要[f] TDN (kg/d)	ME (Mcal/d)	蛋白需要[g] CP 20% UIP (g/d)	CP 40% UIP (g/d)	CP 60% UIP (g/d)	MP (g/d)	DIP (g/d)	矿物质需要[h] Ca (g/d)	P (g/d)	维生素 A (RE/d)	维生素 E[i] (IU/d)
成年母绵羊																	
妊娠前期（单胎；产奶量 1.18 ~ 2.21kg/d）																	
40	1.18	-24	2.39	1.40	3.51	0.93	3.35	224	213	204	150	121	6.0	5.0	2 140	224
50	1.32	-26	2.39	1.61	3.22	1.07	3.85	254	242	231	170	139	6.7	5.7	2 675	280
60	1.45	-29	2.39	1.80	3.01	1.20	4.31	281	268	257	189	155	7.3	6.3	3 210	336
70	1.56	-31	2.39	1.98	2.83	1.31	4.73	306	292	279	205	171	7.9	6.9	3 745	392
80	1.67	-33	2.39	2.15	2.69	1.43	5.15	330	315	302	222	186	8.5	7.4	4 280	448
90	1.77	-35	2.39	2.32	2.57	1.54	5.54	353	337	322	237	200	9.0	8.0	4 815	504
100	1.87	-37	2.39	2.48	2.48	1.64	5.92	376	359	343	253	213	9.5	8.5	5 350	560
120	2.05	-41	1.91	3.47	2.89	1.84	6.63	441	421	403	296	239	11.3	10.7	6 420	672
140	2.21	-44	1.91	3.82	2.73	2.03	7.30	483	461	441	324	263	12.3	11.7	7 490	784

（续表）

类型/年龄/其他	体重a (kg)	初生重或产奶量b (kg)	体增重c (g/d)	日粮中能量浓度d (kcal/kg)	日粮干物质采食量e (kg)	(% BW)	能量需要f TDN (kg/d)	ME (Mcal/d)	蛋白需要g CP20% UIP (g/d)	CP40% UIP (g/d)	CP60% UIP (g/d)	MP (g/d)	DIP (g/d)	矿物质需要h Ca (g/d)	P (g/d)	维生素A (RE/d)	维生素E (IU/d)
成年母绵羊																	
妊娠前期（三胎或三胎以上；产奶量1.53~2.87kg/d）																	
40	1.53	−31	2.87	1.36	3.41	1.08	3.91	265	253	242	178	141	7.1	5.7	2 140	224
50	1.72	−34	2.39	1.88	3.76	1.24	4.49	311	297	284	209	162	8.3	7.0	2 675	280
60	1.88	−38	2.39	2.09	3.48	1.38	4.99	343	327	313	230	180	9.1	7.8	3 210	336
70	2.03	−41	2.39	2.29	3.27	1.52	5.48	373	356	341	251	197	9.8	8.5	3 745	392
80	2.17	−43	1.91	3.11	3.89	1.65	5.94	423	404	387	285	214	11.3	10.3	4 280	448
90	2.30	−46	1.91	3.34	3.71	1.77	6.38	452	431	413	304	230	12.0	11.0	4 815	504
100	2.43	−49	1.91	3.56	3.56	1.89	6.80	480	458	438	323	245	12.7	11.7	5 350	560
120	2.66	−53	1.91	3.98	3.32	2.11	7.61	533	508	486	358	274	13.9	13.0	6 420	672
140	2.87	−57	1.91	4.37	3.12	2.32	8.36	581	555	531	391	301	15.1	14.1	7 490	784

（续表）

成年母绵羊

妊娠前期（仅饲粗，产羔数：产奶量 2.37～3.97kg/d）

类型/年龄/其他 体重[a] (kg)	初生重或产奶量[b] (kg)	体增重[c] (g/d)	日粮中能量浓度[d] (kcal/kg)	日粮干物质采食量[e] (kg)	(%BW)	能量需要[f] TDN (kg/d)	ME (Mcal/d)	蛋白需要[g] CP20% UIP (g/d)	CP40% UIP (g/d)	CP60% UIP (g/d)	MP (g/d)	DIP (g/d)	矿物质需要[h] Ca (g/d)	p (g/d)	维生素A (RE/d)	维生素E[i] (IU/d)
50	2.37	-47	2.87	1.93	3.85	1.53	5.52	392	374	358	263	199	10.4	8.5	2 675	280
60	2.60	-52	2.87	2.14	3.57	1.70	6.14	432	413	395	291	221	11.4	9.4	3 210	336
70	2.81	-56	2.87	2.34	3.35	1.86	6.72	470	449	429	316	242	12.4	10.3	3 745	392
80	3.00	-60	2.39	3.04	3.80	2.01	7.26	522	498	476	351	262	13.8	12.0	4 280	448
90	3.18	-64	2.39	3.25	3.61	2.16	7.77	556	531	508	374	280	14.7	12.7	4 815	504
100	3.35	-67	2.39	3.46	3.46	2.29	8.27	589	562	538	396	298	15.5	13.5	5 350	560
120	3.67	-73	2.39	3.86	3.21	2.56	9.22	651	622	595	438	332	17.0	14.9	6 420	672
140	3.97	-79	1.91	5.29	3.78	2.80	10.11	746	712	681	501	364	19.7	18.2	7 490	784

（续表）

类型/年龄/其他	体重 a (kg)	初生重或产奶量 b (kg)	体增重 c (g/d)	日粮中能量浓度 d (kcal/kg)	日粮干物质采食量 e (kg)	(%BW)	能量需要 f TDN (kg/d)	ME (Mcal/d)	蛋白需要 g CP 20% UIP (g/d)	CP 40% UIP (g/d)	CP 60% UIP (g/d)	MP (g/d)	DIP (g/d)	矿物质需要 h Ca (g/d)	P (g/d)	维生素需要 i 维生素A (RE/d)	维生素E (IU/d)
成年母绵羊																	
妊娠中期（单胎：产奶量0.47~0.89kg/d）																	
	40	0.47	0	1.91	1.20	3.01	0.64	2.30	134	128	123	90	83	3.5	3.1	2 140	224
	50	0.53	0	1.91	1.40	2.80	0.74	2.68	154	147	141	104	96	3.9	3.6	2 675	280
	60	0.58	0	1.91	1.58	2.63	0.84	3.02	172	164	157	116	109	4.3	4.0	3 210	336
	70	0.63	0	1.91	1.75	2.51	0.93	3.35	190	181	173	128	121	4.6	4.4	3 745	392
	80	0.67	0	1.91	1.91	2.39	1.02	3.66	206	196	188	138	132	5.0	4.8	4 280	448
	90	0.71	0	1.91	2.07	2.30	1.10	3.96	221	211	202	149	143	5.3	5.2	4 815	504
	100	0.75	0	1.91	2.22	2.22	1.18	4.25	237	226	216	159	153	5.6	5.6	5 350	560
	120	0.82	0	1.91	2.51	2.10	1.33	4.81	266	254	243	179	173	6.2	6.3	6 420	672
	140	0.89	0	1.91	2.79	2.00	1.48	5.34	294	281	269	198	193	6.8	6.9	7 490	784

（续表）

类型/年龄/其他	体重a (kg)	初生重或产奶量b (kg)	体增重c (g/d)	日粮中能量浓度d (kcal/kg)	日粮干物质采食量e (kg)	日粮干物质采食量e (% BW)	能量需要f TDN (kg/d)	能量需要f ME (Mcal/d)	蛋白需要g CP 20% UIP (g/d)	蛋白需要g CP 40% UIP (g/d)	蛋白需要g CP 60% UIP (g/d)	蛋白需要g MP (g/d)	蛋白需要g DIP (g/d)	矿物质需要h Ca (g/d)	矿物质需要h P (g/d)	维生素需要i 维生素A (RE/d)	维生素需要i 维生素E (IU/d)
成年母绵羊																	
妊娠中期（两胎：产羔量 0.79~1.48kg/d）																	
40	0.79	0	1.91	1.50	3.74	0.79	2.86	186	177	170	125	103	4.9	4.3	2 140	224
50	0.88	0	1.91	1.72	3.44	0.91	3.29	210	201	192	141	119	5.4	4.9	2 675	280
60	0.97	0	1.91	1.94	3.23	1.03	3.70	235	224	214	158	133	6.0	5.5	3 210	336
70	1.05	0	1.91	2.14	3.05	1.13	4.09	257	245	235	173	147	6.5	6.1	3 745	392
80	1.12	0	1.91	2.33	2.91	1.23	4.45	278	265	254	187	160	6.9	6.6	4 280	448
90	1.19	0	1.91	2.51	2.79	1.33	4.80	298	285	272	200	173	7.4	7.1	4 815	504
100	1.25	0	1.91	2.68	2.68	1.42	5.13	317	303	289	213	185	7.8	7.5	5 350	560
120	1.37	0	1.91	3.02	2.51	1.60	5.77	354	338	323	238	208	8.6	8.4	6 420	672
140	1.48	0	1.91	3.33	2.38	1.77	6.37	389	371	355	261	230	9.3	9.2	7 490	784

（续表）

成年母绵羊

妊娠中期（三胎或三胎以上；产奶量1.03~1.92kg/d）

类型/年龄/其他	体重a (kg)	初生重或产奶量b (kg)	体增重c (g/d)	日粮中能量浓度d (kcal/kg)	日粮干物质采食量e (kg)	(%BW)	TDN (kg/d)	ME (Mcal/d)	CP 20% UIP (g/d)	CP 40% UIP (g/d)	CP 60% UIP (g/d)	MP (g/d)	DIP (g/d)	Ca (g/d)	P (g/d)	维生素A (RE/d)	维生素E (IU/d)
	40	1.03	0	2.39	1.37	3.43	0.91	3.28	213	203	194	143	118	5.5	4.6	2 140	224
	50	1.15	0	1.91	1.97	3.93	1.04	3.76	254	242	232	170	136	6.6	6.0	2 675	280
	60	1.26	0	1.91	2.20	3.67	1.17	4.21	281	268	257	189	152	7.2	6.6	3 210	336
	70	1.36	0	1.91	2.42	3.46	1.28	4.63	307	293	280	206	167	7.8	7.3	3 745	392
	80	1.45	0	1.91	2.63	3.29	1.39	5.02	331	316	302	222	181	8.4	7.8	4 280	448
	90	1.54	0	1.91	2.83	3.15	1.50	5.41	354	338	324	238	195	8.9	8.4	4 815	504
	100	1.63	0	1.91	3.03	3.03	1.61	5.79	378	361	345	254	209	9.4	9.0	5 350	560
	120	1.78	0	1.91	3.39	2.83	1.80	6.49	420	401	383	282	234	10.4	10.0	6 420	672
	140	1.92	0	1.91	3.74	2.67	1.98	7.14	459	439	419	309	258	11.3	10.9	7 490	784

（续表）

类型/年龄/其他	体重a (kg)	初生重或产奶量b (kg)	体增重c (g/d)	日粮中能量浓度d (kcal/kg)	日粮干物质采食量e (kg)	日粮干物质采食量e (%BW)	能量需要f TDN (kg/d)	能量需要f ME (Mcal/d)	蛋白需要g CP 20% UIP (g/d)	蛋白需要g CP 40% UIP (g/d)	蛋白需要g CP 60% UIP (g/d)	蛋白需要g MP (g/d)	蛋白需要g DIP (g/d)	矿物质需要h Ca (g/d)	矿物质需要h P (g/d)	维生素需要i 维生素A (RE/d)	维生素需要i 维生素E (IU/d)
成年母绵羊																	
妊娠中期（仅挤奶；产奶量1.59~2.66kg/d）																	
	50	1.59	0	2.39	1.90	3.79	1.26	4.53	308	294	281	207	163	7.9	6.8	2 675	280
	60	1.74	0	2.39	2.11	3.51	1.40	5.05	340	325	311	229	182	8.7	7.5	3 210	336
	70	1.88	0	2.39	2.32	3.31	1.54	5.54	371	354	338	249	200	9.4	8.2	3 745	392
	80	2.01	0	1.91	3.14	3.93	1.67	6.00	421	401	384	283	216	10.8	10.0	4 280	448
	90	2.13	0	1.91	3.37	3.74	1.79	6.44	449	429	410	302	232	11.5	10.7	4 815	504
	100	2.25	0	1.91	3.60	3.60	1.91	6.88	477	456	436	321	248	12.1	11.4	5 350	560
	120	2.46	0	1.91	4.03	3.36	2.14	7.71	532	508	486	357	278	13.4	12.6	6 420	672
	140	2.66	0	1.91	4.41	3.15	2.34	8.44	578	552	528	388	304	14.5	13.8	7 490	784

（续表）

类型/年龄/其他	体重a (kg)	初生重或产奶量b (kg)	体增重c (g/d)	日粮中能量浓度d (kcal/kg)	日粮干物质采食量e (kg)	(% BW)	能量需要f TDN (kg/d)	ME (Mcal/d)	蛋白需要g CP 20% UIP (g/d)	CP 40% UIP (g/d)	CP 60% UIP (g/d)	MP (g/d)	DIP (g/d)	矿物质需要h Ca (g/d)	P (g/d)	维生素需要i 维生素A (RE/d)	维生素E (IU/d)
成年母绵羊																	
妊娠后期（单胎；产奶量0.23~0.45kg/d）																	
	40	0.23	10	0.91	1.09	2.72	0.58	2.08	105	100	96	70	75	2.7	2.3	2 140	224
	50	0.23	11	0.91	1.26	2.52	0.67	2.40	119	114	109	80	87	3.0	2.7	2 675	280
	60	0.28	12	0.91	1.43	2.38	0.76	2.73	135	129	123	91	99	3.3	3.1	3 210	336
	70	0.31	14	0.91	1.76	2.29	0.85	3.07	151	144	138	102	111	3.6	3.5	3 745	392
	80	0.33	15	0.91	1.91	2.20	0.93	3.36	165	157	150	111	121	3.9	3.8	4 280	448
	90	0.35	16	0.91	2.05	2.12	1.01	3.65	178	170	163	120	132	4.2	4.1	4 815	504
	100	0.37	17	0.91	2.33	2.05	1.09	3.93	191	182	175	128	142	4.4	4.4	5 350	560
	120	0.41	18	0.91	2.60	1.94	1.23	4.45	216	206	197	145	160	4.9	5.0	6 420	672
	140	0.45	20	0.91		1.86	1.38	4.97	242	231	221	162	179	5.4	5.6	7 490	784

（续表）

成年母绵羊
哺乳后期（两胎；产奶量 0.38～0.75kg/d）

类型/年龄或其他	体重 a (kg)	初生重或产奶量 b (kg)	体增重 c (g/d)	日粮中能量浓度 d (kcal/kg)	日粮干物质采食量 e 采食量 (kg)	(% BW)	能量需要 f TDN (kg/d)	ME (Mcal/d)	蛋白需要 g CP 20% UIP (g/d)	CP 40% UIP (g/d)	CP 60% UIP (g/d)	MP (g/d)	DIP (g/d)	矿物质需要 h Ca (g/d)	P (g/d)	维生素需要 i 维生素A (RE/d)	维生素E (IU/d)
	40	0.38	25	0.91	1.38	3.45	0.73	2.64	142	136	130	96	95	3.7	3.2	2 140	224
	50	0.43	28	0.91	1.60	3.20	0.85	3.06	163	156	149	110	110	4.2	3.7	2 675	280
	60	0.47	31	0.91	1.80	3.00	0.95	3.44	182	174	167	123	124	4.6	4.2	3 210	336
	70	0.51	34	0.91	2.00	2.85	1.06	3.82	201	192	184	135	138	5.0	4.6	3 745	392
	80	0.55	37	0.91	2.19	2.74	1.16	4.18	220	210	201	148	151	5.4	5.1	4 280	448
	90	0.59	39	0.91	2.37	2.63	1.25	4.52	237	226	217	159	163	5.8	5.5	4 815	504
	100	0.62	41	0.91	2.53	2.53	1.34	4.84	253	241	231	170	174	6.2	5.9	5 350	560
	120	0.69	46	0.91	2.87	2.39	1.52	5.49	286	273	261	192	198	6.9	6.6	6 420	672
	140	0.75	50	0.91	3.19	2.28	1.69	6.09	317	302	289	213	220	7.5	7.4	7 490	784

（续表）

类型/年龄/其他	体重a (kg)	初生重或产奶量b (kg)	体增重c (g/d)	日粮中能量浓度d (kcal/kg)	日粮干物质采食量e		能量需要f		蛋白需要g					矿物质需要h		维生素需要i	
					(kg)	(% BW)	TDN (kg/d)	ME (Mcal/d)	CP 20% UIP (g/d)	CP 40% UIP (g/d)	CP 60% UIP (g/d)	MP (g/d)	DIP (g/d)	Ca (g/d)	P (g/d)	维生素A (RE/d)	维生素E (IU/d)
成年母绵羊																	
妊娠后期（三胎或三胎以上；产奶量0.55~0.97kg/d）																	
	50	0.55	40	1.91	1.83	3.67	0.97	3.51	193	185	177	130	126	5.0	4.4	2 675	280
	60	0.61	44	1.91	2.06	3.44	1.09	3.95	217	207	198	146	142	5.6	5.0	3 210	336
	70	0.67	48	1.91	2.29	3.27	1.21	4.38	239	229	219	175	158	6.1	5.5	3 745	392
	80	0.72	52	1.91	2.50	3.13	1.33	4.78	261	249	238	187	172	6.6	6.0	4 280	448
	90	0.76	55	1.91	2.69	2.99	1.43	5.14	279	266	255	201	185	7.0	6.5	4 815	504
	100	0.81	59	1.91	2.89	2.89	1.53	5.53	300	286	274	227	199	7.4	6.9	5 350	560
	120	0.90	65	1.91	2.72	2.72	1.73	6.24	337	322	308	249	225	8.3	7.8	6 420	672
	140	0.97	70	1.91	2.57	2.57	1.91	6.87	370	353	338	248	248	9.0	8.6	7 490	784

（续表）

类型/年龄/其他	体重 a (kg)	初生重或产奶量 b (kg)	体增重 c (g/d)	日粮中能量浓度 d (kcal/kg)	日粮干物质采食量 e 采食量 (kg)	(%BW)	能量需要 f TDN (kg/d)	ME (Mcal/d)	蛋白需要 g CP 20% UIP (g/d)	CP 40% UIP (g/d)	CP 60% UIP (g/d)	MP (g/d)	DIP (g/d)	矿物质需要 h Ca (g/d)	P (g/d)	维生素需要 i 维生素A (RE/d)	维生素E (IU/d)
成年母绵羊																	
哺乳后期（双羔羊；产奶量 0.85~1.35kg/d）																	
60	0.85	50	1.91	3.91	3.91	1.24	4.48	261	249	238	175	162	6.8	6.0	3 210	336
70	0.92	54	1.91	3.69	3.69	1.37	4.93	285	272	260	192	178	7.3	6.6	3 745	392
80	0.99	59	1.91	3.52	3.52	1.50	5.39	310	296	283	208	194	7.9	7.2	4 280	448
90	1.06	62	1.91	3.37	3.37	1.61	5.80	333	318	304	224	209	8.5	7.7	4 815	504
100	1.12	73	1.91	3.25	3.25	1.72	6.21	356	339	325	239	224	9.0	8.3	5 350	560
120	1.24	80	1.91	3.05	3.05	1.94	6.99	399	381	364	268	252	10.0	9.3	6 420	672
140	0.35		1.91	2.89	2.89	2.15	7.74	440	420	402	296	279	10.9	10.2	7 490	784

（续表）

类型 年龄/其他	体重 a (kg)	初生重或产奶量 b (kg)	体增重 c (g/d)	日粮中能量浓度 d (kcal/kg)	日粮干物质采食量 e		能量需要 f		蛋白需要 g					矿物质需要 h		维生素A (RE/d)	维生素E i (IU/d)
					(kg)	(% BW)	TDN (kg/d)	ME (Mcal/d)	CP 20% UIP (g/d)	CP 40% UIP (g/d)	CP 60% UIP (g/d)	MP (g/d)	DIP (g/d)	Ca (g/d)	P (g/d)		
成年母绵羊 仅维持																	
	40		0	1.91	0.821 6	2.05	0.44	1.57	60	58	55	41	57	1.8	1.4	1 256	212
	50		0	1.91	0.971 3	1.94	0.51	1.86	71	68	65	48	67	2.1	1.6	1 570	265
	60		0	1.91	1.113 6	1.86	0.59	2.13	81	77	74	54	77	2.3	1.9	1 884	318
	70		0	1.91	1.250 1	1.79	0.66	2.39	91	87	83	61	86	2.5	2.2	2 198	371
	80		0	1.91	1.381 8	1.73	0.73	2.64	101	96	92	68	95	2.7	2.4	2 512	424
	90		0	1.91	1.509 4	1.68	0.80	2.89	110	105	101	74	104	2.9	2.6	2 826	477
	100		0	1.91	1.633 5	1.63	0.87	3.12	119	114	109	80	113	3.1	2.9	3 140	530
	120		0	1.91	1.872 9	1.56	0.99	3.58	137	131	126	92	129	3.5	3.3	3 768	636

（续表）

类型/年龄/其他	体重a (kg)	初生重或产奶量b (kg)	体增重c (g/d)	日粮中能量浓度d (kcal/kg)	日粮干物质采食量e (kg)	日粮干物质采食量e (% BW)	能量需要f TDN (kg/d)	能量需要f ME (Mcal/d)	蛋白需要g CP 20% UIP (g/d)	蛋白需要g CP 40% UIP (g/d)	蛋白需要g CP 60% UIP (g/d)	蛋白需要g MP (g/d)	蛋白需要g DIP (g/d)	矿物质需要h Ca (g/d)	矿物质需要h P (g/d)	维生素A (RE/d)	维生素E (IU/d)i
成年母绵羊																	
哺乳前期（单胎；产奶量0.71~1.22kg/d）																	
	40	0	0	1.91	1.41	3.35	0.75	2.70	167	159	152	112	97	4.5	4.0	2 140	224
	50	0	0	1.91	1.63	3.25	0.86	3.11	189	180	172	127	112	5.0	4.6	2 675	280
	60	0	0	1.91	1.84	3.06	0.97	3.51	211	202	193	142	127	5.5	5.1	3 210	336
	70	0	0	1.91	2.03	2.90	1.08	3.88	231	221	211	155	140	6.0	5.6	3 745	392
	80	0	0	1.91	2.21	2.76	1.17	4.23	250	239	228	168	152	6.4	6.1	4 280	448
	90	0	0	1.91	2.39	2.65	1.27	4.57	268	256	245	180	165	6.8	6.6	4 815	504
	100	0	0	1.91	2.56	2.56	1.36	4.90	287	274	262	193	177	7.2	7.0	5 350	560
	120	0	0	1.91	2.88	2.40	1.53	5.51	320	305	292	215	199	8.0	7.8	6 420	672

（续表）

类型/年龄/其他	体重 a (kg)	初生重或产奶量 b (kg)	体增重 c (g/d)	日粮中能量浓度 d (kcal/kg)	日粮干物质采食量 e (kg)	(% BW)	能量需要 f TDN (kg/d)	ME (Mcal/d)	蛋白需要 g CP 20% UIP (g/d)	CP 40% UIP (g/d)	CP 60% UIP (g/d)	MP (g/d)	DIP (g/d)	矿物质需要 h Ca (g/d)	P (g/d)	维生素需要 i 维生素A (RE/d)	维生素E (IU/d)
成年母绵羊																	
哺乳前期（两胎；产奶量1.18~2.05kg/d）																	
	40	1.18	-24	2.39	1.44	3.60	0.95	3.44	224	214	205	151	124	6.0	5.1	2 140	224
	50	1.32	-26	2.39	1.65	3.31	1.10	3.96	255	243	232	171	143	6.7	5.8	2 675	280
	60	1.45	-29	1.91	2.32	3.86	1.23	4.43	298	284	272	200	160	8.0	7.3	3 210	336
	70	1.56	-31	1.91	2.55	3.64	1.35	4.87	324	310	296	218	175	8.6	7.9	3 745	392
	80	1.67	-33	1.91	2.77	3.46	1.47	5.29	350	335	320	236	191	9.3	8.6	4 280	448
	90	1.77	-35	1.91	2.98	3.31	1.58	5.70	375	358	342	252	205	9.8	9.2	4 815	504
	100	1.87	-37	1.91	3.19	3.19	1.69	6.09	399	381	364	268	220	10.4	9.8	5 350	560
	120	2.05	-41	1.91	3.57	2.98	1.89	6.83	444	424	405	298	246	11.5	10.9	6 420	672

（续表）

类型/年龄/其他	体重[a] (kg)	初生重或产奶量[b] (kg)	体增重[c] (g/d)	日粮中能量浓度[d] (kcal/kg)	日粮干物质采食量[e] (kg)	日粮干物质采食量[e] (%BW)	能量需要[f] TDN (kg/d)	能量需要[f] ME (Mcal/d)	蛋白需要[g] CP 20% UIP (g/d)	蛋白需要[g] CP 40% UIP (g/d)	蛋白需要[g] CP 60% UIP (g/d)	蛋白需要[g] MP (g/d)	蛋白需要[g] DIP (g/d)	矿物质需要[h] Ca (g/d)	矿物质需要[h] P (g/d)	维生素需要[i] 维生素A (RE/d)	维生素需要[i] 维生素E (IU/d)
成年母绵羊																
哺乳前期（三胎或三胎以上；产奶量1.53~2.66kg/d）																
40	1.53	-31	2.87	1.39	3.48	1.11	4.00	265	253	242	178	144	7.1	5.7	2 140	224
50	1.72	-34	2.39	1.92	3.84	1.27	4.59	312	298	285	210	166	8.3	7.1	2 675	280
60	1.88	-38	2.39	2.14	3.56	1.42	5.11	344	328	314	231	184	9.1	7.9	3 210	336
70	2.03	-41	1.91	2.35	3.35	1.56	5.61	374	357	342	252	202	9.9	8.6	3 745	392
80	2.17	-43	1.91	3.19	3.98	1.69	6.09	425	406	388	286	220	11.4	10.4	4 280	448
90	2.30	-46	1.91	3.42	3.80	1.81	6.54	454	433	414	305	236	12.1	11.1	4 815	504
100	2.43	-49	1.91	3.65	3.65	1.93	6.98	482	461	441	324	252	12.8	11.8	5 350	560
120	2.66	-53	1.91	4.08	3.40	2.16	7.80	535	511	489	360	281	14.0	13.1	6 420	672

（续表）

类型 年龄 其他	体重[a] (kg)	初生重或 产奶量[b] (kg)	体增重[c] (g/d)	日粮中能 量浓度[d] (kcal/kg)	日粮干物质 采食量[e] (kg)	日粮干物质 采食量[e] (%BW)	能量需要[f] TDN (kg/d)	能量需要[f] ME (Mcal/d)	蛋白需要[g] CP20% UIP (g/d)	蛋白需要[g] CP40% UIP (g/d)	蛋白需要[g] CP60% UIP (g/d)	蛋白需要[g] MP (g/d)	蛋白需要[g] DIP (g/d)	矿物质需要[h] Ca (g/d)	矿物质需要[h] P (g/d)	维生素A (RE/d)	维生素E[i] (IU/d)
成年母绵羊																	
哺乳中期（三胎或三胎以上；产奶量1.03~1.78kg/d）																	
	40	1.03	0	2.39	1.41	3.52	0.93	3.36	213	204	195	143	121	5.5	4.7	2 140	224
	50	1.15	0	2.39	1.61	3.23	1.07	3.86	241	230	220	162	139	6.1	5.3	2 675	280
	60	1.26	0	1.91	2.26	3.77	1.20	4.32	283	270	258	190	156	7.3	6.7	3 210	336
	70	1.36	0	1.91	2.49	3.55	1.43	4.76	309	295	282	207	171	7.9	7.4	3 745	392
	80	1.45	0	1.91	2.70	3.38	1.32	5.16	333	317	304	223	186	8.5	8.0	4 28	448
	90	1.54	0	1.91	2.91	3.23	1.54	5.56	356	340	325	240	201	9.0	8.5	4 815	504
	100	1.62	0	1.91	3.11	3.11	1.65	5.94	378	361	346	254	214	9.5	9.1	5 350	560
	120	1.78	0	1.91	3.49	2.91	1.85	6.67	422	403	385	284	241	10.5	10.1	6 420	672

（续表）

类型/年龄/其他	体重[a] (kg)	初生重或产奶量[b] (kg)	体增重[c] (g/d)	日粮净能量浓度[d] (kcal/kg)	日粮干物质采食量[e]		能量需要[f]		蛋白需要[g]					矿物质需要[h]		维生素需要[i]	
					(kg)	(% BW)	TDN (kg/d)	ME (Mcal/d)	CP 20% UIP (g/d)	CP 40% UIP (g/d)	CP 60% UIP (g/d)	MP (g/d)	DIP (g/d)	Ca (g/d)	P (g/d)	维生素A (RE/d)	维生素E (IU/d)
成年母绵羊 哺乳后期（单胎；产奶量 0.23 ~ 0.41kg/d）																	
	40	0.23	60	1.91	1.55	3.86	0.82	2.95	142	135	129	95	107	3.9	2.5	2 140	224
	50	0.25	61	1.91	1.83	3.65	0.97	3.49	165	158	151	111	126	4.4	2.9	2 675	280
	60	0.28	72	1.91	2.11	3.52	1.12	4.03	190	181	173	128	145	5.0	3.4	3 210	336
	70	0.31	84	1.91	2.40	3.42	1.27	4.58	215	205	197	145	165	5.6	3.8	3 745	392
	80	0.33	95	1.91	2.66	3.32	1.41	5.09	238	227	217	160	183	6.1	4.3	4 28	448
	90	0.35	106	1.91	2.92	3.24	1.55	5.58	260	248	238	175	201	6.6	4.7	4 815	504
	100	0.37	117	1.91	3.17	3.17	1.68	6.07	283	270	258	190	219	7.2	5.1	5 350	560
	120	0.41	138	1.91	3.67	3.06	1.94	7.01	326	311	297	219	253	8.2	5.9	6 420	672

（续表）

类型/年龄/其他	体重ª (kg)	初生重或产奶量ᵇ (kg)	体增重ᶜ (g/d)	日粮中能量浓度ᵈ (kcal/kg)	日粮干物质采食量ᵉ (kg)	日粮干物质采食量ᵉ (% BW)	能量需要ᶠ TDN (kg/d)	能量需要ᶠ ME (Mcal/d)	蛋白需要ᵍ CP 20% UIP (g/d)	蛋白需要ᵍ CP 40% UIP (g/d)	蛋白需要ᵍ CP 60% UIP (g/d)	蛋白需要ᵍ MP (g/d)	蛋白需要ᵍ DIP (g/d)	矿物质需要ʰ Ca (g/d)	矿物质需要ʰ P (g/d)	维生素A需要 (RE/d)	维生素E需要ⁱ (IU/d)
成年母绵羊																	
哺乳中期（单胎；产奶量0.47~0.82kg/d）																	
40	0.47	0	1.91	1.25	3.12	0.66	2.38	135	129	124	91	86	3.5	3.2	2 140	224
50	0.53	0	1.91	1.45	2.90	0.77	2.77	156	148	142	105	10	4.0	3.7	2 675	280
60	0.58	0	1.91	1.64	2.73	0.87	3.13	174	166	159	117	113	4.4	4.1	3 210	336
70	0.63	0	1.91	1.82	2.60	0.96	3.48	192	183	175	129	125	4.7	4.6	3 745	392
80	0.67	0	1.91	1.99	2.48	1.05	3.80	208	198	190	139	137	5.1	5.0	4 280	448
90	0.71	0	1.91	2.15	2.39	1.14	4.11	223	213	204	150	148	5.4	5.4	4 815	504
100	0.75	0	1.91	2.31	2.31	1.22	4.42	239	228	218	161	159	5.7	5.7	5 350	560
120	0.82	0	1.91	2.61	2.18	1.38	4.99	268	256	245	180	180	6.3	6.4	6 420	672

（续表）

类型/年龄/其他	体重a (kg)	初生重或产奶量b (kg)	体增重c (g/d)	日粮中能量浓度d (kcal/kg)	日粮干物质采食量e (kg)	日粮干物质采食量e (% BW)	能量需要f TDN (kg/d)	能量需要f ME (Mcal/d)	蛋白需要g CP 20% UIP (g/d)	蛋白需要g CP 40% UIP (g/d)	蛋白需要g CP 60% UIP (g/d)	蛋白需要g MP (g/d)	蛋白需要g DIP (g/d)	矿物质需要h Ca (g/d)	矿物质需要h P (g/d)	维生素需要i 维生素A (RE/d)	维生素需要i 维生素E (IU/d)
成年母绵羊																	
哺乳中期（单胎；产奶量0.79~1.37kg/d）																	
40	0.79	0	1.91	1.54	3.85	0.82	2.94	187	178	171	125	106	4.9	4.4	2 140	224
50	0.89	0	1.91	1.78	3.56	0.94	3.40	213	204	195	143	123	5.5	5.0	2 675	280
60	0.97	0	1.91	1.99	3.32	1.06	3.81	236	225	216	159	137	6.0	5.6	3 210	336
70	1.05	0	1.91	2.20	3.15	1.17	4.21	259	247	236	174	152	6.6	6.2	3 745	392
80	1.12	0	1.91	2.40	3.00	1.27	4.59	280	267	255	188	165	7.0	6.7	4 280	448
90	1.19	0	1.91	2.59	2.88	1.37	4.95	300	287	274	202	178	7.5	7.2	4 815	504
100	1.25	0	1.91	2.77	2.77	1.47	5.29	319	305	291	214	191	7.9	7.7	5 350	560
120	1.37	0	1.91	3.12	2.60	1.65	5.96	356	340	325	240	215	8.7	8.6	6 420	672

（续表）

类型/年龄/其他	体重a (kg)	初生重或产奶量b (kg)	体增重c (g/d)	日粮中能量浓度d (kcal/kg)	日粮干物质采食量e (kg)	(% BW)	能量需要f TDN (kg/d)	ME (Mcal/d)	蛋白需要g CP 20% UIP (g/d)	CP 40% UIP (g/d)	CP 60% UIP (g/d)	MP (g/d)	DIP (g/d)	矿物质需要h Ca (g/d)	P (g/d)	维生素A (RE/d)	维生素E需要i (IU/d)
成年母绵羊 — 哺乳后期（两胎；产奶量0.38～0.69kg/d）																	
	40	0.38	65	2.39	1.47	3.68	0.97	3.51	167	159	152	112	127	4.4	2.8	2 140	224
	50	0.43	78	2.39	1.73	3.47	1.15	4.14	195	186	178	131	149	5.0	3.3	2 675	280
	60	0.47	91	2.39	1.98	3.31	1.32	4.74	221	211	201	148	171	5.7	3.8	3 210	336
	70	0.51	104	1.91	2.79	3.98	1.48	5.33	265	253	242	178	192	7.0	4.8	3 745	392
	80	0.55	117	1.91	3.09	3.86	1.64	2.91	293	279	267	197	213	7.6	5.4	4 280	448
	90	0.59	129	1.91	3.38	3.75	1.79	6.46	319	305	292	215	233	8.3	5.8	4 815	504
	100	0.62	141	1.91	3.65	3.65	1.94	6.98	344	328	314	231	252	8.9	6.3	5 350	560
	120	0.69	166	1.91	4.21	3.51	2.23	8.06	396	378	361	266	290	10.1	7.2	6 420	672

（续表）

类型/年龄/其他	体重a (kg)	初生重或产奶量b (kg)	体增重c (g/d)	日粮中能量浓度d (kcal/kg)	日粮干物质采食量e (kg)	(% BW)	能量需要f TDN (kg/d)	ME (Mcal/d)	蛋白需要g CP 20% UIP (g/d)	CP 40% UIP (g/d)	CP 60% UIP (g/d)	MP (g/d)	DIP (g/d)	矿物质需要h Ca (g/d)	P (g/d)	维生素A (RE/d)	维生素E需要i (IU/d)
成年母绵羊																	
哺乳后期（三胎或三胎以上产奶量0.55~0.90kg/d）																	
50	0.55	90	2.39	1.92	3.84	1.27	4.59	223	213	203	150	166	5.8	3.9	2 140	280	
60	0.61	104	2.39	2.19	3.66	1.45	5.25	253	241	231	170	189	6.6	4.4	2 675	336	
70	0.67	118	2.39	2.46	3.52	1.63	5.89	282	270	258	190	212	7.2	4.9	3 210	392	
80	0.72	132	2.39	2.72	3.40	1.80	6.50	310	296	283	209	234	7.9	5.4	3 745	448	
90	0.76	145	2.39	2.96	3.29	1.96	7.07	336	321	307	226	255	8.5	5.8	4 280	504	
100	0.81	159	2.39	3.21	3.21	2.13	7.67	363	347	332	244	277	9.2	6.3	4 815	560	
120	0.90	185	2.39	4.60	3.84	2.44	8.80	446	426	407	300	317	11.5	8.3	5 350	672	

2. 生长羔羊、肥育羔羊和 1 周岁绵羊生长和妊娠的营养需要

类型/年龄/其他 体重ᵃ (kg)	日增重ᵈ (g/d)	日粮中能量浓度ᵈ (kcal/kg)	日粮干物质采食量ᵉ (kg)	(% BW)	TDN (kg/d)	ME (Mcal/d)	NEM (Mcal/d)	NEG (Mcal/d)	CP 20% UIP (g/d)	CP 40% UIP (g/d)	CP 60% UIP (g/d)	MP (g/d)	DIP (g/d)	Ca (g/d)	P (g/d)	维生素A (RE/d)	维生素E (IU/d)
						能量需要ᶠ				蛋白需要ᵍ				矿物质需要ʰ		维生素需要ⁱ	
生长羔羊和 1 周岁绵羊																	
4 月龄（成熟度＝0.3，晚熟）																	
20	100	191	0.57	2.86	0.30	1.09	0.20	0.21	76	73	69	51	39	2.3	1.5	2 000	200
20	150	1.91	0.78	3.91	0.41	1.50	0.21	0.32	104	99	95	70	54	3.1	2.2	2 000	200
20	200	2.39	0.59	2.97	0.39	1.42	0.21	0.42	116	111	106	78	51	3.7	2.5	2 000	200
20	300	2.87	0.61	3.04	0.48	1.74	0.21	0.63	115	148	142	104	63	5.1	3.5	2 000	300
30	200	1.91	1.05	3.51	0.56	2.02	0.29	0.42	137	131	125	92	73	4.1	2.9	3 000	300
30	250	2.39	0.76	2.53	0.50	1.82	0.29	0.53	145	139	133	98	65	4.5	3.2	3 000	300
30	300	2.39	0.88	2.93	0.58	2.10	0.29	0.63	169	162	155	114	76	5.3	3.8	3 000	300
30	400	2.39	1.12	3.72	0.74	2.67	0.30	0.84	218	208	199	146	96	6.9	5.0	3 000	400
40	250	1.91	1.32	3.31	0.70	2.53	0.37	0.53	171	163	156	115	91	5.0	3.7	4 000	400
40	300	1.91	1.54	3.84	0.82	2.94	0.38	0.63	199	190	182	134	106	5.9	4.4	4 000	400
40	400	2.39	1.16	2.91	0.77	2.78	0.38	0.84	223	213	204	150	100	7.0	5.1	4 000	400

（续表）

类型/年龄/其他	体重a (kg)	初生重或产奶量b (kg)	体增重c (g/d)	日粮中能量浓度d (kcal/kg)	日粮干物质采食量e (kg)	(% BW)	TDN (kg/d)	ME (Mcal/d)	NEM (Mcal/d)	NEG (Mcal/d)	CP 20% UIP (g/d)	CP 40% UIP (g/d)	CP 60% UIP (g/d)	MP (g/d)	DIP (g/d)	Ca (g/d)	P (g/d)	维生素A (RE/d)	维生素E (IU/d)
生长羔羊和1周岁绵羊																			
4月龄（成熟度=0.3，晚熟）																			
	40		500	2.39	1.40	3.51	0.93	3.35	0.39	1.05	271	259	248	182	121	8.6	6.3	4 000	500
	50		250	1.91	1.38	2.76	0.73	2.64	0.44	0.53	177	169	161	119	95	5.1	3.8	5 000	500
	50		300	1.91	1.59	3.19	0.85	3.05	0.45	0.63	205	195	187	137	110	6.0	4.5	5 000	500
	50		400	2.39	1.21	2.42	0.80	2.89	0.45	0.84	228	218	208	153	104	7.0	5.1	5 000	500
	50		500	2.39	1.45	2.90	0.96	3.47	0.47	1.05	277	264	253	186	125	8.6	6.3	5 000	500
	50		600	2.39	1.69	3.38	1.12	4.04	0.48	1.26	325	310	297	219	146	10.2	7.6	5 000	500
	60		250	1.91	1.43	2.39	0.76	2.47	0.50	0.53	182	174	166	122	99	5.1	3.8	6 000	600
	60		300	1.91	1.65	2.75	0.87	3.15	0.52	0.63	210	201	192	141	114	6.0	4.5	6 000	600
	60		400	1.91	2.08	3.47	1.10	3.98	0.55	0.84	266	254	243	179	143	7.8	5.9	6 000	600
	60		500	2.39	1.49	2.49	0.99	3.57	0.53	1.05	282	269	257	190	129	8.7	6.4	6 000	600
	60		600	2.39	1.74	2.90	1.15	4.15	0.55	1.26	330	315	302	222	150	10.3	7.6	6 000	600

（续表）

类型/年龄/其他	体重a (kg)	初生重或产奶量b (kg)	体增重c (g/d)	日粮中能量浓度d (kcal/kg)	日粮干物质采食量e (kg)	(%BW)	能量需要f TDN (kg/d)	ME (Mcal/d)	NEM (Mcal/d)	NEG (Mcal/d)	蛋白需要g CP20% UIP (g/d)	CP40% UIP (g/d)	CP60% UIP (g/d)	MP (g/d)	DIP (g/d)	矿物质需要h Ca (g/d)	P (g/d)	维生素需要i 维生素A (RE/d)	维生素E (IU/d)
							生长羔羊和1周岁绵羊												
							4月龄（成熟度=0.3，晚熟）												
	70		150	1.91	1.04	1.49	0.55	2.00	0.53	0.32	131	125	120	88	72	3.4	2.4	7 000	700
	70		200	1.91	1.26	1.80	0.67	2.42	0.55	0.42	159	152	146	107	87	4.3	3.1	7 000	700
	70		300	1.91	1.70	2.43	0.90	3.25	0.58	0.63	216	206	197	145	117	6.1	4.6	7 000	700
	70		400	1.91	2.14	3.05	1.13	4.08	0.62	0.84	272	259	248	183	147	7.9	6.0	7 000	700
	70		500	1.91	2.57	3.68	1.36	4.92	0.65	1.05	328	313	300	220	177	9.6	7.4	7 000	700
	80		150	1.91	1.09	1.36	0.58	2.08	0.59	0.32	137	130	125	92	75	3.4	2.5	8 000	800
	80		200	1.91	1.31	1.64	0.69	2.50	0.61	0.42	165	157	150	111	90	4.3	3.2	8 000	800
	80		300	1.91	1.75	2.19	0.93	3.34	0.64	0.63	221	211	202	149	121	6.1	4.6	8 000	800
	80		400	1.91	2.19	2.74	1.16	4.19	0.68	0.84	277	265	253	186	151	7.9	6.0	8 000	800
	80		500	1.91	2.63	3.29	1.39	5.03	0.72	1.05	334	318	305	224	181	9.7	7.5	8 000	800

（续表）

类型/年龄/其他	体重[a] (kg)	初生重或产奶量[b] (g/d)	体增重[c] (g/d)	日粮中能量浓度[d] (kcal/kg)	日粮干物质采食量[e] (kg)	(% BW)	TDN (kg/d)	ME (Mcal/d)	NEM (Mcal/d)	NEG (Mcal/d)	CP 20% UIP (g/d)	CP 40% UIP (g/d)	CP 60% UIP (g/d)	MP (g/d)	DIP (g/d)	Ca (g/d)	P (g/d)	维生素A (RE/d)	维生素E (IU/d)
											生长羔羊和1周岁绵羊								
											4月龄（成熟度=0.6，早熟）								
20	100	2.39	0.63	3.16	0.42	1.51	0.21	0.46	70	66	64	47	55	2.1	1.5	2 000	200
20	150	2.87	0.65	3.25	0.52	1.87	0.21	0.68	84	80	77	57	67	2.6	2.0	2 000	200
20	200	2.87	0.83	4.17	0.66	2.39	0.22	0.91	106	101	97	71	86	3.4	2.7	2 000	200
20	300	2.87	1.20	6.00	0.95	3.44	0.24	1.37	149	142	136	100	124	4.9	4.0	2 000	200
30	200	2.87	1.20	3.99	0.79	2.86	0.31	0.91	125	119	114	84	103	3.7	3.0	3 000	300
30	250	2.87	1.06	3.54	0.84	3.04	0.31	1.14	133	127	122	89	110	4.2	3.4	3 000	300
30	300	2.87	1.25	4.15	0.99	3.57	0.32	1.37	155	148	141	104	129	4.9	4.0	3 000	300
30	400	2.87	1.62	5.38	1.28	4.63	0.35	1.83	198	189	181	133	167	6.4	5.4	3 000	300
40	250	2.87	1.50	3.76	1.00	3.60	0.40	1.14	155	148	142	104	130	4.6	3.8	4 000	400
40	250	2.87	1.29	3.22	1.02	3.69	0.40	1.37	160	153	146	108	133	5.0	4.1	4 000	400
40	400	2.87	1.66	4.15	1.32	4.76	0.43	1.83	204	195	186	137	172	6.4	5.4	4 000	400

（续表）

类型/年龄/其他	体重 a (kg)	初生重或产奶量 b (kg)	体重增重 c,d (g/d)	日粮中能量浓度 d (kcal/kg)	日粮干物质采食量 e (kg)	(% BW)	能量需要 f TDN (kg/d)	ME (Mcal/d)	NEM (Mcal/d)	NEG (Mcal/d)	蛋白需要 g CP20% UIP (g/d)	CP40% UIP (g/d)	CP60% UIP (g/d)	MP (g/d)	DIP (g/d)	矿物质需要 h Ca (g/d)	P (g/d)	维生素需要 i 维生素A (RE/d)	维生素E (IU/d)
生长羔羊和1周岁绵羊																			
4月龄（成熟度=0.6，早熟）																			
40		500	2.87	2.03	5.08	1.62	5.83	0.48	2.28	247	236	226	166	210	7.9	6.7	4 000	400	
50		250	2.39	1.55	3.10	1.03	3.71	0.47	1.14	161	154	147	108	134	4.6	3.8	5 000	500	
50		300	2.39	1.81	3.63	1.20	4.34	0.49	1.37	186	178	170	125	156	5.4	4.6	5 000	500	
50		400	2.87	1.70	3.41	1.35	4.88	0.51	1.83	209	200	191	141	176	6.5	5.4	5 000	500	
50		500	2.87	2.08	4.16	1.65	5.96	0.54	2.28	253	242	231	170	215	8.0	6.8	5 000	500	
50		600	2.87	2.45	4.91	1.95	7.04	0.58	2.74	297	283	271	199	254	9.5	8.1	6 000	500	
60		250	2.39	1.60	2.66	1.06	3.82	0.54	1.14	167	159	152	112	138	4.7	3.9	6 000	600	
60		300	2.39	1.86	3.10	2.23	4.45	0.57	1.37	192	183	175	129	160	5.5	4.6	6 000	600	
60		400	2.39	2.39	2.98	1.58	5.71	0.61	1.83	242	231	221	163	206	7.1	6.1	6 000	600	
60		500	2.87	2.12	3.54	1.69	6.08	0.62	2.28	259	247	236	174	219	8.0	6.8	6 000	600	
60		600	2.87	2.50	4.17	1.99	7.17	0.66	2.74	302	289	276	203	258	9.5	8.1	7 000	600	

（续表）

类型/年龄/其他	体重a (kg)	初生重或产奶量b (g/d)	体增重c (g/d)	日粮中能量浓度d (kcal/kg)	日粮干物质采食量e (kg)	(% BW)	TDN (kg/d)	能量需要f ME (Mcal/d)	NEM (Mcal/d)	NEG (Mcal/d)	蛋白需要g CP 20% UIP (g/d)	CP 40% UIP (g/d)	CP 60% UIP (g/d)	MP (g/d)	DIP (g/d)	矿物质需要h Ca (g/d)	P (g/d)	维生素需要i 维生素A (RE/d)	维生素E (IU/d)
生长羔羊和1周岁绵羊																			
4月龄（成熟度=0.6，早熟）																			
70		150		1.91	1.81	2.59	0.96	3.46	0.59	0.68	152	145	139	102	125	3.7	3.1	7 000	700
70		200		1.91	2.28	3.26	1.21	4.37	0.63	0.91	186	177	170	125	157	4.7	4.1	7 000	700
70		300		2.39	1.91	2.72	1.26	4.55	0.63	1.37	197	188	180	133	164	5.5	4.7	7 000	700
70		400		2.39	2.44	3.48	1.62	5.82	0.69	1.83	248	237	226	167	210	7.1	6.1	7 000	700
70		500		2.87	2.16	3.09	1.72	6.20	0.70	2.28	264	252	241	178	224	8.0	6.8	7 000	700
80		150		1.91	1.86	2.33	0.99	3.56	0.65	0.68	157	150	144	106	128	3.8	3.2	8 000	800
80		200		1.91	2.34	2.92	1.24	4.47	0.69	0.91	192	183	175	129	161	4.8	4.1	8 000	800
80		300		2.39	1.95	2.44	1.29	4.66	0.70	1.37	203	194	185	136	168	5.6	4.7	8 000	800
80		400		2.39	2.48	3.10	1.65	5.94	0.76	1.83	253	242	231	170	214	7.2	6.2	8 000	800
80		500		2.39	3.02	3.77	2.00	7.21	0.82	2.28	304	290	278	204	250	8.8	7.7	8 000	800
20		100		2.39	0.59	2.94	0.39	1.41	0.41	0.30	73	70	67	49	51	2.2	1.5	2 000	200

（续表）

类型/年龄/其他	体重a (kg)	初生重或产奶量b (kg)	体重c (g/d)	日粮中能量浓度d (kcal/kg)	日粮干物质采食量e (kg)	日粮干物质采食量e (%BW)	能量需要f TDN (kg/d)	能量需要f ME (Mcal/d)	能量需要f NEM (Mcal/d)	能量需要f NEG (Mcal/d)	蛋白需要g CP 20% UIP (g/d)	蛋白需要g CP 40% UIP (g/d)	蛋白需要g CP 60% UIP (g/d)	蛋白需要g MP (g/d)	蛋白需要g DIP (g/d)	矿物质需要h Ca (g/d)	矿物质需要h P (g/d)	维生素需要i 维生素A (RE/d)	维生素需要i 维生素E (IU/d)
生长羔羊和1周岁绵羊																			
4月龄（成熟度=0.6，早熟）																			
	20	150	2.39	0.76	3.80	0.50	1.81	0.42	0.45	97	93	89	65	65	3.0	2.1	2 000	200
	20	200	2.87	0.70	3.48	0.55	1.99	0.43	0.59	112	107	102	75	72	3.5	2.6	2 000	200
	20	300	2.87	0.94	4.70	0.75	2.69	0.45	0.89	156	149	142	105	97	5.0	3.8	2 000	200
	30	200	2.39	1.03	3.43	0.68	2.46	0.59	0.59	129	123	117	86	89	3.8	2.9	3 000	300
	30	250	2.87	0.90	3.01	0.72	2.59	0.59	0.74	141	135	129	95	93	4.4	3.3	3 000	300
	30	300	2.87	1.03	3.42	0.82	2.94	0.61	0.89	163	156	149	110	106	5.1	3.9	3 000	300
	30	400	2.87	1.27	4.25	1.01	3.66	0.64	1.19	207	198	189	139	132	6.6	5.1	4 000	300
	40	250	2.39	1.30	3.25	0.86	3.10	0.75	0.74	160	153	146	108	112	4.7	3.6	4 000	200
	40	300	2.39	1.48	3.69	0.98	3.53	0.77	0.89	184	176	168	124	127	5.5	4.3	4 000	400
	40	400	2.87	1.36	3.40	1.08	3.90	0.79	1.19	215	205	196	144	140	6.7	5.2	4 000	400
	40	500	2.87	1.61	4.03	1.28	4.62	0.83	1.48	259	247	237	174	167	8.2	6.4	5 000	400

（续表）

类型/年龄/其他	体重[a] (kg)	初生重或产奶量[b] (kg)	体增重[c] (g/d)	日粮净能量浓度[d] (kcal/kg)	日粮干物质采食量[e] (kg)	日粮干物质采食量[e] (% BW)	能量需要[f] TDN (kg/d)	ME (Mcal/d)	NEM (Mcal/d)	NEG (Mcal/d)	蛋白需要[g] CP 20% UIP (g/d)	CP 40% UIP (g/d)	CP 60% UIP (g/d)	MP (g/d)	DIP (g/d)	矿物质需要[h] Ca (g/d)	P (g/d)	维生素A (RE/d)	维生素E[i] (IU/d)
							生长羔羊和1周岁绵羊												
							4 月龄（成熟度 =0.6，早熟）												
	50		250	2.39	1.39	2.78	0.92	3.32	0.89	0.74	168	160	153	113	120	4.8	3.7	5 000	400
	50		300	2.39	1.57	3.13	1.04	3.74	0.92	0.89	192	183	175	129	135	5.6	4.4	5 000	500
	50		400	2.39	1.92	3.85	1.28	4.60	0.97	1.19	240	230	220	162	166	7.2	5.7	5 000	500
	50		500	2.87	1.69	3.39	1.35	4.86	0.98	1.48	266	254	243	179	175	8.3	6.5	5 000	500
	50		600	2.87	1.95	3.9	1.55	5.59	1.03	1.78	311	297	284	209	202	9.8	7.7	5 000	500
	60		250	1.91	2.32	3.87	1.23	4.44	1.08	0.74	208	198	190	140	160	5.7	4.6	6 000	600
	60		300	2.39	1.65	2.76	1.10	3.95	1.05	0.89	199	190	182	134	143	5.7	4.5	6 000	600
	60		400	2.39	2.02	3.36	1.34	4.82	1.11	1.19	248	237	226	167	174	7.3	5.8	6 000	600
	60		500	2.39	2.38	3.97	1.58	5.69	1.17	1.48	297	283	271	199	205	8.9	7.2	6 000	600
	60		600	2.87	2.03	3.39	1.62	5.83	1.18	1.78	318	304	290	214	210	9.9	7.8	6 000	600
	70		150	1.91	1.78	2.54	0.94	3.40	1.12	0.45	155	148	142	104	122	3.9	3.1	7 000	700

（续表）

生长羔羊和1周岁绵羊

4月龄（成熟度=0.6，早熟）

类型/年龄/其他	体重a (kg)	初生重或产奶量b (kg)	体增重c (g/d)	日粮中能量浓度d (kcal/kg)	日粮干物质采食量e (kg)	(%BW)	能量需要f TDN (kg/d)	ME (Mcal/d)	NEM (Mcal/d)	NEG (Mcal/d)	蛋白需要g CP 20% UIP (g/d)	CP 40% UIP (g/d)	CP 60% UIP (g/d)	MP (g/d)	DIP (g/d)	矿物质需要h Ca (g/d)	P (g/d)	维生素需要i 维生素A (RE/d)	维生素E (IU/d)
	70		200	1.91	2.10	3.01	1.12	4.02	1.17	0.59	185	177	169	125	145	4.8	3.9	7 000	700
	70		300	1.91	2.76	3.94	1.46	5.28	1.27	0.89	246	235	225	165	190	6.7	5.5	7 000	700
	70		400	2.39	2.11	3.01	1.40	5.03	1.25	1.19	255	244	233	171	181	7.4	5.9	7 000	700
	70		500	2.39	2.47	3.53	1.64	5.91	1.31	1.48	304	290	278	204	213	9.0	7.2	7 000	700
	80		150	1.91	1.87	2.34	0.99	3.58	1.24	0.45	163	155	148	109	129	4.0	3.2	8 000	800
	80		200	1.91	2.20	2.75	1.17	4.21	1.29	0.59	193	184	176	130	152	4.9	4.0	8 000	800
	80		300	1.91	2.87	3.58	1.52	5.48	1.40	0.89	254	242	232	171	198	6.8	5.6	8 000	800
	80		400	2.39	2.19	2.74	1.45	5.24	1.38	1.19	262	250	239	176	189	7.5	6.0	8 000	800
	80		500	2.39	2.56	3.20	1.70	6.13	1.45	1.48	312	297	284	209	221	9.1	7.3	8 000	800

（续表）

类型/年龄/其他	体重a (kg)	初生重或产羔量b (kg)	体增重c (g/d)	日粮中能量浓度d (kcal/kg)	日粮干物质采食量f (kg)	(% BW)	TDN (kg/d)	ME (Mcal/d)	NEM (Mcal/d)	NEG (Mcal/d)	CP 20% UIP (g/d)	CP 40% UIP (g/d)	CP 60% UIP (g/d)	MP (g/d)	DIP (g/d)	Ca (g/d)	P (g/d)	维生素A (RE/d)	维生素E (IU/d)
生长羔羊和1周岁绵羊 8月龄（成熟度=0.8，早熟）																			
	20		100	2.87	0.65	3.27	0.52	1.88	0.45	0.54	68	65	62	46	68	2.0	1.5	2 000	200
	20		150	2.87	0.88	4.39	0.70	2.52	0.49	0.82	89	85	82	60	91	2.7	2.2	2 000	200
	20		200	2.87	1.10	5.51	0.88	3.16	0.52	1.09	111	106	101	74	114	3.5	2.9	2 000	200
	20		300	2.87	1.55	7.75	1.23	4.45	0.59	1.63	153	146	140	103	160	4.9	4.3	2 000	200
	30		200	2.87	1.19	3.97	0.95	3.42	0.70	1.09	119	114	109	80	123	3.5	3.0	3 000	300
	30		250	2.87	1.42	4.73	1.13	4.07	0.75	1.36	140	134	128	94	147	4.3	3.7	3 000	300
	30		300	2.87	1.65	5.49	1.31	4.73	0.80	1.63	162	155	148	109	170	5.0	4.4	3 000	300
	30		400	2.87	2.10	7.02	1.67	6.04	0.89	2.18	205	196	187	138	218	6.5	5.8	3 000	300
	40		250	2.87	1.51	3.77	1.20	4.32	0.93	1.36	149	142	136	100	156	4.4	3.8	4 000	400
	40		300	2.87	1.74	4.34	1.38	4.98	0.99	1.63	170	163	155	114	180	5.1	4.5	4 000	400
	40		400	2.87	2.20	5.50	1.75	6.31	1.11	2.18	214	204	195	144	228	6.6	5.9	4 000	400

（续表）

类型/年龄/其他	体重a (kg)	初生重或产奶量b产奶量c (kg)	体增重d (g/d)	日粮中能量浓度d (kcal/kg)	日粮干物质采食量e (kg)	(%BW)	TDN (kg/d)	能量需要f ME (Mcal/d)	NEM (Mcal/d)	NEG (Mcal/d)	蛋白需要g CP 20% UIP (g/d)	CP 40% UIP (g/d)	CP 60% UIP (g/d)	MP (g/d)	DIP (g/d)	矿物质需要h Ca (g/d)	p (g/d)	维生素A需要i (RE/d)	维生素E (IU/d)
生长羔羊和1周岁绵羊 8月龄（成熟度=0.8，早熟）																			
	40		500	2.87	2.67	6.66	2.12	7.64	1.22	2.72	257	245	235	173	276	8.1	7.3	4 000	400
	50		250	2.87	1.59	3.17	1.26	4.55	1.10	1.36	156	149	143	105	164	4.4	3.8	5 000	500
	50		300	2.87	1.82	3.64	1.45	5.23	1.17	1.63	178	170	163	120	188	5.2	4.5	5 000	500
	50		400	2.87	2.29	4.58	1.82	6.57	1.31	2.18	222	212	203	149	237	6.7	6.0	5 000	500
	50		500	2.87	2.76	5.53	2.20	7.92	1.45	2.72	266	254	243	179	286	8.1	7.4	5 000	500
	50		600	2.87	3.23	6.47	2.57	9.27	1.59	3.27	310	296	283	208	334	9.6	8.8	5 000	500
	60		250	2.39	2.23	3.72	1.48	5.33	1.26	1.36	164	156	150	110	192	5.0	4.5	6 000	600
	60		300	2.87	1.90	3.17	1.51	5.45	1.34	1.63	186	177	170	125	197	5.2	4.6	6 000	600
	60		400	2.87	2.38	3.96	1.89	6.82	1.50	2.18	230	220	210	155	246	6.7	6.0	6 000	600
	60		500	2.87	2.86	4.76	2.27	8.19	1.66	2.72	274	262	250	184	295	8.2	7.5	6 000	600
	60		600	2.87	3.33	5.56	2.65	9.56	1.82	3.27	319	304	291	214	345	9.7	8.9	6 000	600

（续表）

生长羔羊和1周岁绵羊
8月龄（成熟度=0.8，早熟）

类型/年龄/其他	体重a (kg)	初生重或产奶量b (kg)	体增重c (g/d)	日粮中能量浓度d (kcal/kg)	日粮干物质采食量e (kg)	(%BW)	能量需要f				蛋白需要g					矿物需要h		维生素A (RE/d)	维生素E (IU/d)
							TDN (kg/d)	ME (Mcal/d)	NEM (Mcal/d)	NEG (Mcal/d)	CP 20% UIP (g/d)	CP 40% UIP (g/d)	CP 60% UIP (g/d)	MP (g/d)	DIP (g/d)	Ca (g/d)	P (g/d)		
	70		150	1.91	2.60	3.71	1.38	4.96	1.24	0.82	182	174	167	123	179	4.3	3.9	7 000	700
	70		200	2.39	1.98	2.83	1.31	4.74	1.33	1.09	169	161	154	113	171	4.3	3.7	7 000	700
	70		300	2.39	2.66	3.80	1.76	6.35	1.51	1.63	222	212	202	149	229	5.9	5.3	7 000	700
	70		400	2.87	2.46	3.52	1.96	7.06	1.69	2.18	238	227	217	160	255	6.8	6.1	7 000	700
	70		500	2.87	2.95	4.21	2.34	8.45	1.86	2.72	283	270	258	190	305	8.3	7.5	7 000	700
	80		150	1.91	2.70	3.38	1.43	5.17	1.37	0.82	191	182	174	128	186	4.4	4.0	7 000	700
	80		200	2.39	2.07	2.58	1.37	4.94	1.47	1.09	176	168	161	119	178	4.3	3.8	8 000	800
	80		300	2.39	2.75	3.44	1.82	6.57	1.67	1.63	230	219	210	154	237	6.0	5.4	8 000	800
	80		400	2.87	2.54	3.18	2.02	7.29	1.86	2.18	246	235	224	165	263	6.9	6.2	8 000	800
	80		500	2.87	3.03	3.79	2.41	8.69	2.06	2.72	291	277	265	195	313	8.4	7.6	8 000	800

（续表）

类型/年龄/其他	体重a (kg)	初生重或产奶量b (g/d)	体增重c (g/d)	日粮中能量浓度d (kcal/kg)	日粮干物质采食量e (kg)	(% BW)	TDN (kg/d)	ME (Mcal/d)	NEM (Mcal/d)	NEG (Mcal/d)	CP 20% UIP (g/d)	CP 40% UIP (g/d)	CP 60% UIP (g/d)	MP (g/d)	DIP (g/d)	Ca (g/d)	P (g/d)	维生素A (RE/d)	维生素E (IU/d)
								能量需要f				蛋白需要g				矿物质需要h		维生素需要i	
生长公羊																			
4月龄 (成熟度=0.3, 晚熟)																			
20		100	1.91	0.60	2.98	0.32	1.14	0.23	0.21	77	74	70	52	41	2.3	1.5	2 000	200
20		150	2.39	0.49	2.47	0.33	1.18	0.23	0.32	93	88	85	62	43	2.9	1.9	2 000	200
20		200	2.39	0.61	3.07	0.41	1.47	0.24	0.42	117	111	107	78	53	3.7	2.5	2 000	200
20		300	2.87	0.63	3.13	0.50	1.79	0.24	0.63	156	149	143	105	65	5.1	3.5	2 000	200
30		200	1.91	1.09	3.63	0.58	2.08	0.33	0.42	139	133	127	93	75	4.1	3.0	3 000	300
30		250	2.39	0.79	2.62	0.52	1.88	0.33	0.53	147	140	134	98	68	4.5	3.2	3 000	300
30		300	2.39	0.91	3.02	0.60	2.17	0.34	0.63	171	163	156	115	78	5.3	3.8	3 000	300
30		400	2.39	1.15	3.82	0.76	2.74	0.35	0.84	219	209	200	147	99	6.9	5.0	3 000	300
40		250	1.91	1.37	3.42	0.73	2.62	0.43	0.53	173	165	158	116	94	5.1	3.7	4 000	400
40		300	1.91	1.58	3.96	0.84	3.03	0.44	0.63	201	192	183	135	109	6.0	4.5	4 000	400
40		400	2.39	1.20	3.00	0.80	2.87	0.43	0.84	225	215	205	151	103	7.0	5.1	4 000	400

（续表）

类型/年龄/其他	体重a (kg)	初生重或产奶量b (kg)	体增重c (g/d)	日粮中能量浓度d (kcal/kg)	日粮干物质采食量e (kg)	(% BW)	TDN (kg/d)	ME (Mcal/d)	NEM (Mcal/d)	NEG (Mcal/d)	CP 20% UIP (g/d)	CP 40% UIP (g/d)	CP 60% UIP (g/d)	MP (g/d)	DIP (g/d)	Ca (g/d)	p (g/d)	维生素A (RE/d)	维生素E需要i (IU/d)
生长公羊 4 月龄（成熟度 = 0.3，晚熟）																			
	40		500	2.39	1.44	3.60	0.96	3.45	0.45	1.05	273	261	249	184	124	8.6	6.3	4 000	400
	50		250	1.91	1.43	2.87	0.76	2.74	0.50	0.53	179	171	163	120	99	5.1	3.8	5 000	500
	50		300	1.91	1.65	3.30	0.87	3.15	0.52	0.63	207	198	189	139	114	6.0	4.5	5 000	500
	50		400	2.39	1.25	2.50	0.83	2.99	0.51	0.84	230	220	210	155	108	7.0	5.1	5 000	500
	50		500	2.39	1.50	2.99	0.99	3.57	0.54	1.05	279	266	255	187	129	8.7	6.4	5 000	500
	50		600	2.39	1.74	3.48	1.15	4.16	0.56	1.26	327	312	299	220	150	10.3	7.6	5 000	500
	60		250	1.91	1.49	2.49	0.79	2.85	0.58	0.53	185	176	169	124	103	5.2	3.9	6 000	600
	60		300	1.91	1.71	2.85	0.91	3.27	0.60	0.63	213	203	194	143	118	6.1	4.6	6 000	600
	60		400	1.91	2.15	3.58	1.14	4.11	0.63	0.84	269	257	246	181	148	7.9	6.0	6 000	600
	60		500	2.39	1.55	2.58	1.02	3.70	0.61	1.05	284	271	260	191	133	8.7	6.4	6 000	600
	60		600	2.39	1.79	2.99	1.19	4.28	0.64	1.26	333	318	304	224	154	10.3	7.7	6 000	600

（续表）

类型/年龄/其他	体重a (kg)	初生重或产奶量b (kg)	体增重c (g/d)	日粮中能量浓度d (kcal/kg)	日粮干物质采食量e (kg)	日粮干物质采食量e (%BW)	TDN (kg/d)	ME (Mcal/d)	NEM (Mcal/d)	NEG (Mcal/d)	CP20% UIP (g/d)	CP40% UIP (g/d)	CP60% UIP (g/d)	MP (g/d)	DIP (g/d)	Ca (g/d)	p (g/d)	维生素A (RE/d)	维生素E (IU/d)
									能量需要f				蛋白需要g				矿物质需要h		维生素需要i
生长公羊																			
4月龄（成熟度=0.3，晚熟）																			
70	150	1.91	1.11	1.59	0.59	2.12	0.61	0.32	134	128	122	90	76	3.4	2.5	7 000	700
70	200	1.91	1.33	1.90	0.71	2.54	0.63	0.42	162	155	148	109	92	4.3	3.2	7 000	700
70	300	1.91	1.77	2.53	0.94	3.39	0.67	0.63	219	209	200	147	122	6.1	4.6	7 000	700
70	400	1.91	2.21	3.16	1.17	4.23	0.71	0.84	275	263	251	185	152	7.9	6.1	7 000	700
70	500	1.91	2.65	3.79	1.41	5.07	0.75	1.05	331	316	303	223	183	9.7	7.5	7 000	700
80	150	1.91	1.16	1.45	0.62	2.22	0.67	0.32	140	133	127	94	80	3.5	2.5	8 000	800
80	200	1.91	1.38	1.73	0.73	2.65	0.70	0.42	168	160	153	113	95	4.4	3.3	8 000	800
80	300	1.91	1.83	2.28	0.97	3.49	0.74	0.63	224	214	205	151	126	6.2	4.7	8 000	800
80	400	1.91	2.27	2.84	1.20	4.34	0.78	0.84	281	268	256	189	157	8.0	6.1	8 000	800
80	500	1.91	2.72	3.39	1.44	5.19	0.83	1.05	337	322	308	227	187	9.8	7.6	8 000	800

（续表）

类型/年龄/其他	体重a (kg)	初生重或产奶量b (kg)	体增重c (g/d)	日粮中能量浓度d (kcal/kg)	日粮干物质采食量e (kg)	(% BW)	TDN (kg/d)	能量需要f ME (Mcal/d)	NEM (Mcal/d)	NEG (Mcal/d)	CP20% UIP (g/d)	蛋白需要g CP40% UIP (g/d)	CP60% UIP (g/d)	MP (g/d)	DIP (g/d)	矿物质需要h Ca (g/d)	P (g/d)	维生素A (RE/d)	维生素E i (IU/d)
								生长公羊											
								4月龄（成熟度=0.6, 早熟）											
20	100	2.39	0.65	3.27	0.43	1.56	0.24	0.46	71	67	65	47	56	2.1	1.5	2 000	200	
20	150	2.87	0.67	3.34	0.53	1.92	0.25	0.68	85	81	78	57	69	2.7	2.0	2 000	200	
20	200	2.87	0.85	4.26	0.68	2.44	0.26	0.91	107	102	98	72	88	3.4	2.7	2 000	200	
20	300	2.87	1.22	6.10	0.97	3.50	0.28	1.37	150	143	137	101	126	4.9	4.0	2 000	200	
30	200	2.87	0.90	3.00	0.72	2.58	0.35	0.91	113	108	103	76	93	3.5	2.7	3 000	300	
30	250	2.87	1.09	3.62	0.86	3.12	0.36	1.14	135	128	123	90	112	4.2	3.4	3 000	300	
30	300	2.87	1.27	4.24	1.01	3.56	0.37	1.37	156	149	143	105	132	4.9	4.1	3 000	300	
30	400	2.87	1.64	5.48	1.31	4.71	0.40	1.83	200	191	182	134	170	6.4	5.4	3 000	300	
40	250	2.87	1.54	3.86	1.02	3.69	0.46	1.14	157	150	144	106	133	4.6	3.8	4 000	400	
40	300	2.87	1.32	3.30	1.05	3.79	0.46	1.37	162	155	148	109	137	5.0	4.1	4 000	400	
40	400	2.87	1.70	4.24	1.35	4.86	0.50	1.83	206	196	188	138	175	6.5	5.4	4 000	400	

（续表）

类型/年龄/其他	体重 a (kg)	初生重或产奶量 b (kg)	体增重 c (g/d)	日粮中能量浓度 d (kcal/kg)	日粮干物质采食量 e (kg)	(%BW)	能量需要 f TDN (kg/d)	ME (Mcal/d)	NEM (Mcal/d)	NEG (Mcal/d)	蛋白需要 g CP 20% UIP (g/d)	CP 40% UIP (g/d)	CP 60% UIP (g/d)	MP (g/d)	DIP (g/d)	矿物质需要 h Ca (g/d)	P (g/d)	维生素 A (RE/d)	维生素 E i (IU/d)
生长公羊																			
4 月龄（成熟度=0.6，早熟）																			
	40		500	2.87	2.07	5.18	1.65	5.94	0.53	2.28	249	238	228	168	214	8.0	6.8	4 000	400
	50		250	2.39	1.60	3.20	1.06	3.82	0.54	1.14	164	156	149	110	138	4.7	3.9	5 000	500
	50		300	2.39	1.86	3.72	1.23	4.45	0.57	1.37	189	180	172	127	160	5.5	4.6	5 000	500
	50		400	2.87	1.74	3.49	1.39	5.00	0.59	1.83	212	202	193	142	180	6.5	5.5	5 000	500
	50		500	2.87	2.12	4.25	1.69	6.098	0.63	2.28	255	244	233	172	219	8.0	6.8	5 000	500
	50		600	2.87	2.50	5.00	1.99	7.17	0.67	2.74	299	286	273	201	259	9.5	8.1	5 000	500
	60		250	2.39	1.65	2.75	1.09	3.94	0.62	1.14	170	162	155	114	142	4.7	3.9	6 000	600
	60		300	2.39	1.92	3.19	1.27	4.58	0.65	1.37	195	186	178	131	165	5.5	4.7	6 000	600
	60		400	2.87	1.79	2.99	1.42	5.14	0.67	1.83	218	208	199	146	185	6.6	5.5	6 000	600
	60		500	2.87	2.17	3.62	1.73	6.23	0.72	2.28	261	250	239	176	225	8.1	6.9	6 000	600
	60		600	2.87	2.55	4.26	2.03	7.32	0.76	2.74	305	292	279	205	264	9.5	8.2	6 000	600

（续表）

类型/年龄/其他	体重[a] (kg)	初生重或产奶量[b] (kg)	体增重[c] (g/d)	日粮中能量浓度[d] (kcal/kg)	日粮干物质采食量[e] (kg)	日粮干物质采食量[e] (% BW)	TDN (kg/d)	ME (Mcal/d)	NEM (Mcal/d)	NEG (Mcal/d)	蛋白需要[g] CP 20% UIP (g/d)	CP 40% UIP (g/d)	CP 60% UIP (g/d)	MP (g/d)	DIP (g/d)	矿物质需要[h] Ca (g/d)	P (g/d)	维生素需要[i] 维生素A (RE/d)	维生素E (IU/d)
生长公羊																			
4月龄（成熟度=0.6，早熟）																			
70		150	1.91	1.88	2.69	1.00	3.60	0.68	0.68	155	148	142	104	130	3.8	3.2	6 000	600
70		200	1.91	2.36	3.37	1.25	4.51	0.68	0.91	190	181	173	127	163	4.8	4.1	7 000	700
70		300	2.39	1.97	2.81	1.30	4.70	0.72	1.37	201	192	183	135	170	5.6	4.7	7 000	700
70		400	2.39	2.50	3.58	1.66	5.98	0.73	1.83	251	240	229	169	216	7.2	6.2	7 000	700
70		500	2.87	2.22	3.17	1.77	6.37	0.79	2.28	267	255	244	180	230	8.1	6.9	7 000	700
80		150	1.91	1.94	2.43	1.03	3.71	0.81	0.68	161	154	147	108	134	3.8	3.2	7 000	700
80		200	1.91	2.42	3.03	1.28	4.63	0.75	0.91	196	187	179	132	167	4.8	4.2	8 000	800
80		300	2.39	2.02	2.52	1.34	4.82	0.80	1.37	206	197	189	139	174	5.6	4.8	8 000	800
80		400	2.39	2.56	3.20	1.70	6.11	0.81	1.83	257	246	235	173	220	7.3	6.3	8 000	800
80		500	2.39	3.10	3.87	2.05	7.40	0.94	2.28	308	294	281	207	267	8.9	7.8	8 000	800

（续表）

类型/年龄/其他 a	体重 a (kg)	初生重或产奶量 b (kg)	体重量 c (g/d)	日粮中能量浓度 d (kcal/kg)	日粮干物质采食量 e (kg)	(% BW)	TDN (kg/d)	能量需要 f ME (Mcal/d)	NEM (Mcal/d)	NEG (Mcal/d)	蛋白质需要 g CP 20% UIP (g/d)	CP 40% UIP (g/d)	CP 60% UIP (g/d)	MP (g/d)	DIP (g/d)	矿物质需要 h Ca (g/d)	P (g/d)	维生素需要 i 维生素A (RE/d)	维生素E (IU/d)
									生长公羊										
								8月龄（成熟度=0.4, 晚熟）											
	20		100	2.39	0.63	3.14	0.42	1.50	0.47	0.30	75	71	68	50	54	2.2	1.5	2 000	200
	20		150	2.39	0.80	4.00	0.53	1.91	0.48	0.45	99	94	90	66	69	3.0	2.2	2 000	200
	20		200	2.87	0.73	3.65	0.58	2.09	0.49	0.59	113	108	104	76	75	3.6	2.6	2 000	200
	20		300	2.87	0.98	4.88	0.78	2.80	0.52	0.89	158	150	144	106	101	5.1	3.8	2 000	200
	30		200	2.39	1.09	3.62	0.72	2.60	0.68	0.59	131	125	120	88	94	3.9	2.9	3 000	300
	30		250	2.87	0.95	3.17	0.76	2.72	0.68	0.74	143	137	131	96	98	4.4	3.3	3 000	300
	30		300	2.87	1.08	3.59	0.86	3.08	0.70	0.89	166	158	151	111	111	5.2	3.9	3 000	300
	30		400	2.87	1.33	4.42	1.06	3.81	0.74	1.19	210	200	192	141	137	6.7	5.2	3 000	300
	40		250	2.39	1.37	3.43	0.91	3.28	0.87	0.74	164	156	149	110	118	4.8	3.7	4 000	400
	40		300	2.39	1.55	3.88	1.03	3.71	0.89	0.89	188	179	172	126	134	5.6	4.4	4 000	400
	40		400	2.87	1.42	3.56	1.13	4.08	0.91	1.19	218	208	199	146	147	6.8	5.2	4 000	400

（续表）

类型/年龄/其他	体重a (kg)	初生重或产奶量b (kg)	体增重c (g/d)	日粮中能量浓度d (kcal/kg)	日粮干物质采食量e (kg)	(%BW)	TDN (kg/d)	能量需要f ME (Mcal/d)	NEM (Mcal/d)	NEG (Mcal/d)	蛋白需要g CP 20% UIP (g/d)	CP 40% UIP (g/d)	CP 60% UIP (g/d)	MP (g/d)	DIP (g/d)	矿物质需要h Ca (g/d)	p (g/d)	维生素需要i 维生素A (RE/d)	维生素E (IU/d)
生长公羊 8月龄（成熟度=0.4，晚熟）
	40		500	2.87	1.68	4.20	1.34	4.81	0.96	1.48	262	250	239	176	174	8.3	6.5	4 000	400
	50		250	2.39	1.47	2.95	0.98	3.52	1.02	0.74	171	164	157	115	127	4.9	3.8	5 000	500
	50		300	2.39	1.66	3.31	1.10	3.96	1.05	0.89	196	187	179	132	143	5.7	4.5	5 000	500
	50		400	2.87	1.51	3.03	1.20	4.34	1.08	1.19	225	215	206	151	156	6.9	5.3	5 000	500
	50		500	2.87	1.77	3.55	1.41	5.09	1.13	1.48	270	258	247	181	183	8.4	6.6	5 000	500
	50		600	2.87	2.03	4.07	1.62	5.83	1.18	1.78	315	300	287	212	210	9.9	7.8	5 000	500
	60		250	2.39	1.57	2.62	1.04	3.76	1.17	0.74	179	171	164	120	135	5.0	3.9	6 000	600
	60		300	2.39	1.76	2.93	1.16	4.20	1.21	0.89	204	194	186	137	151	5.8	4.6	6 000	600
	60		400	2.39	2.13	3.54	1.41	5.08	1.28	1.19	253	241	231	170	183	7.4	5.9	6 000	600
	60		500	2.87	1.86	3.11	1.48	5.34	1.30	1.48	278	265	253	187	193	8.5	6.7	6 000	600
	60		600	2.87	2.13	3.55	1.69	6.10	1.36	1.78	323	308	294	217	220	10.0	7.9	6 000	600

（续表）

类型/年龄/其他a	体重（kg）a	初生重或产奶量b（kg）	体增重c（g/d）	日粮中能量浓度d（kcal/kg）	日粮干物质采食量e		能量需要f				蛋白需要g					矿物质需要h		维生素需要i	
					（kg）	（%BW）	TDN（kg/d）	ME（Mcal/d）	NEM（Mcal/d）	NEG（Mcal/d）	CP20% UIP（g/d）	CP40% UIP（g/d）	CP60% UIP（g/d）	MP（g/d）	DIP（g/d）	Ca（g/d）	P（g/d）	维生素A（RE/d）	维生素E（IU/d）
生长公羊																			
8月龄（成熟度=0.4，晚熟）																			
70		150	1.91	1.91	2.73	1.01	3.66	1.29	0.45	161	154	147	108	132	4.0	3.2	7 000	700
70		200	1.91	2.25	3.21	1.19	4.29	1.34	0.59	192	183	175	129	155	5.0	4.1	7 000	700
70		300	2.39	1.85	2.65	1.23	4.43	1.36	0.89	211	202	193	142	160	5.9	4.7	7 000	700
70		400	2.39	2.23	3.18	1.48	5.32	1.43	1.19	261	249	238	175	192	7.5	6.0	7 000	700
70		500	2.39	2.60	0.72	1.72	6.22	1.51	1.48	310	296	283	208	224	9.1	7.4	7 000	700
80		150	1.91	2.02	2.53	1.07	3.87	1.42	0.45	169	161	154	114	139	4.1	3.3	8 000	700
80		200	1.91	2.36	2.95	1.25	4.51	1.49	0.59	200	191	182	134	163	5.1	4.2	8 000	800
80		300	1.91	3.04	3.80	1.61	5.81	1.61	0.89	261	249	239	176	209	7.0	5.8	8 000	800
80		400	2.39	2.33	2.91	1.54	5.56	1.58	1.19	268	256	245	180	200	7.6	6.1	8 000	800
80		500	2.39	2.71	3.38	1.79	6.47	1.67	1.48	318	303	290	214	233	9.2	7.5	8 000	800

（续表）

生长公羊

8月龄（成熟度＝0.8，早熟）

类型/年龄/其他	体重[a] (kg)	初生重或产奶量[b] (kg)	体增重[c] (g/d)	日粮中能量浓度[d] (kcal/kg)	日粮干物质采食量[e] (kg)	日粮干物质采食量[e] (%BW)	TDN (kg/d)	ME (Mcal/d)	NEM (Mcal/d)	NEG (Mcal/d)	CP 20% UIP (g/d)	CP 40% UIP (g/d)	CP 60% UIP (g/d)	MP (g/d)	DIP (g/d)	Ca (g/d)	P (g/d)	维生素A需要[i] (RE/d)	维生素E需要 (IU/d)
	20		100	2.87	0.69	3.44	0.55	1.98	0.49	0.54	70	67	64	47	71	2.0	4.5	2 000	200
	20		150	2.87	0.91	4.57	0.73	2.62	0.51	0.82	91	87	83	61	95	2.8	2.2	2 000	200
	20		200	2.87	1.14	5.70	0.91	3.27	0.53	1.09	113	108	103	76	118	3.5	2.9	2 000	200
	20		300	2.87	1.59	7.96	1.27	4.57	0.58	1.63	156	149	142	105	165	5.0	4.3	2 000	200
	30		200	2.87	1.24	4.14	0.99	3.57	0.72	1.09	122	116	111	82	129	3.6	3.0	3 000	300
	30		250	2.87	1.47	4.91	1.17	4.23	0.76	1.36	143	137	131	96	152	4.3	3.7	3 000	300
	30		300	2.87	1.70	5.68	1.36	4.89	0.79	1.63	165	158	151	111	176	5.1	4.4	3 000	300
	30		400	2.87	2.16	7.22	1.72	6.21	0.85	2.18	208	199	190	140	224	6.5	5.8	3 000	300
	40		250	2.87	1.57	3.93	1.25	4.51	0.94	1.36	152	145	139	102	163	4.4	3.8	4 000	400
	40		300	2.87	1.81	4.52	1.44	5.18	0.98	1.63	174	166	159	117	187	5.2	4.5	4 000	400
	40		400	2.87	2.28	5.69	1.81	6.53	1.06	2.18	218	208	199	146	235	6.6	5.9	4 000	400

（续表）

类型/年龄/其他	体重a (kg)	初生重或产奶量b (kg)	体增重c (g/d)	日粮中能量浓度d (kcal/kg)	日粮干物质采食量e (kg)	(%BW)	能量需要f TDN (kg/d)	ME (Mcal/d)	NEM (Mcal/d)	NEG (Mcal/d)	蛋白需要g CP20% UIP (g/d)	CP40% UIP (g/d)	CP60% UIP (g/d)	MP (g/d)	DIP (g/d)	矿物质需要h Ca (g/d)	P (g/d)	维生素需要i 维生素A (RE/d)	维生素E (IU/d)
生长公羊																			
8月龄（成熟度=0.8, 早熟）																			
40		500	2.87	2.75	6.86	2.18	7.87	1.14	2.72	262	250	239	176	284	8.1	7.4	4 000	400	
50		250	2.87	1.66	3.33	1.32	4.78	1.11	1.36	161	153	147	108	172	4.5	3.9	5 000	500	
50		300	2.87	1.90	3.81	1.51	5.46	1.16	1.63	183	174	167	123	197	5.2	4.6	5 000	500	
50		400	2.87	2.38	4.76	1.89	6.83	1.25	2.18	227	217	207	153	246	6.7	6.0	5 000	500	
50		500	2.87	2.86	5.72	2.27	8.20	1.35	2.72	271	259	248	182	296	8.2	7.5	5 000	500	
50		600	2.87	3.34	6.67	2.65	9.57	1.45	3.27	315	301	288	212	345	9.7	8.9	5 000	500	
60		250	2.39	2.34	3.90	1.55	5.60	1.32	1.36	169	161	154	113	202	5.1	4.6	6 000	600	
60		300	2.87	2.00	3.33	1.59	5.72	1.33	1.63	191	182	175	128	206	5.3	4.7	6 000	600	
60		400	2.87	2.48	4.13	1.97	7.11	1.44	2.18	236	225	215	158	256	6.8	6.1	6 000	600	
60		500	2.87	2.97	4.94	2.36	8.50	1.55	2.72	280	268	256	188	307	8.3	7.6	6 000	600	
60		600	2.87	3.45	5.75	2.74	9.90	1.66	3.27	325	310	297	218	257	9.8	9.0	6 000	600	

（续表）

类型/年龄/其他	体重 a (kg)	初生重或产奶量 b (kg)	体增重 c (g/d)	日粮中能量浓度 d (kcal/kg)	日粮干物质采食量 e (kg)	(% BW)	TDN (kg/d)	ME (Mcal/d)	NEM (Mcal/d)	NEG (Mcal/d)	CP 20% UIP (g/d)	CP 40% UIP (g/d)	CP 60% UIP (g/d)	MP (g/d)	DIP (g/d)	Ca (g/d)	p (g/d)	维生素A (RE/d)	维生素E (IU/d)
										生长公羊 8月龄（成熟度=0.8，早熟）									
	70		150	1.91	2.75	3.92	1.46	5.25	1.43	0.82	190	181	173	128	189	4.4	4.0	7 000	700
	70		200	2.39	2.10	3.00	1.39	5.02	1.41	1.09	175	167	160	118	181	4.4	3.9	7 000	700
	70		300	2.39	2.79	3.98	1.85	6.67	1.55	1.63	228	218	209	154	240	6.1	5.5	7 000	700
	70		400	2.87	2.58	3.68	2.05	7.39	1.61	2.18	244	233	223	164	266	6.9	6.2	7 000	700
	70		500	2.87	3.07	4.38	2.44	8.80	1.74	2.72	289	276	264	194	317	8.4	7.7	7 000	700
	80		150	1.91	2.87	3.59	1.52	5.49	1.58	0.82	199	190	182	134	198	4.5	4.1	8 000	700
	80		200	2.39	2.20	2.75	1.46	5.26	1.56	1.09	183	175	167	123	189	4.5	3.9	8 000	700
	80		300	2.39	2.90	3.62	1.92	6.92	1.71	1.63	237	226	217	159	249	6.2	5.6	8 000	700
	80		400	2.87	2.67	3.33	2.12	7.65	1.78	2.18	253	241	231	170	276	7.0	6.3	8 000	700
	80		500	2.87	3.17	3.96	2.52	9.08	1.92	2.72	298	285	272	200	327	8.5	7.8	8 000	700

（续表）

类型/年龄/其他	体重a (kg)	初生重或产奶量b (kg)	日粮中能量浓度c (kcal/kg)	日粮干物质采食量c (kg)	(%BW)	TDN (kg/d)	ME (Mcal/d)	NEM (Mcal/d)	NEG (Mcal/d)	CP 20% UIP (g/d)	CP 40% UIP (g/d)	CP 60% UIP (g/d)	MP (g/d)	DIP (g/d)	Ca (g/d)	P (g/d)	维生素A (RE/d)	维生素E (IU/d)
							能量需要f			蛋白需要g					矿物质需要h		维生素需要i	
1周岁农场母绵羊																		
8月龄（成熟度=0.8, 早熟）																		
40	40		2.39	1.18	2.94	0.78	2.81	1.43	0.23	97	93	89	65	101	3.1	1.7	2 140	224
50	50		2.39	1.43	2.85	0.95	3.41	1.72	0.29	117	112	107	79	123	3.7	2.1	2 675	280
60	60		2.39	1.67	2.78	1.11	3.99	2.00	0.34	137	131	125	92	144	4.2	2.5	3 210	336
70	70		2.39	1.91	2.73	1.27	4.56	2.27	0.40	156	149	143	105	165	4.8	2.9	3 745	392
80	80		2.39	2.15	2.68	1.42	5.13	2.54	0.46	176	168	161	118	185	5.3	3.3	4 280	448
90	90		2.39	2.38	2.64	1.58	5.68	2.80	0.51	195	186	178	131	205	5.9	3.7	4 815	504
100	100		2.39	2.61	2.61	1.73	6.23	3.05	0.57	214	204	195	144	225	6.4	4.1	5 350	560
120	120		2.39	3.06	2.55	2.03	7.31	3.56	0.68	252	240	230	169	263	7.4	4.8	6 420	672

（续表）

类型/年龄/其他	体重a (kg)	初生重或产奶量b (kg)	体增重c (g/d)	日粮中能量浓度d (kcal/kg)	日粮干物质采食量e (kg)	(% BW)	能量需要f TDN (kg/d)	ME (Mcal/d)	NEM (Mcal/d)	NEG (Mcal/d)	蛋白需要g CP 20% UIP (g/d)	CP 40% UIP (g/d)	CP 60% UIP (g/d)	MP (g/d)	DIP (g/d)	矿物质需要h Ca (g/d)	p (g/d)	维生素需要i 维生素A (RE/d)	维生素E (IU/d)
繁殖（0.6岁，成熟度=0.7） 1周岁农场母绵羊																			
	40		60	2.39	1.28	3.20	0.85	3.06	1.59	0.23	110	105	100	74	110	3.6	2.1	2 140	224
	50		74	2.39	1.55	3.10	1.03	3.70	1.91	0.29	132	126	121	89	133	4.3	2.5	2 675	280
	60		88	2.39	1.81	3.02	1.20	4.33	2.22	0.34	154	147	141	104	156	4.9	3.0	3 210	336
	70		101	2.39	2.07	2.96	1.37	4.95	2.52	0.40	176	168	161	118	178	5.6	3.4	3 745	392
	80		115	2.39	2.32	2.91	1.54	5.56	2.81	0.46	198	189	181	133	200	6.2	3.9	4 280	448
	90		129	2.39	2.58	2.86	1.71	6.15	3.10	0.51	219	209	200	147	222	6.8	4.4	4 815	504
	100		143	2.39	2.82	2.82	1.87	6.75	3.39	0.57	241	230	220	162	243	7.5	4.8	5 350	560
	120		170	2.39	3.31	2.76	2.19	7.91	3.94	0.68	2.38	270	258	190	285	8.7	5.7	6 420	672

（续表）

类型/年龄/其他	体重a (kg)	初生重或产奶量b (kg)	体增重c (g/d)	日粮中能量浓度d (kcal/kg)	日粮干物质采食量c (kg)	(%BW)	能量需要f TDN (kg/d)	ME (Mcal/d)	NEM (Mcal/d)	NEG (Mcal/d)	蛋白需要g CP20% UIP (g/d)	CP40% UIP (g/d)	CP60% UIP (g/d)	MP (g/d)	DIP (g/d)	矿物质需要h Ca (g/d)	P (g/d)	维生素A需要i (RE/d)	维生素E需要 (IU/d)
											1周岁农场羔绵羊								
											妊娠前期（单胎：体重3.5~6.3kg）								
40	3.5	58	2.39	1.33	3.33	0.88	3.19	1.43	0.23	116	111	106	78	115	4.4	2.8	1 256	212
50	3.9	71	2.39	1.60	3.20	1.06	3.83	1.72	0.29	138	132	126	93	138	5.1	3.3	1 570	265
60	4.3	84	2.39	1.86	3.11	1.24	4.45	2.00	0.34	160	153	146	108	161	5.8	3.8	1 884	318
70	4.7	97	2.39	2.12	3.03	1.41	5.07	2.27	0.40	182	174	166	122	183	6.5	4.3	2 198	371
80	5.0	110	2.39	2.37	2.96	1.57	5.66	2.54	0.46	203	194	185	136	204	7.1	4.8	2 512	424
90	5.4	123	2.39	2.62	2.91	1.74	6.26	2.80	0.51	224	214	205	151	226	7.8	5.3	2 826	477
100	5.7	135	2.39	2.86	2.86	1.90	6.84	3.06	0.57	245	234	223	164	247	8.4	5.8	3 140	530
120	6.3	161	2.39	3.34	2.78	2.21	7.99	3.57	0.68	286	273	261	192	288	9.6	6.8	3 768	636

参考文献

［1］王金文．小尾寒羊种质资源特性与利用［M］．北京：中国农业大学出版社，2010.

［2］刘建斌等．利用微卫星 DNA 多态性预测引进肉用绵羊品种杂种优势［J］．畜牧兽医学报，2010，41（2）：147～154.

［3］顾亚玲．微卫星 DNA 技术在肉羊杂种优势利用中的研究［J］．畜牧与兽医，2009，41（5）：59～61.

［4］罗惠娣等．道赛特、萨福克肉用羊品种对小尾寒羊和细毛羊羊毛品质的影响［J］．草食家畜，2007（3）：22～24.

［5］杨会国等．道赛特、萨福克与阿勒泰羊杂交公羔育肥效果对比试验［J］．中国畜牧兽医，2007，34（3）：130～132.

［6］杨会国等．道赛特羊、萨福克羊与阿勒泰羊杂交公羔产肉性能的研究［J］．中国草食动物，2007，27（6）：27～29.

［7］窦建兵等．萨福克羊、特克赛尔羊同多浪羊杂交效果［J］．当代畜牧，2007（3）：37～38.

［8］刘辉等．兵团集约化肉用羊杂交生产模式的选择与优化［J］．新疆农垦科技，2006（6）：35～37.

［9］冯克明等．道赛特、萨福克与阿勒泰羊 5 月龄杂交公羔肉品质分析［J］．中国畜牧兽医，2006，33（12）：110～112.

［10］张英杰等.利用微卫星 DNA 多态性预测引进肉用绵羊品种杂种优势［J］.中国农业科学，2006，39（5）：1076～1082.

［11］李勤勤.利用微卫星标记预测肉羊杂种优势的研究［M］.杨凌：西北农林科技大学硕士论文，2006.

［12］孙少华.肉用肥羔生产中的亲本选择及其杂交［J］.中国草食动物，2004，24（2）：52～55.

［13］赵希智.肉羊三元杂交效果观测试验［J］.中国草食动物，2004，24（6）：27～28.

［14］云鹏.我国肉用羊品种杂交改良的对策［J］.动物科学与动物医学，2003，20（7）：12～14.

［15］闫晚姝，陈勇等.不同品种的肉羊与小尾寒羊［J］.动物科学与动物医学，2003，20（7）：39～40.

［16］鄢珣.杂种优势利用在肉羊生产中的应用［J］.中国草食动物（专辑），2002：182～183.

［17］徐永华.动物细胞工程［M］.北京：化学工业出版社，2003.

［18］崔江明，孙家玉等.浅谈如何提高绵羊繁育率［J］.技术交流，2007.

［19］程明，戈新等.绵羊人工授精技术的研究［J］.黑龙江动物繁殖，2007，5：39～41.

［20］徐振军，闫长亮等.小尾寒羊精液保存技术研究［J］.中国畜牧杂志，2006，42（21）：8～11.

［21］武浩，王立强等.无角道赛特羊冻精制作技术［J］.中国畜牧杂志，2002，38（6）：29～31.

［22］江科，程明等.羊精液冷冻保存中应注意的几个温度问题［J］.山东畜牧兽医，2007，4：61～62.

［23］王春强.绵羊同期发情技术在生产中的应用研究［J］.

繁殖与生理，2007（21）：16～18.

［24］姚爱武．胚胎移植技术方案［J］．技术交流，2007，6：25～26.

［25］张乃峰，刁其玉等．羔羊早期断奶新招［M］．北京：中国农业科学技术出版社，2006.

［26］张乃峰，刁其玉等．羔羊代乳粉对小尾寒羊羔羊生长发育的影响［J］．饲料博览，2004（11）：21～23.

［27］张乃峰，屠焰．犊牛、羔羊培育模式的新变革——代乳粉的应用［J］．农业新技术，2003（6）：18～19.

［29］杨泽雷，郭鹏．羔羊代乳粉670对羔羊体增重的影响［J］．饲料博览，2005，5：25～26.

［30］卢泰安．养羊技术指导［M］．北京：金盾出版社，2005，7.

［31］崔双保等．当年羔羊育肥综合配套技术［J］．家畜养殖，2007，3.

［32］马月辉等．肉羊百日出栏舍饲技术［M］．北京：科学技术文献出版社，2004，4.

［33］张居农，剡根强等．工厂化高效养羊的羔羊培育和直线强化育肥技术体系［J］．新疆农业科学（增刊），2001.

［34］王建民．羔羊快速育肥技术操作规程［J］．中国草食动物（专辑），2001：238.

［35］李信涛．规模化养羊的饲养管理（四）：羔羊育肥技术［J］．养殖技术顾问．

［36］王永军、田秀娥等．肉羊密集繁殖体系的设计与应用效果预测研究［J］．家畜生态学报，2007（28）1：1～5.

［37］程凌．养羊与羊病防治［M］．北京：中国农业出版社，2006.

［38］欧阳雅连．羊病防治实用新技术（第二版）［M］．郑

州：河南科学技术出版社，2008.

［39］傅润亭，樊航奇．肉羊生产大全［M］．北京：中国农业出版社，2004.

新疆主要地方肉羊良种

阿勒泰羊公羊

哈萨克羊公羊

巴什拜羊公羊

多浪羊公羊

巴音布鲁克羊公羊

策勒黑羊公羊

引进国外品种肉羊

萨福克公羊

无角道赛特公羊

杜泊羊公羊

特克赛尔成年公羊

德国肉用美利奴公羊

南非肉用细毛羊

国内多胎品种羊

小尾寒羊成年公羊　　　　　　　新疆卡拉库尔羊成年公羊

适宜新疆不同地区的优势杂交组合

萨×阿F$_1$ 4～5月龄杂交羔羊　　　　　萨×多杂交羔羊

萨×寒杂交羔羊　　　　　　　　幼龄道×细杂交羔羊

适宜新疆不同地区的优势杂交组合

杜×湖杂交羔羊

杜×寒F₁ 4月龄羔羊

萨×寒×阿三元杂交母羊

左图：左中右分别为纯种阿勒泰羊、道阿F₁、道阿F₂ 4～5月龄羔羊胴体。上图：左中右分别为纯种阿勒泰羊、道阿F₁、道阿F₂ 4～5月龄羔羊尾巴

采精和验精器具

假阴道灌水、涂抹凡士林

人工采精

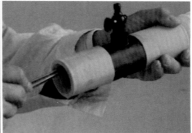

精液品质检查

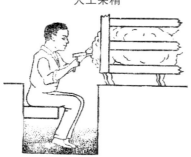

蹲坑式输精法

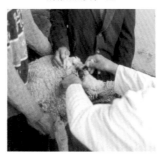

倒立式输精法

青饲料的收获、晾晒与打捆贮藏

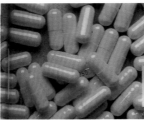

苜蓿草颗粒饲料　　　　苜蓿叶胶囊　　　　　苜蓿蛋白颗粒料

麦秸压制的草块　　　　　　　青贮塔

地下式青贮窖　　　　　　　　　地上式青贮窖

裹膜和袋装青贮

青贮饲料制作过程

地下固定式TMR混合机　　　　　移动式TMR混合放料机